生态大数据管理与多学科应用

汤旭光　马明国　韩旭军　沈散伟　音

科学出版社

北京

内 容 简 介

当今生态学已经发展到大科学、大数据、大理论时代，生态大数据的集成分析与信息挖掘逐渐成为地球系统科学研究的重要手段。本书以生态大数据为研究对象，介绍了生态大数据的概念与特征、主要来源与技术方法、重点关注方向，以及海量异构数据存储管理的基本思路、技术特点与应用模式，阐述了基于 GEE 云计算平台、基于机器学习的人工智能算法等大数据分析技术在生态学研究中的应用，在此基础上结合具体案例，介绍当前生态大数据在生态工程成效评估、生态系统健康评价、生态安全诊断、生境适宜性评价、旱涝灾情监测与损失评估等领域的多学科应用，相关研究可为区域、国家乃至全球尺度生态环境监测、保护与治理现代化提供参考。

本书可作为高等院校地理科学类、自然保护与生态环境类专业的教材使用，也可供从事生态环境大数据研究和管理工作的专业技术人员参考。

审图号：GS(2021)6179 号

图书在版编目(CIP)数据

生态大数据管理与多学科应用 / 汤旭光等著. —北京：科学出版社，2022.3

ISBN 978-7-03-069973-2

Ⅰ.①生… Ⅱ.①汤… Ⅲ.①生态环境－数据处理 Ⅳ.①X171.1

中国版本图书馆 CIP 数据核字（2021）第 202304 号

责任编辑：黄 桥 / 责任校对：彭 映
责任印制：罗 科 / 封面设计：墨创文化

科 学 出 版 社 出版
北京东黄城根北街16 号
邮政编码：100717
http://www.sciencep.com

成都锦瑞印刷有限责任公司印刷
科学出版社发行 各地新华书店经销

＊

2022 年 3 月第 一 版 开本：787×1092 1/16
2022 年 3 月第一次印刷 印张：15 1/2
字数：364 000

定价：188.00 元

（如有印装质量问题，我社负责调换）

前　言

面对资源约束趋紧、环境污染严重、生态系统退化的严峻形势，必须树立尊重自然、顺应自然、保护自然的生态文明理念，走可持续发展之路。习近平总书记强调："要从系统工程和全局角度寻求新的治理之道，不能再是头痛医头、脚痛医脚，各管一摊、相互掣肘，而必须统筹兼顾、整体施策、多措并举，全方位、全地域、全过程开展生态文明建设。"因此，进入"十四五"时期，生态文明建设承载着新使命，也面临一系列新挑战，更加需要注重统筹协调、整体推进。

然而，不断推进的生态文明建设，离不开科学技术的支撑。承载着整体性、系统性的生态文明建设思想要求新时代建设生态文明，必须坚持系统观念，按照生态系统的整体性、系统性及内在规律，着力完善生态文明领域统筹协调机制，处理好经济发展与生态环境保护的关系，推动实现人与自然和谐共生。习近平总书记深刻指出，"人的命脉在田，田的命脉在水，水的命脉在山，山的命脉在土，土的命脉在树"，从而形成了山水林田湖草是生命共同体的科学诊断。因此，原有的针对要素的资源管理方式已经不能适应当前的管理需求，对生态环境进行综合管理，实现人与自然的深度融合是生态文明建设的核心理念。

傅伯杰院士指出信息技术的飞速发展为生态环境保护与综合治理带来了前所未有的机遇。随着大数据、云计算、物联网等信息技术的发展，泛在感知数据和图形处理器（graphics processing unit，GPU）等计算平台推动以深度学习为代表的人工智能技术飞速发展，大幅跨越科学与应用之间的"技术鸿沟"，有助于更快速高效地获取水、土、气、生、人等多源信息，更准确地监测生态环境状况，从而做出科学决策。借助前沿科技，生态文明建设正进入"智慧"时代。

大数据及其分析技术影响着我们对这个世界的科学理解，其发展为海量生态环境数据的处理以及全球生态环境问题的监测和分析提供了新的思路，也为生态大数据的发展注入了新的生机和活力。一系列全球研究计划的兴起支撑和推动了大尺度生态环境研究的快速发展，如国际生物圈计划（International Biology Plans，IBP）催生了长期生态学研究网络（Long Term Ecosystem Research，LTER）；与此同时，区域/全球尺度的联网观测与实验蓬勃发展，如美国国家生态观测网络（National Ecological Observatory Network，NEON）、中国国家生态系统观测研究网络（Chinese National Ecosystem Research Network，CNERN）、全球通量观测研究网络（FLUXNET）、国际干旱实验网络（Drought Network）等。此外，遥感技术的发展，弥补了传统地面调查的空间局限性，逐渐成为生态环境监测必不可少的数据来源。当前，融合卫星、无人机和地面观测的天-空-地一体化生态环境观测体系逐渐形成，实现了多尺度、多要素、多过程海量观测数据的集成获取。因此，当今生态学研究已经发展到大科学、大数据、大理论时代，不断增加的生态大数据为大尺度生态环境监测与评估提供了数据基础和平台。基于生态大数据开展集成分析与信息挖掘，以期揭示多过程耦合、多尺度效应、多要素调控的生态系统过程的复杂性，认知生态系统的演变机制和规律，定量评估生态系统健康状况，进行科学预测和监管，是新时期生态学发展的重要方向，将为探索应对全球变化的生态系统适应性管理以及区域可持续发展战略提供契机。

相比一般大数据，生态大数据的来源更加多元化、数据结构更加复杂化、服务需求更加专业化，这对生态大数据的管理与应用提出了巨大的挑战。本书以生态大数据为研究对象，介绍了生态大数据的概念与特征、理论基础与技术方法，以及海量异构数据存储管理的基本思路、技术特点以及应用模式，阐述了基于 GEE 云计算平台、基于机器学习的人工智能算法等大数据分析与信息挖掘技术，在此基础上结合相关案例，重点介绍了当前生态大数据在生态工程成效评估、生态系统健康评价、区域生态安全诊断、越冬水禽栖息地评价、旱涝灾情监测与损失评估等领域的多学科应用，以期为我国生态文明建设和区域可持续发展提供可行性参考。

第 1 章概述了生态大数据的概念与特征、主要来源与技术方法、平台构架、重点关注方向、面临的挑战和展望等。由汤旭光、沈敬伟、韩旭军、马明国撰写。

第 2 章介绍了非关系型数据库、关系型数据库以及云计算平台 Hadoop 在海量异构数据存储方面的基本思路、技术特点以及应用模式。由沈敬伟、汤旭光、韩旭军撰写。

第 3 章以谷歌地球引擎平台(Google Earth Engine，GEE)为对象，阐述了基于 GEE 云平台开展生态学分析的范例。由韩旭军、郝斌飞、赖佩玉撰写。

第 4 章对比分析了人工神经网络、支持向量机、神经模糊推理系统和极限学习机等机器学习方法在生态大数据智能处理、信息挖掘和知识发现领域的应用。由窦贤明、汤旭光撰写。

第 5 章针对如何应用当前技术手段量化评估生态工程对区域植被的改善效应，应用生态大数据以西南喀斯特地区为例开展了相关研究。由汤旭光、马明国、王雅楠撰写。

第 6 章融合多源数据构建了红树林湿地生态系统健康评价指标体系，结合压力-状态-响应模型及生态系统健康指数，探究了生态系统健康状况的时空分异特征及其健康水平影响因素。由路春燕、钟连秀、汤旭光撰写。

第 7 章对省际面板和市际面板人均生态足迹与生态承载力、生态赤字、生态压力指数进行测算，实现各区域生态安全状况的定量评估。由邵田田、王涛、汤旭光撰写。

第 8 章选择了 3 种常见蔬菜，通过镉污染模拟实验，对获取的高光谱数据和蔬菜镉含量进行了分析和模型构建，对生态大数据在蔬菜安全生产中的应用有着重要意义。由魏虹、王婷、顾艳文、高伟撰写。

第 9 章基于微波遥感观测的土壤水分数据计算土壤水分亏缺指数，对东北地区干旱程度进行分级评价，并结合东北地区主要种植作物产量，评价干旱对粮食安全的影响。由郑兴明、李雷撰写。

第 10 章阐述了基于多源数据及生态系统模型估算陆地生态系统总初级生产力(GPP)的常用方法，重点探讨了叶绿素荧光在 GPP 遥感估算的基本原理、方法、不确定性及最新进展。由汤旭光、王雅楠、马明国撰写。

第 11 章以鄱阳湖湿地为例，探讨基于生态大数据开展越冬水禽栖息地适宜性评价以及环境驱动因素分析，以期为湿地生物多样性保护提供参考。由汤旭光、杨梦颖撰写。

第 12 章融合遥感与 GIS 技术为洪灾设计提供平台，利用淹没数据，第一时间对灾情等级进行评估，实现快速准确地拟定救灾措施和评估损失。由董张玉、徐韧撰写。

第 13 章应用生态大数据，从气象、植被、地表水、人类活动以及干旱指数等多个方面探讨相关变量对干旱的响应状况，并分析各个季节性指标在干旱监测中的表现及其作为干旱预测指标的可行性。由韩旭军、赖佩玉、马明国撰写。

全书由汤旭光统稿。

在此特别感谢国家自然科学基金重点项目"西南地区复杂地表陆表过程观测与模拟研究"（41830648）、国家高分辨率对地观测系统重大专项课题"野外观测数据获取技术与星-机-地综合观测方法研究"（21-Y20B01-9001-19/22）、重庆市高等学校人工智能+生态环保学科群项目和中央高校基本业务费专项资金（XDJK2019B008）的经费支持。本书的出版得到了包括西南大学、中国科学院东北地理与农业生态研究所、中国科学院重庆绿色智能技术研究院、河南大学、合肥工业大学、福建农林大学等高校和科研院所相关老师的鼎力支持。我们衷心感谢为本书付出努力的所有科研人员，以及"重庆英才·西南脆弱生态环境遥感创新研发团队"的老师和研究生。

智慧生态大数据助力新时代生态文明建设的浪潮还处于不断发展当中，由于本书涉及面广，编者水平所限，不足之处在所难免，欢迎学界同仁批评指正。

作　者
2021 年 3 月

目　　录

第1章 生态大数据概述

本章导读

大数据是以容量大、类型多、存取速度快、应用价值高为主要特征的数据集合，正快速发展为对数量巨大、来源分散、格式多样的数据进行采集、存储和关联分析，从中获取新知识、创造新价值、提升新能力的新一代信息技术和服务业态。随着人类命运共同体、可持续发展、生态安全等全球生态环境问题成为新时期人类社会发展面临的现实问题，生态文明建设成为中华民族永续发展的千年大计，这对大数据时代生态学研究提出了新的要求。综合应用云计算、物联网、人工智能、数值模拟等信息处理技术，已成为区域、国家乃至全球尺度生态环境监测、保护与治理现代化的重要手段。以天-空-地立体生态环境监测网络为基础，建立生态大数据管理中心，加强生态大数据综合应用和集成分析，打造智慧决策的"环境大脑"，为生态环境保护科学决策提供全面支撑。

1.1 生态大数据的概念

随着全球经济的快速发展和人类活动的不断加剧，生态环境问题日益严重。目前全球性生态环境问题主要表现在环境污染、土地退化、森林锐减、生物多样性丧失、水资源枯竭以及气候变暖等方面[1,2]。中国的生态环境问题突出表现在水土流失严重、湿地面积减少、水资源短缺加剧、生物多样性减少、草原退化和土地沙化尚未得到有效遏制等方面。此外，气候变化导致中国内陆冰川冻土加剧融化、局部沙漠化、海平面上升和海水倒灌、旱涝灾害增加、农业生产受损等[3]。这些问题往往涉及尺度大、过程复杂、驱动因素众多，需要面对海量的多源异构生态环境数据，给全球生态环境问题的监测、评估和应对带来了巨大的挑战。

大数据是继物联网和云计算之后信息技术产业又一次重要的技术变革，该技术对于处理超出传统数据库系统存储管理和分析处理能力的多源海量数据集群，具有很大的技术优势。近年来，大数据已经在农业、经济、气象、交通、医疗、通信等领域得到了有效应用。生态学领域也逐渐认识到了大数据的优势，并开展了全球气候变化预测、生态网络观测与模拟、环境污染防控、生态环境评估等研究[3]。2016年，环境保护部发布了《生态环境大数据建设总体方案》，该方案将生态环境大数据的构建作为推动生态文明建设的重要保障措施。在大数据时代，如何基于生态大数据实现生态学理论的发展和突破，服务于新时期生态文明建设等重大问题的解决，具有重要意义[4]。

目前关于大数据的定义并没有达成完全的统一，一般泛指用传统方法或工作所不能处理或分析的数据信息。参考前人研究[5-7]，本书中的生态大数据是指运用大数据理念、技术和方法，解决生态环境领域数据的采集、存储、计算与应用等一系列问题，是大数据理论和技术在生态环境领域的具体应用和实践，是为生态环保决策问题提供服务的大数据集、大数据技术和大数据应用的总称。生态大数据包含了一般大数据的基本属性，同时比一般大数据表现得更为特殊，内容更为庞杂，服务需求更为专业化和多样化等。近年来，随着信息技术、网络技术和"3S"技术等相关技术的发展，生态大数据呈现出猛烈增长的势头，积累了几十年甚至上百年的数据，使得这些海量数据从存储管理到分析挖掘都面临着巨大的挑战。

1.2 生态大数据的特征

大数据是以"6V"为主要特征的数据集合，具体包括：海量规模(volume)、类型多样(variety)、高速率(velocity)、应用价值大(value)、真实性低(veracity)和易受攻击性(vulnerable)[8]。第一，数据量大。通过各种设备产生的海量数据，规模庞大，数据量从TB级别跃升到PB级别。第二，数据种类繁多。数据来源种类多样化，不仅包括传统结构化数据，还包括各种非结构化数据和半结构化数据，而且非结构化数据所占比例越来越高。第三，大数据的"快"，包括数据产生快和具备快速实时的数据处理能力两个层面。第一层面是数据产生得快。目前有的数据是爆发式产生，例如欧洲核子研究中心的大型强子对撞机在工作状态下每秒产生PB级的数据，而有的数据是涓涓细流式产生。但是由于用户众多，短时间内产生的数据量依然非常庞大，例如点击流、日志、射频识别数据、GPS位置信息等。第二层面是对数据快速、实时处理的能力强。大数据技术通过发展不同于传统的快速处理的算法，对海量动态数据进行处理分析，将它们转换为可用的有价值数据。因此，大数据对实时处理有着较高的要求，数据的处理效率决定着获得信息的能力。第四，数据价值密度低、应用价值高。众多不同数据集组成大数据集，这些数据集价值密度的高低与数据集总量的大小成反比。在大数据应用中，数据量大的数据并不一定有很大的价值，不能被及时有效处理分析的数据也没有很大的应用价值。第五，真实性低。随着社交数据、企业内容、交易与应用数据等新数据源的兴起，我们能获得的数据源爆炸式增长，这使得获得的数据具有模糊性。真实性将促使人们利用数据融合和先进的数学方法进一步提升数据的质量，从而创造更高价值。例如社交网络中的视频、语音、日志等获得的原始数据真实性差，需要我们对其进行过滤和处理才能提取出有用的信息。第六，易受攻击性。大数据的安全主要包括大数据自身安全和大数据技术安全。大数据自身安全指在数据采集、存储、挖掘、分析和应用过程中的安全，在这些过程中由于外部网络攻击和人为操作不当造成数据信息泄露，外部攻击包括对静态数据和动态数据的数据传输攻击、数据内容攻击、数据管理和网络物理攻击。大数据技术在解决生态环境问题时形成了生态大数据独一无二的特征[9]。

1. 生态大数据具有天-空-地立体化观测的巨大数据量

从数据规模来看，生态大数据体量大，数据量已从TB级别跃升到PB级别。随着各类传感器、射频识别技术(radio frequency identification，RFID)、卫星遥感、雷达和视频感知等技术的发展，数据不仅来源于传统人工观测数据，还包括航空、航天和地面自动观测数据，它们一起产生了海量生态环境数据。目前全球范围内与生态环境相关的各种观测和实验数据已累计超过百万亿兆，且数据量还在快速增加[10]。例如，2011 年世界气象中心就已经积累了 229 TB 数据，我国林业、交通、气象和环保等的数据量级也都达到了 PB 级别，而且还在以每年数百 TB 的速度增加。

2. 生态大数据的类型、来源和格式具有复杂多样性

从数据种类来看，生态大数据类型多，数据来源渠道广，结构复杂。首先，生态环境数据来自气象、水利、国土、环保、农业、林业、交通、社会经济等不同部门的各种数据。其次，大数据技术的发展使得生态环境领域的研究不再局限于传统结构化数据类型，使得各种半结构化和非结构化数据(文本、项目报告、照片、影像、声音、视频等)的应用与分析成为可能。例如一段历史电影视频中关于气候的描述、公众手机拍摄的关于植物类别的图片等。再次，来源于不同部门的同一种数据其格式多样，目前无统一的标准规范，使得难以整合不同部门之间的同类数据。

3. 生态大数据需要动态新数据和历史数据相结合处理

从数据处理速度来看，由于生态系统结构与功能的动态变化而引起的生态环境数据具有强烈的时空异质性，生态环境数据多表现为流式数据特征，实时连续观测尤为重要。只有实时处理分析这些动态新数据，并与已有历史数据结合起来分析，才能挖掘出有用信息，为解决有关生态环境问题提供科学决策。

4. 生态大数据具有很高的应用价值

从数据价值来看，生态大数据无疑具有巨大的潜在应用价值，利用大数据技术从海量数据中挖掘出最有用的信息，把低价值数据转换为高价值数据，最终，高价值大数据为解决各种生态环境问题提供科学依据，从而改善人类生存环境和提高人们生活质量。

5. 生态大数据具有很高的不确定性

从数据真实性来看，虽然应用于生态环境领域的各种传感器监测精度都很高，但正是因为这一点，仪器往往会顺带记录大量的周边环境数据，而我们感兴趣的数据可能会埋没在大量数据中。因此，为了确保数据的精准度，需要利用大数据技术从海量数据中去伪存真，获取真实数据。

6. 生态大数据面临严重的安全隐患

很多野外观测数据需要网络传输，这就加大了被网络攻击的风险，如果涉及一些军用的生态环境数据，就可能推测到我国军方的敏感信息，后果不堪设想。随着云计算技术的发展，数据在云端的存储存在严重的安全隐患。例如美国"棱镜门"事件，就是通过云计算和大数据技术收集大量数据，其中也涵盖了各国的生态环境数据等。

1.3 生态大数据的主要来源

21 世纪以来,随着网络和信息技术的快速发展,生态观测技术有了长足的进步,已逐渐从人工采集生态数据的 1.0 时代、由仪器设备采集并长期存储数据的 2.0 时代逐渐过渡到今天结合"互联网"概念的实时传输云存储的 3.0 时代。同时,新技术和新方法如稳定同位素、核磁共振、生物标记物、高通量基因组测序、基因芯片、涡动相关、遥感等技术的发展,极大地提升了生态环境观测从微观到宏观尺度的数据获取能力。借助物联网、云计算、大数据和人工智能等新一代信息技术,融合卫星、无人机和地面观测的天-空-地一体化生态环境观测体系逐渐形成,实现了多尺度、多要素、多过程海量生态数据的集成获取,为生态大数据的多学科应用奠定了坚实的基础。

1.3.1 主要来源

生态大数据的来源主要包括地面观测、遥感影像、遥感监测指标产品、遥感监测业务产品、遥感监测综合服务产品以及基础背景资料 6 大类数据及产品(表 1-1)[11]。

表 1-1 生态大数据的主要来源分析

数据类别	主要内容
地面观测	主要有水-土-气-生地面观测数据、地面调查数据、实验分析数据等
遥感影像	卫星遥感影像、有人/无人机遥感影像、地基遥感数据等
遥感监测指标产品	气溶胶光学厚度、灰霾、秸秆焚烧等环境空气参数,叶绿素、悬浮物、透明度、水表温度等水环境参数,土地覆盖、人类活动、生态服务功能等生态环境参数
遥感监测业务产品	涵盖环境质量、污染源、生态状况、应急、核安全、全球生态环境监测等
遥感监测综合服务产品	生态环境遥感影像、监测指标产品、监测业务产品等,面向共享服务而形成的系列服务产品
基础背景资料	基础地理数据、社会经济统计数据等

1.3.2 全球生态观测网络

一系列全球研究计划的兴起支撑和推动了大尺度生态环境研究的快速发展[10],如国际生物圈计划(International Biology Plans,IBP)催生了长期生态学研究网络(Long Term Ecosystem Research,LTER);与此同时,区域/全球尺度的联网观测与实验蓬勃发展,如亚洲通量观测系统(AsiaFlux)、欧洲集成碳观测系统(Integrated Carbon Observation System,ICOS)、欧洲物候网(PEP725)、泛美全球变化研究网络(Inter-American Institute for Global Change Research,IAI)和欧洲全球变化研究网络(European Network for Research in Climate Change,EN-RICH)以及全球通量观测研究网络(FLUXNET)、国际干旱实验网络(Drought Network)等。这些联网观测和实验的目的是探索大尺度的生态环境问题,其根本目标之一是揭示单个站点所无法回答的科学问题。近年来,基于物联网、自动观测、融合

地面和遥感观测形成的美国国家生态观测网络(National Ecological Observatory Network，NEON)与澳大利亚生态观测研究网络(Terrestrial Ecosystem Research Network，TERN)成为新一代大陆尺度生态观测网络的代表,使用了大量生态观测传感器,涵盖多种观测指标。这些区域/全球尺度观测、实验网络的建立为生态大数据的不断增加提供了重要平台。

1.3.3　对地观测大数据

通过飞行器搭载的传感器对地球进行观测可以获得地球全面而系统的信息。随着空间信息技术的高速发展,对地观测步入了大数据时代[12]。遥感数据的产生,弥补了传统地面调查空间尺度有限的缺点,已逐渐成为生态大数据必不可少的来源。遥感平台按观测高度可分为低空遥感和高空遥感。低空遥感主要通过无人机完成,具有机动、灵活、高效的特点。高空遥感主要通过卫星与航空完成,具有观测范围大、时间序列长、数据获取成本低等优点。经过几十年的发展,不同卫星遥感的分辨率已从公里级(MODIS)进入米级(IKONOS/OrbView)、亚米级(QuickBird/WorldView/高分 2 号),且实现了不同波段的全覆盖。

1.3.4　公民科学的发展

大尺度生态环境监测与评估需要不同学科背景的科研人员参与,也离不开社会公众的参与[4]。互联网技术的发展,促进了公民科学发展。近年来,全世界建立了许多公民科学项目平台,利用"公民科学家"参与收集更多环境数据。例如,美国的 BudBurst 项目吸引全美人民合作收集植物生命周期数据,帮助发现植物如何应对环境变化。因此,公民科学的发展逐渐成为生态大数据的又一重要来源。

1.4　生态大数据分析的技术方法

近年来,随着大数据的不断发展,以谷歌、微软等为代表的互联网企业推出了各种不同类型的大数据计算模式与系统,借助这些新型的计算模式处理系统,各类大数据分析技术也得以迅速发展,并逐渐应用于生态环境领域。大数据分析中常用的方法有整合分析、数据挖掘、数据-模型融合、可视化分析与人机交互技术等,其中整合分析、数据挖掘、数据-模型融合等是大数据分析的基础,而可视化分析与人机交互技术等既是数据分析的关键技术也是数据分析结果呈现的关键技术。以下结合生态环境领域的特点,简述上述几种技术方法在生态大数据分析中的应用。

1.4.1　整合分析

Meta 整合分析作为一种定量综合分析的方法,主要是对多个有共同研究目的但相互独立的多个研究结果给予定量合并,剖析研究间差异特征,综合评价研究结果。其早期被用于教育、心理等领域,于 1976 年被 Glass 命名为 Meta 分析(Meta-analysis)[13]。Meta 分析主要包含以下五个步骤：①提出问题与假设；②搜索与假设有关的资料，包括论文、数据库、报告等，并根据标准对文献进行筛选；③整理数据，从符合纳入要求的文献中摘录用于系统评价的数据信息，所提取信息必须是可靠、有效、无偏的；④选择适当的分析模型和效应值进行计算，模型根据数据类型选择固定效应模型或随机效应模型，而效应值是为了将研究结果标准化，它反映单个研究的效应大小，应根据文献中数据选择不同的效应值指标，包括 Glass 估计值 Δ、Hedges 估计值 g、Hedges 估计值 d、反应比等；⑤结果与分析，合并单个研究的效应值，得到平均效应值及其置信区间，进而进行相关分析。近几十年来，由于全世界范围内开展了大量的控制实验及观测研究，Meta 分析越来越多地被用于生态环境领域。例如，陆地生态系统与气候变化研究在全球已经发展到有 1000 余个全球变化控制实验[14]，单个控制实验对于理解具体生态系统的响应非常关键，但普遍规律需要使用整合分析的手段，进而为陆面模型提供参数和理论依据。对这些全球变化控制实验进行 Meta 整合分析是生态系统生态学领域近 20 年来非常活跃的一个方向，尤其是在陆地生态系统对 CO_2 浓度升高、全球变暖、氮沉降、降水改变等的响应，以及土地利用变化对气候影响等方面的应用发展迅速[10]。但 Meta 分析也有其局限性，不同实验之间的方法差异如处理方法和测定频度的不同给总体结果带来了不确定性。另外，效应值的选择、单个研究之间的非独立性等都会直接影响整合分析的结论。

1.4.2 数据挖掘

数据挖掘主要是指从大数据中通过条件学算法搜索隐藏信息的方法，比如对区域/全球联网观测或实验数据进行挖掘分析，揭示大尺度生态系统过程规律。数据挖掘技术主要包括数据汇总、分类、机器学习、决策树、支持向量机、人工神经网络、深度学习等有效手段[15]，具体包含以下四个步骤：①提出问题与假设；②建立数据挖掘库，包括数据收集、数据描述、数据筛选与整合；③数据挖掘过程，根据数据库中的数据信息，选择合适的分析工具，处理信息得出有用的知识；④结果评估，对所获得的数据挖掘信息进行评估，判断其正确性。在生态环境领域，数据挖掘可以帮助研究人员对生态环境长期观测数据所表现出来的信息进行分析研究。随着大空间、长时间、高分辨率观测数据的积累，我们需要从海量数据中获取其隐藏的信息，并在不断认识自然规律的同时，运用数据挖掘方法从海量数据中获得信息。这些前所未有的数据源、增强的计算能力以及统计建模和机器学习等最新技术的结合，为我们提高对生态环境的认知提供了新的途径。当然，数据挖掘在应用过程中要注意多源数据间的独立性以及复合因子的相互影响和自相关的问题。另外，不同数据集之间时间尺度的相互转换也会带来很大的不确定性。深度学习已逐步应用于遥感数据分析中，但较大的训练样本量、复杂的遥感图像、数据集之间的传输和对学习深度的把控也是未来需要解决的关键问题[16]。总体上，数据的标准化与共享、算法的通用性与可解释性以及应用程序的丰富化和智能化将成为深度学习的重要发展方向[17]。

1.4.3 数据-模型融合

目前面临诸多生态环境问题，仅靠大数据还不足以揭示这些问题的驱动机制和潜在影响，因此将模型与大数据结合就显得尤为重要。数据-模型融合不仅可以利用丰富的数据资源作为模型的输入，同时又可以通过模型模拟产生新的、更有价值的数据来丰富生态大数据。近年来，随着数据同化技术的快速发展，观测数据与生态模型的融合成为生态环境领域的热点方向。数据-模型融合采用特定的算法来获得模型参数的最优估计，以提高对地表过程的预测精度[18]。与简单回归分析不同，数据-模型融合可以应用于复杂的过程模型和多个异构数据集，可以同时优化数十或数百个参数和状态变量。因此，经过数据-模型融合训练的过程模型不仅可以更好地描述观测到的生态环境动态，而且可以更准确地预测其未来状态。数据-模型同化的实现主要包括以下四个步骤：①选择或构建模型，确定需要通过约束的参数与变量；②数据的准备和预处理，包括观测到的气象驱动数据和实验或观测得到的地表观测数据集；③同化过程，选择效果较好的算法进行同化，运用观测数据对模型参数进行约束，经过不断循环，反复调整参数与初值，最终得到参数的最优值；⑤模型检验，使用参数优化后的模型结果，与未经过同化的模型与观测值进行对比，以检验模型的同化效果。例如，应用数据-模型同化技术对气象站点及卫星数据进行同化模拟获取新的气象预报产品；通过生态过程模型与野外观测数据的融合，提高生态系统结构和功能的模拟精度，从而揭示生态系统过程的内在作用机制及其变化规律。不足之处在于数据同化的参数范围的设定往往取决于设定者的经验。另外，该方法对于观测数据有一定的要求，数据的种类或数量太少则效果较差，数据-模型融合对于非状态变量的同化比较困难。

1.4.4　可视化及人机交互

数据处理分析是大数据系统的核心，但数据技术只是工具，大数据的最终目标是让用户看到分析结果，解决用户的需求和问题，真正做到服务于用户。由于大数据分析结果具有海量、关联关系极其复杂等特点，采用传统的解释方法基本不可行。可视化技术和人机交互技术是目前大数据平台中最常用到的解释方法，可视化技术能够迅速有效地简化与提炼数据流，帮助用户快速有效地筛选数据，有助于用户更快更好地从复杂数据中得到新的发现。人机交互技术是让用户能够在一定程度上了解和参与具体的数据分析过程，利用交互式的数据分析过程来引导用户逐步进行分析，使得用户在得到结果的同时更好地理解分析结果的由来。

1.5　发展历程与应用

1.5.1　大数据发展历程

大数据技术的兴起离不开数据库技术的发展，毕竟大数据技术脱胎于数据库，大成于分布式系统。数据库系统萌芽于 20 世纪 60 年代，当时的计算机开始进行广泛的数据管理，对数据的存储和共享的要求也越来越高，传统的文件管理系统已经不能满足用户的需求，能够统一管理和共享数据的数据库管理系统应运而生。

最早出现的是网状数据库管理系统，随后又诞生了层次管理系统，二者很好地解决了数据集中管理和共享问题，但在数据独立性和抽象级别上仍存在较大缺陷。1970 年，IBM 的研究员 E.F. Codd 博士提出了关系数据库的概念，并为关系数据库奠定了坚实的数学基础。1974 年，同在 IBM 的 Ray Boyce 和 Don Chamberlin 将 Codd 关系数据库中的数学准则使用计算机语言表达出来，里程碑式地提出了 SQL 语言。关系数据库和 SQL 语言的提出无疑为数据库技术带来了极其深刻的变革，在此基础上，大数据技术开始登上历史的舞台。

早在 1980 年，未来学家托夫勒就在《第三次浪潮》(*The Third Wave*)一书中提出了"大数据"这一概念，并且论断大数据将是第三次浪潮，即信息化时代的华彩乐章，大数据时代正式到来。但此时的大数据就像襁褓中的孩子，距离改变世界还有很长的路要走。数据量是大数据技术在当时面临的最重大挑战。在关系型数据库和 SQL 语言被提出后，数据库技术迎来了发展的黄金时代，因为一切应用程序的本质都是在处理数据。然而，互联网时代的到来为数据库带来了前所未有的庞大无序数据，针对这些数据的存储管理已经极大地消耗了单机的性能，更不用说在此基础上的数据计算和分析。某种程度上说，在大数据技术发展之前，海量数据对用户而言仅仅是无用的垃圾，因为用户无法从中获取任何有用的信息，还要为这些数据的存储管理花费高昂的费用。

谷歌是大数据技术发展最重要的推动者。谷歌于 2003 年、2004 年和 2006 年发表了三篇论文，提出了谷歌分布式文件系统 GFS、大数据分布式计算框架 MapReduce 和适用于大数据的 NoSQL 数据库 BigTable，这三篇论文奠定了大数据技术的基石：GFS 解决了海量数据存储问题，让数据几乎可以无限增长下去；MapReduce 解决了数据大规模计算问题，为大数据处理提供了思路；BigTable 解决了海量数据实时查询问题，即便面对海量数据，用户也能在短时间内获得想要的数据。

尽管上述论文的发表为大数据技术提供了理论支撑，但是此时的谷歌并没有将论文内容进行开源实现，第一个实现这些技术的是雅虎公司。雅虎仿照谷歌的论文设计了 Hadoop，并用实际业务去测试完善它。Hadoop 的诞生解决了企业空有数据而没有处理工具的问题，同时，由于雅虎选择将 Hadoop 进行开源，使得 Hadoop 用户不需要担心使用该技术会被"卡脖子"，而且开源社区也促进了 Hadoop 的不断完善。最终，Hadoop 和它庞大的衍生生态形成了强有力的体系，在大数据时代大放异彩，也宣告了大数据技术走向繁荣。

没有一款产品能永远辉煌，Hadoop 也是一样。MapReduce 自诞生以来就争议不断，而 Hadoop 并没有对 MapReduce 进行改进，这也给了 Spark 成长的空间。Spark 诞生于美国加州大学的 AMP 实验室，它汲取了 MapReduce 和数据库技术的精华，又摒弃了二者的许多缺点，可以称得上是从零开始构建的大数据计算引擎。首先，Spark 关注于 MapReduce 难以解决的机器学习问题。MapReduce 最初的设计并没有考虑到机器学习的大量数据迭代问题，因此在机器学习方面存在明显劣势，Spark 通过有向无环图的设计解决了这个问题，吸引了大量的用户和开发者。其次，Spark 的开发者们开发了诸如 Spark Streaming、Dataframe、GraphX 等拳头产品，极大地丰富了 Spark 的生态圈。最后 Spark 的开发者们成立了公司，为 Spark 提供了稳定的研发更新。如今，Spark 已经基本取代了 MapReduce，成为大数据计算的主流方式。

可以说，数据库技术的快速发展和针对海量数据计算的庞大需求为大数据技术的产生提供了良好的环境，谷歌发表的三篇论文为大数据技术的兴起拉开了帷幕，Hadoop 以及 Spark 的产生和发展则宣告了大数据技术的成熟，同时也带动了数据分析、机器学习等新兴产业的蓬勃发展。生态大数据作为大数据技术的一个发展分支，其发展历程和大数据发展历程息息相关。

1.5.2　生态大数据发展历程

相较于大数据技术的诞生，早在 20 世纪中叶，生态环境领域就已经出现了"大数据"的思想。宏观生态学首先发现了大数据的重要性，因为生态环境是一个极其复杂的庞大系统，这个系统每时每刻都在产生海量的数据，科学家需要将这些数据积累起来去解决生态环境问题。尽管此时相关技术并不成熟，但是有关的尝试并没有停止。在生态大数据方面，国际地球物理年(1957～1958 年)和国际生物学计划(1964～1974 年)已经被提出并成为如今生态环境大数据研究的雏形。与大数据发展不同的是，此时的生态大数据还没有积累足够庞大的数据，这些计划提出的目的主要在于获得较为可靠的观测数据，以研究地球的生态环境问题，这个时期也可以看作生态大数据的萌芽阶段。

生态大数据的探索研究是从 20 世纪 80 年代开始的，这和大数据的发展历程十分契合。此时，大数据已经开始被各行各业重视。而后，谷歌从商业技术方面推动了大数据的发展，到了 2008 年，*Nature*、*Science* 等学术期刊相继出版专刊研究大数据方面的议题，标志着大数据研究获得了世界范围的关注和认可。生态大数据方面的研究更多地集中于环境数据库的建设和污染扩散模型的设计。此外，也有部分研究在此基础上更进一步，开始了专家决策系统的开发。这个阶段生态大数据和大数据一样，更多的还是在理论层面的探索研究，还没有真正投入应用。

2009～2012 年是生态大数据开始应用研究的阶段。在这段时间，Hadoop 开始进入辉煌的发展阶段，为生态大数据应用提供了强有力的平台。区域大气污染防治、全球气候变化、环境污染预报等生态环境领域的研究热点产出了很多的成果。大气污染控制成本分析、空气质量模拟可视化、污染物排放达标评估等技术都是这一阶段的应用成果。

2012 年以来，生态大数据进入了战略化的发展阶段。2012 年联合国大数据政务白皮书的发布标志着大数据已经提升为战略研究领域，美国同时提出了《大数据研究和发展计划》，2015 年中国也发布了《促进大数据发展行动纲要》，大数据上升为我国国家战略之一。2016 年环境保护部发布了《生态环境大数据建设总体方案》，从政府角度为生态大数据领域的发展和管理提出了要求。目前，生态大数据在科学研究、政府决策、商业应用等多个方面有了广泛的应用，相关技术也愈发成熟。

1.5.3　主要应用

大数据的价值更多的还是体现在大数据的实际应用上。生态大数据为解决生态环境领域的复杂问题提供了有效的工具，并且已经有了显著成效。

在科学研究方面，生态大数据首先催生了生态系统观测网络的发展。如今世界上已经建立了多套全球性和国家/区域性的生态环境监测网络，以提供生态环境的多维长时间观测数据，其中著名的观测网络包括全球环境监测网络(GEMS)、通量观测网络(FLUXNET)、全球生物多样性观测网络(GEO BON)等。这些网络涵盖了生态环境的众多指标，采集了极其丰富的数据。大范围、多变量、多尺度的数据帮助科学家在更大时空尺度、更多领域进行复杂的综合分析，例如区域生物量的变化、生态系统的演替模式等。长期观测网络的诞生是生态环境领域加入大数据的重要一步。大数据技术将这些分散的生态系统观测平台联合在一起，实现数据的高效传输和检索。最后，对生态大数据进行分析建模，使用模型模拟的手段评估人类活动对自然界的影响[7]。

除了区域生态系统研究外，全球气候变化预测也是生态大数据在科学研究方面的重要应用领域。进入工业社会以来，人类活动产生了大量的温室气体，全球气候变化出现了明显异常。如何量化这些变化，并对气候变化带来的衍生灾害进行预测，受到政府和学界的广泛关注。然而，由于气候系统是一个耗散和不稳定的非线性系统，内部的相互作用十分复杂，导致对气候变化的预测一直是生态环境领域的重点和难点，大数据技术的应用使得气候变化预测的能力得到了很大的提升。和生态系统观测网络一样，大数据技术首先推动了气象观测站点的发展。截至 2015 年底，中国已经建成了 5 万余个气象观测站点，还积累了大量计算机通过物理方程模拟得到的温度、空气湿度、气压等数据。随着对陆面和气候模式理解的不断深入，下垫面土壤、植被等因素也被加入过程模型中，整个预测的输入变量从最初的气象数据拓展到了现在的植被、土壤、水文、人类活动等全方位数据。大数据技术进一步帮助科学家整合这些海量庞杂数据，极大提高了数据的存储和管理效率。同时，通过对海量数据的计算挖掘，使得气象预报和气候变化预测的精度有了显著提高[3]。

在商业方面，生态大数据也有着许多的应用。惠普、谷歌、微软等企业正在提供最先进的存储以及搜索服务，为政府和研究机构制定政策和开展研究提供技术支持。惠普主导开展了惠普地球观察项目，对全球生物多样性和气候数据进行了系统分析。IBM 公司在 Hadoop 平台基础上，与北京市政府联合开发了"绿色地平线"大数据系统，该系统将卫星遥感数据、地面监测数据以及企业排放数据结合起来，对未来 72 小时的空气质量进行预测。微软和海南、云南、武汉等多个省份进行交通、能源、环境等领域的合作，已经发布了超过 100 个全球智慧城市案例。此外，微软还推出了 Urban Air 系统，通过大数据来监测和预报空气质量，该服务已经覆盖了中国百余个城市。而京东智能城市研究院也把大数据和人工智能结合进行空气质量和水质预测，并将其作为重点业务内容。此外，科学研究成果的商业转化也是生态大数据的一个重要商业应用。如上述提到的气候变化预测包含的信息十分丰富，常常可以发挥跨行业的价值。美国硅谷有公司把降雨、气温、土壤等气象数据与长时间序列的农作物产量数据相结合，预测各地农场农作物的产量和适宜种植的品种，并将这些结果以个性化服务的方式向农场出售，为不同地区选择所种植的农作物提供了参考。

生态大数据为支持政府决策发挥了无可替代的作用，世界各国都将大数据技术应用作为重大发展战略。美国公布了"大数据研发计划"，美国国家科学基金会(NSF)、能源部(DOE)、地质勘探局(USGS)等 6 个部门机构联合研究提供海量数据应用所需的大数据存储管理、大数据计算分析技术等,环境保护署(EPA)则负责建立统一的中央数据交换技术。欧盟在过去的几年已经为数据基础设施投资了超过一亿欧元,同时将数据信息化基础设施建设列为"Horizon 2020"计划的优先目标之一。英国自然环境研究理事会(NERC)则计划投资建设环境数据创新中心。新加坡政府在 2014 年提出了"智慧国家平台"计划,这是全球第一个国家范围的智慧蓝图。在大数据支持下,新加坡联合其他东南亚国家开发了东南亚国家区域烟霾预警系统,为大气污染防治提供了强有力的技术支持。2020 年防汛期间,阿里巴巴达摩院紧急升级遥感人工智能(AI)技术,开发应用于防汛的水体识别算法,支持水利部相关监测与分析工作。

中国经济的快速增长伴随着生态环境的不断恶化,针对这一状况,2016 年环境保护部发布了《生态环境大数据建设总体方案》,为生态大数据的未来发展绘制了蓝图。环境信息是环境相关工作开展的基础,生态大数据具有强大的信息整合能力,可以有效改善环境信息资源采集、管理、共享等方面存在的部门化、碎片化状态,提升多部门的协同管理水平和应急响应能力,是解决目前生态环境领域信息孤岛问题的有效手段。同时,运用物联网、大数据等技术作为落实环境管理制度的工具,建设公众参与的环境保护平台,也是现实中生态环境监管难度不断增大问题的有效解决方案[19]。除了政策发布外,我国生态环境部还专门成立了生态环境大数据建设领导小组,全面推动落实党中央、国务院关于大数据发展的新要求,同时启动了生态环境大数据和环保云建设项目。目前,生态环境部已经建立了涵盖大气、水和土壤等领域的生态环境监测网络系统并逐步加大监测密度,其中大气环境监测网络包括 1436 个城市监测点位,水环境监测网包括 1000 个降水监测点位、1940 个地表水水质断面(点位)、906 个集中式饮用水水源监测断面(点位)、1649 个海水环境质量监测点位。此外,生态环境监测网络中还包含了 2583 个生态环境质量监测点位,约 80000 个城市声环境监测点位、1410 个环境电离辐射监测点位和 44 个环境电磁辐射监测点位,借助高效的数据存储管理系统和数据实时高速传输技术,建立了高效的生态环境监管系统。

1.6 生态大数据的平台架构

生态大数据的获取、存储、管理、挖掘、可视化等阶段都离不开生态大数据平台。一个优秀的生态大数据平台应该充分利用现代大数据、分布式等技术,运用先进的传感器技术、网络爬虫技术、无线通信技术、遥感技术等与传统技术(如测绘仪器、人工采集等)相结合进行数据采集;在进行数据存储和管理时,充分运用大数据分布式技术,建立计算机集群和分布式数据库,提升系统存储量和运行速度,同时充分利用统计学、人工智能、云计算等先进技术,对生态大数据进行深度挖掘。最后对生态大数据进行可视化展示,为生态环境管理决策提供支撑。因此,针对生态大数据的获取、存储、管理、挖掘、可视化这几个阶段,生态大数据平台总体架构可分为数据采集层、数据管理层、数据运算层、服务应用层,具体架构如图 1-1 所示。

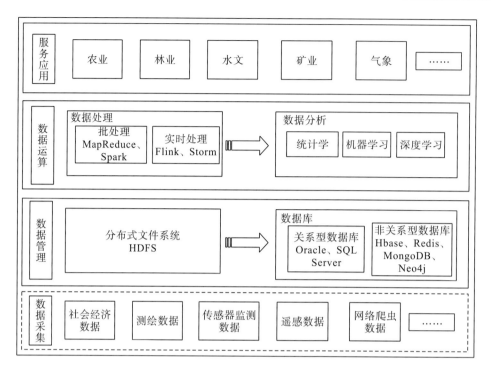

图 1-1　生态大数据平台架构

1.6.1　数据采集层

数据采集层为生态大数据提供了数据采集功能。通过多种渠道，采集与生态环境相关的海量数据，为生态大数据的挖掘提供前提。与生态大数据相关的领域众多，例如生态环境部门的大气、水质监测数据；国土部门的土地利用数据；林草部门的森林/草地资源清查、退耕还林还草数据等；气象部门的气温、湿度、雨量数据；水利部门的水位、水量监测数据；农业部门的作物种植、土壤墒情数据[6]。这些数据有的采用人工方式采集，有的采用传感器、互联网技术等自动获取，而有的通过计算机网络爬虫采集。如何为多源生态大数据设计统一接口，以完成各类生态大数据的采集和录入是数据采集平台的重点。此外，这些数据的类型与格式往往不同，既有传统的结构化数据，又有非结构化数据，非结构化数据所占的比例也在逐年增大，如何对生态大数据进行融合并进行格式的统一也是数据采集平台的关键。

1.6.2　数据管理层

生态大数据的发展对平台的存储和管理技术提出了更高的要求。面对海量异构的生态大数据，利用传统的数据存储和管理技术已经不太合适。Hadoop 是 Apache 开源组织的一个分布式存储和计算框架，它可以使多台计算机相互连接形成分布式计算机集群，利用 Hadoop 框架对海量的生态大数据进行分布式存储和管理，也能够进行并行计算。

由于生态大数据类型的多样性，需要考虑非关系型数据库 NoSQL 和传统关系型数据库进行联合存储以完成生态大数据的存储和管理任务。非关系型数据库是最近新兴的几种数据库的总称，在大数据时代，关系型数据库遇到了性能上的瓶颈，当一个表中有上亿条数据时，SQL 语句在大数据的查询、处理方面效率欠佳。导致其性能较低的一个十分重要的原因就是多表的连接和关联查询，为了保证数据库的 ACID［原子性(atomicity)、一致性(consistency)、隔离性(isolation)、持久性(durability)］，关系型数据库设计人员必须按照一定的范式要求对数据库进行设计，但从另一个角度来说，它也是关系型数据库瓶颈的一个因素。目前常见的非关系型数据库有以下几种：键值对数据库，如 Redis、Cassandra 等；图数据库，如 Neo4j、GraphDB 等；文档数据库，如 MongoDB、CouchDB 等；列式数据库，如 HBase、SimpleDB 等。其中 HBase 是 Hadoop 生态圈中的一个分布式数据库，也是一个按列存储的非关系型数据库，如果运用 HBase 对数据存储能够完美地融入 Hadoop 生态圈，与分布式文件系统 HDFS 和分布式计算框架 MapReduce、Spark 等进行结合，那么 HBase 与 Hadoop 一起使用能起到事半功倍的效果。但是，大多数非关系型数据库不支持数据库事务一致性的四个特征，在存储和管理一些对事务一致性要求严格的结构化数据时，仍然需要传统关系型数据库，如 Oracle、SQL Server 的支持。因此，对生态大数据进行存储和管理时，文件系统采用分布式文件系统 HDFS，数据库运用关系型数据库和非关系型数据库相结合是一种较为合适的方式。

1.6.3　数据运算层

生态大数据由于存在 TB 级甚至是 PB 级别的海量数据，这些海量数据若使用单一计算机和传统运算方式不仅难以处理，而且处理和计算的时间相比小批量数据也会呈指数级上升。MapReduce 最初是由谷歌公司提出的一种针对于大数据的运算模型，后来 MapReduce 被收入 Apache 开源基金组织，与 Hadoop 进行了紧密结合，成为一个针对大数据的分布式计算框架，并成为 Hadoop 最重要的一员。MapReduce 分布式计算框架可分为两个阶段：Map 阶段和 Reduce 阶段。在 Map 阶段，集群实现对输入的数据进行切片，每个切片都对应一个 Map 任务，Map 将每个数据输出为键值对的形式并传入 Reduce 阶段。在 Reduce 阶段，对从 Map 传入的键值对进行聚合操作，将相同键的数据聚合在一起进行逻辑处理。因此，MapReduce 在 2010 年之前是主流的大数据计算模型和分布式计算框架，曾占据统治地位。

但是，MapReduce 仍然存在一些局限性问题。最重要的一个问题就是效率问题，虽然 MapReduce 分布式并行运算框架相比传统单机运算效率提高了许多，但是它是基于计算机硬盘进行数据处理和计算的，中间结果保存在文件中，运行和处理大数据的速度在目前看来比较慢。为了解决 MapReduce 的一些问题，加州大学伯克利分校的 AMP 实验室提出了基于内存运算的并行运算框架 Spark。相比 MapReduce，Spark 保留了 Map 和 Reduce 的计算模型，并通过计算机内存集群对海量数据进行存储和计算，因此比 MapReduce 的运算速度快将近 100 倍。并且，Spark 引入了许多新功能，例如对生态大数据进行数据分析，充分挖掘出生态大数据的价值，发现隐藏其中的规律，机器学习是一个十分合适的数据挖掘工具，而 Spark MLlib 则提供了许多机器学习函数，能够分布式地对生态大数据进行训练和建模。目前，Spark 也被 Apache 基金会纳入其中，并和 Hadoop 生态圈紧密结合，在新一代的大数据处理平台中，Spark 得到了最广泛的认可和支持，因此使用 Spark 作为生态大数据计算层静态批处理的并行运算框架十分合适。

此外，各个领域的野外观测站点都会不断地往生态大数据平台发送数据，因此生态大数据除了静态数据之外，还存在不断输入的流式数据需要进行实时处理，目前也存在一些实时处理的框架，如 Flink 的流水线运行时系统可以执行流处理程序，因此使用这种框架实现生态大数据计算实时处理较为合适。

1.6.4　服务应用层

生态大数据的服务应用层是面向用户具有可视化界面的，能够将生态大数据的分析结果和未来趋势预测提供给用户做出决策支持的平台。生态大数据服务应用平台的重点和难点在于设计出智能化决策系统，将各个生态环境领域的数据分析结果以可视化的形式发送给用户，并为政府行业部门提供相应的解决方案和决策支持。

1.7　面临的主要挑战与展望

1.7.1　主要挑战

1. 生态大数据存储管理软硬件角度

近年来，生态环境观测的数据规模越来越大，生态大数据技术的发展如火如荼，但仍存在很多不足之处和局限性，也面临着诸多挑战。第一个挑战是计算机软硬件方面的挑战。生态大数据的存储、管理、计算和可视化展示都离不开计算机，生态大数据需要从底层芯片到基础软件再到应用分析软件等信息产业全产业链的支撑，无论是新型计算平台、分布式计算架构，还是大数据处理、分析和呈现方面与国外均存在较大差距，对开源技术和相关生态系统的影响力仍然较弱，总体上难以满足各行各业的大数据应用需求。而这是大数据短期内最大的挑战。

2. 生态大数据采集方式有待科技化

生态大数据涉及的领域十分广泛，林业、农业、国土、气象、测绘、矿业、环境等部门采集的数据都可称为生态大数据，而这些数据的采集方式差异很大。有些采用传感器自动观测方式，有些采用无线通信技术，有些采用网络爬虫方式，而有些领域仍然采用较为传统的人工手动采集方式来获取生态环境数据。人工采集方式往往效率较低，同时采集的数据量也不大，对于小型数据量往往不够挖掘出数据内部潜在的规律。因此，如何将人工采集方式转变为传感器采集，甚至是网络采集是一个很大的挑战。

3. 多源异构数据融合

生态大数据分布于各个领域和行业，这些数据的格式往往不相同，除了常见的结构化数据之外，非结构化数据所占的比例正在逐年增大，如遥感数据。如何将结构化数据和非结构化数据进行融合是一个难题。而对于结构化数据来说，各个领域的生态大数据往往是封闭式管理，各个部门都有各自的数据存储格式，既没有实现各个领域数据格式的共享，也没有设计出统一的数据格式转换接口，这种情况也会导致多个部门之间的数据融合困难[9]，因此多源异构数据融合和格式的统一也是未来生态大数据发展的一个挑战。

4. 生态大数据挖掘

生态大数据挖掘是生态大数据平台的核心功能，即从海量数据中挖掘出有用的信息，获取生态大数据中潜在的规律。目前数据挖掘领域出现了许多新技术和新科学，如机器学习、深度学习、复杂网络分析等。但这些数据挖掘方法所涉及的计算框架往往是针对单台计算机所设计的，而生态大数据平台往往是多台计算机组成集群，对数据进行分布式存储和运算，因此如何将新型数据挖掘方法的计算框架引入分布式运行框架，如 Hadoop 框架，是未来生态大数据发展一个很大的挑战。

5. 生态大数据安全

生态大数据的安全是应重点关注的问题。很多领域，如国土、林业的数据都涉及国家安全问题，这些涉密数据如果被窃取会对国家安全产生十分严重的后果。并且，很多生态数据是通过传感器采集，再通过网络和通信传输到数据采集平台中，这种外界设备往往没有很强的防黑客入侵能力，同时，如果将生态大数据存储于云平台中也会面临数据泄露的风险。因此，加强生态大数据平台的防入侵能力，提升平台的稳定性是务必要完成的工作，也是一项十分艰难的挑战。

6. 生态大数据人才队伍建设

生态大数据平台建设需要多学科、多领域复合型人才的参与，生态大数据的一些背景知识、数据内涵、数据分析方法和生态模型需要农业、林业、气象等领域的专业人才，特别是针对某个领域的数据挖掘算法和模型，需要该领域人才的支持。而生态大数据一些通用的数据挖掘方法，涉及统计学、数据、人工智能等多个学科的交叉，也需要这些学科人员的参与。对于生态大数据平台的开发和维护，则需要计算机专业的人才。各个学科之间往往独立性较强，学科之间的融合较少。因此，生态环境相关学科与计算机、数学等学科的交叉以及复合型人才的培养也是未来的一项挑战。

1.7.2　前景展望

1. 各个领域数据的开放共享

以往，农业、林业、国土、环保等涉及生态环境的部门都有其专享的数据格式，并且大部分数据是封闭管理，不对外开放的。无论是政府数据、互联网数据，还是其他数据，数据拥有者往往不愿对其进行共享流通。各个领域的数据孤岛和壁垒降低了生态大数据产业的资源配置效率，大数据产业发展必须实现数据信息的自由流动和共享，如果数据不开放、不共享，数据整合就难以实现，数据价值也会大大降低。近年来，各级政府建立了大数据管理局，推动生态大数据开放共享的举措一直在加强，然而效果与预期还有差距。因此未来生态大数据的一个发展趋势是对各个领域的数据设计统一的接口以支持共同的数据格式，同时非保密数据对外开放实现共享。

2. 与云计算、人工智能等前沿技术的深度融合

大数据、云计算、人工智能等前沿技术的产生和发展均来自社会生产方式的进步和信息技术产业的发展。云计算技术能够实现超大规模数据的处理和运算，在短时间内完成复杂度较高、精密度较高的信息处理；人工智能能够实现生态大数据的智能化处理、海量生态数据的分析和挖掘和智能化决策。目前有些生态大数据平台已经将这些领域进行结合，为公共服务提供精准决策，但大部分生态大数据平台仍采用较为传统的数据计算和分析方式，因此，全面实现生态大数据与云计算、人工智能等技术的深度融合是未来的一个发展趋势。

3. 各个平台大数据的深度交流

目前，生态大数据平台往往建设在市级或省级范围内，如北京市生态大数据平台、四川省生态大数据平台，而这些生态大数据平台往往是独立的，即每个大数据平台只为其所在的行政区提供决策服务和数据支持，而跨省，甚至跨国的生态大数据平台交流和对接较少。多个生态大数据平台的对接十分必要，如多个国家的生态大数据平台对接，能够将尺度扩展到全球，对全球的生态环境数据进行分析和挖掘，为解决跨国界、跨区域的全球性生态环境问题，如全球变暖、生物多样性保护等提供科学依据，因此各个平台大数据的深度交流和对接也是未来的一个发展趋势。

1.8 本 章 小 结

当前，全球生态环境问题日趋严重。面对错综复杂的生态环境问题，亟须充分融合传感器技术、物联网技术、卫星遥感在数据获取方面的优势以及云计算、人工智能等技术在大数据处理方面的优势，建设实时、高效、开放的生态大数据应用平台，实现决策支持的多样化、专业化和智能化。针对中国的实际情况，夯实以建设空-天-地一体化的立体观测体系为核心的生态环境信息化基础，构建符合中国国情的生态大数据应用服务平台，提升以大数据为支撑的生态环境信息化服务能力，从而为推进生态文明建设、共建美丽中国提供技术支撑。

参 考 文 献

[1] Kondratyev K Y，Krapivin V F，Phillipe G W. Global environmental change：Modelling and monitoring[M]. Berlin：Springer Science & Business Media，2013.

[2] 程春明，李蔚，宋旭. 生态环境大数据建设的思考[J]. 中国环境管理，2015，7(6)：9-13.

[3] 赵苗苗，赵师成，张丽云，等. 大数据在生态环境领域的应用进展与展望[J]. 应用生态学报，2017，28(5)：1727-1734.

[4] 于贵瑞，何洪林，周玉科. 大数据背景下的生态系统观测与研究[J]. 中国科学院院刊，2018，33(8)：832-837.

[5] Shin D H，Choi M J. Ecological views of big data：Perspectives and issues[J]. Telematics and Informatics，2015，32(2)：311-320.

[6] 赵芬，张丽云，赵苗苗，等. 生态环境大数据平台架构和技术初探[J]. 生态学杂志，2017，36(3)：824-832.

[7] 蒋洪强，卢亚灵，周思，等. 生态环境大数据研究与应用进展[J]. 中国环境管理，2019，11(6)：11-15.

[8] Manyika J，Chui M，Brown B，et al. Big data：The next frontier for innovation，competition，and productivity[M]. Washington，D. C.：McKinsey Global Institute，2011.

[9] 刘丽香，张丽云，赵芬，等. 生态环境大数据面临的机遇与挑战[J]. 生态学报，2017，37(14)：4896-4904.

[10] 牛书丽，王松，汪金松，等. 大数据时代的整合生态学研究——从观测到预测[J]. 中国科学：地球科学，2020，50(10)：1323-1338.

[11] 孙中平，申文明，张文国，等. 生态环境立体遥感监测大数据顶层设计研究[J]. 环境保护，2020(Z2)：56-60.

[12] 何国金，王力哲，马艳，等. 对地观测大数据处理：挑战与思考[J]. 科学通报，2015，60(5/6)：470-478.

[13] Glass G V. Primary，secondary，and meta-analysis of research[J]. Educational Researcher，1976，5(10)：3-8.

[14] Song J，Wan S，Piao S，et al. A meta-analysis of 1119 manipulative experiments on terrestrial carbon-cycling responses to global change[J]. Nature Ecology and Evolution，2019，3(9)：1309-1320.

[15] Reichstein M，Camps-Valls G，Stevens B，et al. Deep learning and process understanding for data-driven Earth system science[J]. Nature，2019，566(7743)：195-204.

[16] Zhang L P，Zhang L F，Du B. Deep learning for remote sensing data：A technical tutorial on the state of the art[J]. IEEE Geoscience and Remote Sensing Magazine，2016，4(2)：22-40.

[17] 郭庆华，金时超，李敏，等. 深度学习在生态资源研究领域的应用：理论、方法和挑战[J]. 中国科学：地球科学，2020，50(10)：1354-1373.

[18] Lewis J M，Lakshmivarahan S，Dhall S. Dynamic data assimilation：A least squares approach[M]. Cambridge：Cambridge University Press，2006.

[19] 王建民.《生态环境大数据建设总体方案》政策解读[J]. 环境保护，2016，44(14)：12-14.

第 2 章　生态大数据管理

本章导读

随着生态学观测手段的不断丰富，当今生态学已经发展到大科学、大数据、大理论时代，生态大数据的存储管理逐渐成为生态学研究的重点。相比一般大数据，生态大数据的来源更加多元化、数据结构更加复杂化、服务需求更加专业化，这对生态大数据的存储管理提出了巨大的挑战。目前大数据存储领域常用的方案包括关系型数据库、非关系型数据库、分布式存储等，这些方案在存储方面各有特点又有相应的局限性。本章重点介绍非关系型数据库、关系型数据库以及云计算平台 Hadoop 在海量异构数据存储方面的基本思路、技术特点以及应用模式，可为生态大数据的存储管理以及生态环境大数据综合平台的建设提供参考。

2.1　概　　述

生态学研究需要面对庞大而变化多样的生物类群、空间跨度极为巨大的生态系统、时间跨度极为巨大的生态过程、生存条件跨度巨大的气候梯度、地貌特征完全不同的环境等，这些需求给生态数据带来了多维性、数据结构复杂、数据来源众多、数据增长速度快等特性。随着大数据时代的到来，针对大数据存储方面的技术正在蓬勃发展，本章重点介绍非关系型数据库、关系型数据库以及云计算技术在大数据存储方面的应用，并分析各项技术的特点，为生态大数据的存储管理提供参考。

传统的存储管理方式在数据查询、检索和管理等方面的计算效率，难以满足各学科对于生态大数据时代快速而高效的需求。随着信息时代的到来，生态大数据存储方式主要存在两大问题。

2.1.1　生态大数据的数据密集问题

生态环境监测经过多年的发展，已经积累了大量的生态环境数据，包括站点监测数据、遥感影像以及生物监测数据等。这些数据具有体量大和数据种类丰富等特点，以中国生态系统评估与生态安全数据库为例，该数据库就包含了生态评估、生态系统、生态功能区等多种数据子库，数据量十分庞大。同时，数据库涵盖了多个行业部门如国土、林业、地质、环保、水利等，数据呈现出多源、多尺度、多分辨率、多时态的特征。随着观测手段的不断丰富，生态大数据的获取渠道不断增加，相应地在数据的存储管理上，亟须高效的、扩展性强的存储架构和技术解决生态大数据存储管理问题。而数据密集型挑战就是指如何支持海量数据的存储管理和系统扩展，这将是生态大数据管理长期存在的瓶颈问题。当今社会，随着科学技术的不断发展，我们能够快速、及时地获取海量数据，例如，各种对地观测卫星产生的 PB 级别遥感数据、全球各地生态观测站点源源不断地生产的各类测量数据，这些数据为生态学相关的研究与应用提供了前提条件。另外，这些数据的获取形式又从原来的离线、长周期模式转变为实时的按需服务。因此，在数据的组织、管理、数据结构和算法、数据传输、检索、访问等多个方面都存在着数据密集型挑战[1]。在生态大数据管理方面，数据密集型问题主要包括以下三个方面。

首先是多维度问题。生态学要面对庞大而变化多样的生物类群、空间跨度极为巨大的生态系统、时间跨度极为巨大的生态过程、生存条件跨度巨大的气候梯度、地貌特征完全不同的环境等，这从客观层面上要求生态数据的组织形式具有多维度特征。例如监测生物的活动轨迹，既要监测空间位置信息，又要监测生物活动的时间特征，因此生态数据的维度通常都高于二维，这也给生态大数据的管理带来了巨大挑战。

其次是数据体量大，更新快。生产生态数据的部门和科研机构丰富，并且很多属于不同的学科，如生物学、生态学、地理学、环境学等，因此生态大数据的体量庞大，单就卫星的对地观测就能为陆地、海洋和大气带来 TB 级甚至 PB 级的遥感数据。同时，每时每刻都有传感器为数据库传递数据，并且数据的长度不定，这也增加了建设生态数据库的难度。

最后，存储生态大数据的机构、单位和组织在组织上相对独立，各机构之间数据的存储结构和方式都可能不同，这给数据共享管理带来了麻烦，许多数据密集型的应用需要同时访问和整合这些存储在不同地方的异构数据。

2.1.2　生态信息的大规模高并发访问

人类对生态系统进行监测，除了探究生态系统的组成与分布特征，研究复杂生态过程背后的机理与影响因素外，还为了更好地为人类的生产生活服务。人们对生态大数据的服务需求主要包括数据服务以及数据处理后的信息服务两方面。随着科技的不断发展，生态信息服务为国民经济和社会发展的许多领域提供了重要支撑，在政府决策、城市规划、环境治理等多个方面都发挥了重要作用。同时，随着互联网技术的发展，生态信息服务逐渐展现出许多新特点。

(1)数据和服务高密集型应用。各领域都需要大量的基础生态数据和数据分析服务来完成其专题应用，这对数据的存储管理、数据的分析处理以及服务的分发模式都带来了重大挑战。

(2)多元化、个性化的生态信息服务。现阶段，我国各省(区、市)都在不断提高生态环境监测的信息化水平，纷纷建立信息中心，统筹规划生态数据资源。而随着 Web 和移动设备的广泛使用，大量终端用户能够通过互联网访问这些数据资源，这为信息服务带来了高并发问题。如谷歌地球服务为全球成百上千万的用户提供并发接入，并为用户提供数据和信息服务。高并发的接入和实时处理，需要生态大数据平台拥有海量并发访问接入和动态访问请求的能力。

(3)时空密集特点。大多数生态数据都需要从时间-空间维度进行记录，生态系统或者生态过程的时空变化常常是研究的核心领域,而这对生态大数据的存储管理也提出了更高的要求[2]。

针对这些问题,传统方式如文件夹管理方式或者是层次数据库、网状数据库等都存在较大局限性,无法适应海量数据存储管理的需要。因此,在大数据存储方面,非关系型数据库、云平台等方式得到了广泛的应用。

2.2　非关系型数据库 NoSQL

NoSQL 可以理解为 Not Only SQL,也可以是 Non-relational SQL,即 NoSQL 数据库是指非关系型的,不保证遵循关系型数据库基本原则的数据库存储系统。它放弃了关系型数据库中数据表定义时需要的模式定义,支持建立无模式的数据表,字段的长度也可以改变,并且每个字段的记录可以由重复或者不可重复的子字段构成,同时支持动态地新增和删除列,这些打破并超越了传统关系型数据库刚性的范式关系模式,是传统的关系型数据库模型所不具有的特点[3]。

NoSQL 数据库通常按其存储模型进行分类,存在多种划分方式,本书按照表 2-1 NoSQL 类型划分[4]。

表 2-1　NoSQL 类型分类

存储模型	实例	特点
广义列模型	BigTable HBase Cassandra	以列族(column family)取代列(column),列族内部支持多列并可以随意扩展
Key-Value 模型	Dynamo Azure Table Store Redis	数据以 Key-Value 映射方式组织,数据按 Key 进行索引和切分
文档模型	MongoDB CouchDB XML Database	采用特定的文档代替元组作为数据存储单位,使用文档查询语言
图模型	Neo4J HyperGraphDB InfoGrid	单个数据以对象形式出现,作为图中的节点,对象间按照属性、特征等确定关系,作为图的边,对象间可以灵活地确立关系,根据图论及其算法管理和操作数据
对象模型	db4o Objectivity Perst	直接存储对象,完全支持面向对象,主要解决与面向对象语言的接口问题
其他	Globals U2 Reality	

NoSQL 存储类型多种多样,表 2-1 仅为部分典型类型的展示,本章选取几个典型的数据库进行介绍,包括广义列模型的 Google BigTable[5]、Key-Value 模型的 Amazon Dynamo[6]和文档存储模型的 MongoDB[7]。

2.2.1　广义列模型：Google BigTable

BigTable 是谷歌耗时八个月开发的一种可扩展性强、高适用性、高性能的分布式数据库，该数据库是在谷歌 2006 年发表的数据库经典论文"*Bigtable：A Distributed Storage System for Structured Data*"中提出的，而谷歌的设计思想迅速被业界认可并衍生出了多个版本，如 HBase、Cassandra、HyperTable 等。

从定义上看，BigTable 是一个极其稀疏的三维表，这也是 BigTable 名字的由来。在 BigTable 中，列按照列族的方式组织，列族允许只有扩展，列族名和列名相结合，作为列的标识(Column Key)。BigTable 的三维表结构如表 2-2 所示。

表 2-2　BigTable 的三维表结构

Row Key	列族：Cf		
	Cf：C1	Cf：C2	Cf：C3
Key1	Timestamp1：a Timestamp2：b	Timestamp3：x	
Key2	Timestamp5：c		Timestamp6：x

实际上，BigTable 是按照稀疏存储的方式完成对数据的存储，数据可以标识为三元映射：(Row Key，Column Key，Timestamp)->Data，其中，Row Key 和 Column Key 都是可排序的字符串，Data 则可以看作是不可切分的字节序列。BigTable 的数据可以根据实际配置保留多个历史版本并通过 Timestamp 进行版本的区分。

BigTable 的数据按 Row Key 进行切分，Row Key 字节序相近的行分为一组，定义为 tablet，tablet 的切分方式按照三维索引结构来组织，存储在谷歌文件系统(Google file system，GFS)中。Table 的数据则以 SSTable 文件的形式存储于 GFS 中。SSTable 是一种不可变的映射文件格式，根据 Row Key 和 Column Key 对数据进行索引操作。

在数据存储方面，BigTable 引入了列组，每个列组包括一个或多个列族，不同列组的数据存储在不同的 SSTable 文件中，因此，BigTable 的数据是按列组进行存储的，BigTable 允许用户配置各个列组的压缩算法，从而提高压缩效率。

BigTable 采用了主从结构，存在一个 Master 和多个 Tablet sever。Master 负责 Tablet sever 的状态维护，分配可用的 Tablet、负载均衡和垃圾回收等工作，而 Tablet sever 则负责 Tablet 的数据读写工作。Tablet 和 Tablet sever 之间是多对一的关系，Master 负责 Tablet 和 Tablet sever 之间的分配工作。

Tablet server 的运行示意图如图 2-1 所示，它使用了缓冲写入技术，当进行数据写入操作时，Tablet sever 会先进行日志记录，将日志写入 Memtable 中，只有当 Memtable 的大小超过某一阈值之后，才会被压实为 SSTable 格式的文件存入 GFS 中。BigTable 的后台会执行归并压实，将无效(被删除或者版本过旧)的数据从旧的 SSTable 文件中剔除，合并多个小的 SSTable 文件形成新的 SSTable 文件。

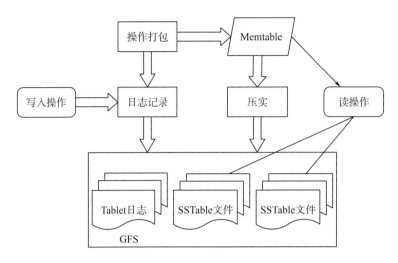

图 2-1 Tablet sever 工作流程

Tablet server 的工作过程不需要 Master 进行管理，Master 可以自动收集 Tablet server 的信息，并根据 Metadata 还原 Tablet 的分配状态，因此 Master 可以随时关闭重启。这是 BigTable 可用性并没有因为单 Master 主从结构降低的原因。同时，SSTable 和日志都存储 在 GFS 中，Tablet server 的状态总是可恢复的，使得系统运行过程中可以直接添加或者移 除 Tablet server，Master 则可以根据 Tablet server 的状态对 Tablet 进行重新分配并实现负 载均衡。

BigTable 的客户端可以根据 Metadata 定位 Tablet，并直接与 Tablet server 通信，这一 过程几乎不与 Master 进行交互，因此 Master 不会成为性能瓶颈，从而可以实现高并发的 读写操作。

2.2.2 Key-Value 模型：Amazon Dynamo

Amazon Dynamo 是一个完全托管的，可提供快速、性能可预期、无缝扩展的数据库 服务，它使用 Key-Value 存储模型，数据全部以 Key->Value 映射表示，其中 Value 作为 二进制序列，支持任何格式和大小的数据，Amazon Dynamo 只提供针对单个 Key 的读写 操作，不支持对多个 Key 进行操作，因此不支持关系运算。

Dynamo 采用这种模型是由 Amazon 本身的服务需求决定的。Amazon 的大部分服务 仅仅只需要使用主键进行读写操作，而 Dynamo 使用的数据模型简单，数据库在使用前几 乎不需要对数据进行建模，简化了设计流程，Value 不限制数据的大小，可以使用特定的 工具反序列化为其他结构化的数据，扩大了数据库的适用范围。

简单的数据模型使得 Dynamo 数据库引擎比较简单，因为它设计上的首要目标就是高 可用性、可扩展性和性能可预期性，其中所需的关键技术包括数据切分技术、复制技术、 版本可控技术等。

Dynamo 将 Key-Value 映射中的 Key 用 MD5 算法算出 128 位的标识，以此作为数据 切分的依据。在切分过程中，为了保证分布式系统的无缝扩展能力，Dynamo 采用了一致性哈希作为切分算法。一致性哈希能使添加或移除某个节点后，系统中大部分节点和数据的映射关系保持一致，从而尽可能地降低节点变化给切分过程带来的影响，这是 Dynamo 实现性能可预期的系统扩展的基础。

　　一致性哈希算法(图 2-2)，将值域看作一个环，节点均匀地分布在环上，每个节点负责该节点与上一节点之间的范围。在一致性哈希算法下，增删节点只会影响与该节点相邻的节点的映射关系。由于一致性哈希算法难以处理值域负载以及节点性能差异问题，Dynamo 引入虚拟节点，一个物理节点可以对应多个虚拟节点，从而实现负载均衡。

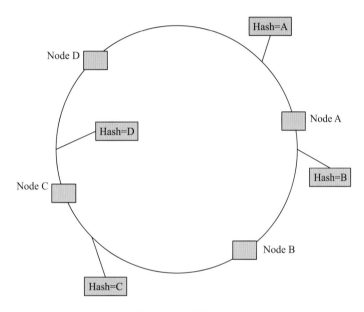

图 2-2　一致性哈希

　　Dynamo 采用了特殊的复制技术，每份数据都进行数据的复制，复制的过程也是基于一致性哈希的结果，每个节点不仅需要存储其负责的数据，还要存储前 n 个节点的数据(n 可由用户配置)。Dynamo 复制技术最主要的目标就是实现可用性和非一致性，对数据的读操作只在部分节点上完成，该节点数量允许用户自行配置，从而方便用户在可用性和一致性上作取舍。

　　Dynamo 重视数据的写入可用性，保证数据总是可写的，且不提供任何隔离级别的控制，对数据的多次写入则会以不同方式进行取舍，取舍既可以由数据库自身采用"最后写入的有效"等简单方式完成，也可由外部程序进行控制从而更加智能地选择最佳结果。

　　系统架构层面，Dynamo 采用 P2P 架构，全部节点都是对等的，各节点通过一定方式连接其他节点，计算数据存储位置。由于全部节点可以接受对全部 Key 的读写操作，用户的读写请求可能会经过转接。

2.2.3　文档存储模型：MongoDB

　　MongoDB 是 10gen 于 2007 年开发的一个文档式数据存储系统，在 MongoDB 中，使用集合(collection)代替表，集合的元素称为文档，使用 BSON(binary serialized document format)格式的文档结构。BSON 是 MongoDB 构建的一种类似 JSON 字符串的文档结构，一个 BSON 对象可以是一些键值对映射的组合，其中键值对中的 Key 为字符串，Value 可以是任何类型，包括 BSON 对象本身，因此 BSON 文档是一个树形结构。在 MongoDB 中，这种树形结构不需要预先定义数据模式，可以随意分叉，因此可以支持复杂多变的数据类型。

MongoDB 的数据查询结果以 BSON 文档形式返回，查询条件可以精确到文档树的各个部分。为了提高查询效率，MongoDB 为文档树的每一个 Key 都建立了索引，同时还支持建立唯一性索引，实现简单的完整性约束。

MongoDB 支持读写分离的主从复制模式，用以提高可用性和可靠性。同时，MongoDB 支持透明的数据切分方案，用户或者是开发人员可以自由选择 Key 作为切分的标准，按照区段形式进行切分，并分布于不同的主机，从而实现并行处理和负载均衡。

为了提高数据库的写入性能，MongoDB 在默认情况下不提供事务的隔离性，如果想要实现事务过程的原子性，则需要进行显式配置。MongoDB 还提供了一种特殊的更新方式，在更新之前数据库将检查数据是否有变化，如果有变化则取消更新操作，应用程序可以利用该方式进行简单的事务控制。

2.2.4 NoSQL 基本思想总结

前三节对三种典型的 NoSQL 存储方案进行了介绍，为了支持复杂的数据结构，三种模型都采用了灵活的数据格式，数据模式不需要在使用前完整地定义出来，而是支持运行时动态扩展。从本质上来说，各种模型都可以被看作粒度不同的映射模型，其中 Key-Value 是一维映射，粒度最大，Value 还需要额外的反序列化；关系数据模型采用的是二维映射，键值包括主键和列名，列的扩展性差；BigTable 采用三维映射，键值包括 Row Key、Column Key 和 Timestamp；文档存储键值的方式较为特殊，若将整个文档以树的形式观察，则它是键值从根到叶路径的一维映射，若将其路径经过的各个节点拆开，则可以被看作维数可变的多维映射，从 Value 的粒度上来看，文档模型的粒度是最小的。

三种方案都支持对上层应用透明的数据切分方案，进而支持海量数据的存储和查询。BigTable 支持两个维度的切分：按 Row Key 切分为 tablet，再按照 locality group 切分为 SSTable；Dynamo 采用一致性哈希的水平切分方式以增强集群的可扩展能力；MongoDB 则是采用了基于区段的切分方案，切分键可以由用户自由选定。

在数据复制方式上，BigTable 将数据存储的可靠性交由文件系统负责，Dynamo 采用的是 P2P 的分布式结构，而 MongoDB 采用的是主从复制方式，Dynamo 侧重于写的可用性，而 MongoDB 侧重于读的可用性。

在操作方式上，MongoDB 提供了最强大的查询功能，包括选择、投影、排序等能力，最接近于关系数据模型，而其他两种数据库均只提供简单的读写接口。三种数据库都不提供 join 操作，这是由于在分布式环境和海量数据下，join 的算法复杂度过高。

在事务处理上，三种方案均不保证严格的事务一致性与隔离性，BigTable 使用了多版本共存方式，MongoDB 可以通过一定的配置实现原子性操作，而 Dynamo 保证最终一致性，并将版本的控制交由用户。

2.3　关系数据库与海量异构数据存储

在生态大数据存储方面，关系数据库也提供了许多解决方案，下面对这些方案进行介绍，结合非关系数据库进行理解。

2.3.1　数据仓库

数据仓库是一个集成化的数据集合，其特点是面向主题，反映历史变化。数据仓库最初是由比尔·恩门 (Bill Inmon) 在 *Buliding the Data Warehouse* 一书中提出来的，因此比尔·恩门也被称为"数据仓库之父"。

数据仓库是基于关系数据库的，它支持多源的海量数据存储和管理，其主要目标是将多种数据源的不同数据格式或不同历史版本的数据，统一集成到关系数据库中并用于决策支持。

数据仓库是面向主题的，数据在入库之前需要进行一定的数据转换以方便后续的统计处理过程，转换过程需要借助转换工具进行，但在数据转换过程存在数据部分信息丢失的情况，因此数据仓库在存储海量复杂数据时存在一定的局限性。

随着信息时代的不断发展，通过物联网、移动终端等产生的实时数据成为大数据的重要组成部分。数据仓库提供的海量存储能力和数据格式转换能力是面向历史数据的，而非线上的过程数据，不需要面对大量的并发读写情况，对系统的可用性需求不高。因此，对于实时产生的数据来说，数据仓库方案并不是一个好的选择。

2.3.2　复制技术

复制技术是最原始也是最重要的分布式技术之一，是指将数据的拷贝存储在另一台物理机器上，尽管这会造成数据的冗余，但能增强数据的可靠性、可用性、一致性等。除了数据的复制之外，计算的复制也是复制技术的一种，即将同一计算过程在不同的机器上进行运算，提高计算结果的可靠性。

数据复制有两种使用方式，一种是积极方式，在该方式下，对数据的操作会在各个复制品节点上同时进行，并将全部结果返回给客户端，这种方式主要是为了保证系统的可靠性和容错性，而降低了系统的可用性和性能。另一种是消极方式，在该方式下，客户端的操作只会在一个复制品节点上进行，操作的结果直接作为正确结果返回给客户端，同时将数据的改变同步复制到其他的节点上，这种方式可以提高集群的可用性，在适当的负载均衡下，还能够提高集群事务处理的效率和吞吐量，但这种方式的弊端也很明显。因此在实际使用过程中，用户需要权衡二者的利弊，在性能或者可靠性两方面进行取舍，也可以配合使用，每次将用户的请求发送至全部节点的一个子集中。

在关系数据库中，复制方式多采用主从模式，又被称为主备方式，该方式包括一个主节点和多个从节点，对数据的写入操作在主节点完成，并同步至每个从节点，从而保证了每个节点都存有相同的数据。在该方式下，数据库往往需要将读写分离，写操作由主节点完成，而读操作则可以由从节点负责，通过负载均衡来提高事务的吞吐量[4]。

MySQL 是用途广泛的关系数据库，同时 MySQL 的复制方式也是典型的主从复制（图 2-3）。MySQL 数据库提供 binlog 机制，主数据库将每次的数据更新操作记录在 binlog 中，从数据库通过读取主数据库的 binlog 模拟主数据库的更新操作，增量式地完成数据同步。MySQL 主从复制的读写分离和负载均衡过程需要额外的进程进行实现，通常是 MySQL proxy 来完成这些操作。

MySQL 的主从分离方式是异步的，主数据库不需要知道整个集群的结构，数据同步完全由从数据库主导，同步的速度也由从数据库决定，由于网络、语句执行速度等因素的影响，主数据库的数据可能无法及时地完成同步，而分离技术的应用，可能会让从数据库读取到脏数据，导致数据一致性无法保证，该技术相当于牺牲数据一致性来提高可用性和集群负载能力。虽然数据读取可以由多个主机完成，但数据的写入只能通过唯一的一台 master 节点，在高并发写入环境下依然存在明显的限制。

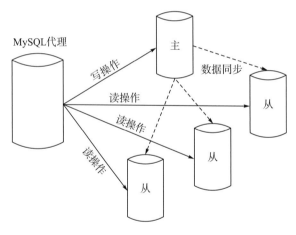

图 2-3　MySQL 主从复制

数据库的数据复制也可以具有多个主节点，写操作可以在任意节点完成，如 Oracle 高级复制采用多主同步复制方式。这种方式虽然在一定程度上提高了集群对写操作的负载能力，并提供了一致性保障，但是该方式的同步过程比较复杂，系统的可用性也随之下降。

NoSQL 通常也采用备份技术提高数据库系统的可用性，如 Dynamo 采用多主机备份来提高集群的可用性与可靠性，也为增添、移除节点后的数据拷贝提供了基础。而 MongoDB 也使用主从备份方式进行数据备份。但是 NoSQL 并不把复制技术作为集群负载能力扩展的渠道，因为通过备份方式为系统扩容容易导致一致性问题，而对于海量数据，过多地复制还会造成存储空间的浪费。

2.3.3　数据切分

面对海量数据，关系数据库通常采用的解决方法是数据切分。数据切分是将数据库按照逻辑切分成数个部分，从而提高数据库的可用性、可维护性和性能。数据切分包括水平和垂直两种方式。水平切分即行切分，将数据表中的某些行移植到不同的数据库表中。垂直切分则是按列切分，将列分离到不同的表中，通过关系进行关联。

解决大数据存储问题，通常是使用水平切分。关系操作是基于集合的操作，集合元素的数量直接影响了关系操作的效率，而数据切分可以有效减少数据库在集合操作时需要处理的数据量，从而提升系统性能。将多份切片存储到不同主机上也可以增大数据库的数据容量，利用并行计算来提高集群的负载能力。

数据切分有多种技术可以使用，如一致性哈希方式、基于区段的方式和基于列表的方式等。关系操作通常需要涉及多个数据表，而分布式环境下多表连接操作的效率较低，许多数据库甚至不提供该功能，因此，关系数据库的数据切分过程往往是基于逻辑的，在业务逻辑上保证多个切片之间不会出现连接查询操作，这使得关系数据库没有通用的切分方案，切分的过程通常无法对应用层透明。而 MySQL Cluster 使用了一种特殊的方式实现了对应用层的水平数据切分。

MySQL Cluster 使用了类似 BigTable 的管理方式，将数据的存储与读写操作分离，并用统一的节点进行管理。数据切分后分散存储于各个数据节点中，同时，每个数据切片都有多份备份从而保证了集群的可靠性、可用性和容错性。MySQL 支持基于区段、列表、线性哈希和键值四种数据切分方式，在旧版的 MySQL Cluster 中，数据库的数据全部保存在内存之中，因此 MySQL 也常常被认为是内存数据库，数据的查询处理在查询节点中完成，客户端直接与 SQL 节点相连，数据从数据节点中读出，经过列的关系操作后返回客户端。管理节点负责为查询节点和数据节点提供配置和执行信息、启动和关闭其他节点以及备份数据等工作，因为管理节点不会直接和客户端交互，所以不会造成性能瓶颈。

尽管 MySQL Cluster 提供了一种透明化的数据切分方案，但并没有解决关系数据库数据切分所带来的某些关系操作的性能问题，加上复杂的系统数据结构使得集群的稳定性下降。同时，MySQL Cluster 不支持节点查询和数据节点的动态切入，集群结构的变化可能导致现有数据存储结构发生较大变化，因此数据库的扩展能力不够强大。

相比之下，NoSQL 的数据切分与关系数据库的最大不同就是 NoSQL 不需要考虑多表连接问题，因此每种数据库都可以使用简单方式进行数据切分。Dynamo 和 MongoDB 使用的是水平切分方式，而 BigTable 则是采用了二维切分方式，先按 Row Key 切分为 tablet，再根据 locality group 切分为 SSTable。

2.3.4　关系数据库和 NoSQL 结合方式

随着 NoSQL 应用范围的不断扩大，NoSQL 在大数据存储上的优势也逐渐体现出来，一些使用关系数据库的应用尽管无法彻底改变自己的数据模型，但可以引入 NoSQL 与现有的关系数据库进行配合使用，从而解决系统应用中存在的大数据问题，以下介绍三种比较经典的应用方案(图 2-4)。

(1)SQL 解释器方式:引入一个中间件实现 SQL 语句的翻译。在该方案中,数据完全存储于 NoSQL 中,利用中间件,可以实现下层数据结构变化对上层应用的透明,从而完成对原有应用系统的兼容。这种方式并不能从根本上解决大数据带来的问题,一方面,原有的业务数据需要移植,另一方面中间件的设计难度很大,通用性也不高,面对海量数据时,中间件的结果转换效率也会下降。

(2)NoSQL 缓存服务器方式:将 NoSQL 作为大容量查询缓冲(query cache),NoSQL 提供的高效大容量缓冲可以大大提高缓冲的命中率。然而,缓存并不能取代原有的关系数据库,原有数据库存在的许多问题依然无法从根本上解决,缓存的同步问题也让缓存过大时的效率下降,而与 NoSQL 基于内存的查询缓存相比,这种方式的查询效率依然较低。

(3)NoSQL 扩展方式:将 NoSQL 用作关系数据库的扩展,即先将关系数据库中可以移植到 NoSQL 的复杂海量数据移植到 NoSQL 中,而需要进行复杂关系操作的关键业务数据则保留在关系数据库中。这种方式也是 NoSQL 中最常用到的方式,出于兼容性和数据操作需求考虑,许多数据都无法移植到 NoSQL 数据库中,这些数据依然面临着大数据问题。

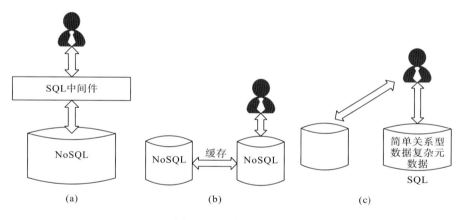

图 2-4　三种结合方式

(a)SQL 解释器方式;(b)NoSQL 缓存服务器方式;(c)NoSQL 扩展方式

上述介绍了关系型数据库在海量异构数据处理上的几种典型方案,其中数据仓库不符合大数据存储的需求;数据复制技术在一定程度上增加了系统的负载能力,但提高了关系型数据库的可用性、可靠性和容错性;数据切分解决了数据表的容量限制问题,可以通过查询优化提高查询效率,分布式数据切分还可以提高集群的扩展能力,增加业务的处理能力,但对上层应用很难做到完全透明,而在数据库管理系统层面实现透明化数据切分往往会导致性能问题。NoSQL 和关系型数据库结合的方式能够同时获得两种数据库管理系统的优势,但这种结合也存在许多需要解决的问题,因此,在海量异构数据存储处理方面,关系型数据库存储方案或多或少都表现出了一定局限性。

2.4　云计算平台

传统的主机模式和经典的客户/服务器模式的服务对象大多是专业人员，其应用范围也受到了限制。当生态信息服务社会化后，应用的范围以及服务对象都发生了巨大的变化，生态信息不再只为专业人士服务，而是面向各行业各领域的用户。这些用户在请求数据服务与信息服务时，自然会产生不同的访问要求，例如，在某地空气污染严重时，普通用户以及气象局等专业用户，对空气污染数据会出现高并发的浪涌请求，对服务器造成非常大的压力。

云计算是一种基于互联网的计算模式，能够实现软硬件资源、数据信息按需提供给用户和其他系统，用户并不需要了解部署在云中的各种基础设施和平台的技术细节，也无须具备相应的专业知识进行管理。云计算技术的发展为解决生态信息服务社会化和高并发访问提供了新的可行性，云管理技术以及数据中心云化为生态大数据提供了弹性的、可扩展的服务架构，是解决目前生态大数据问题的一个有效手段。

2.4.1　Hadoop 架构介绍

云计算技术是分布式、并行计算技术和虚拟化技术的综合体，在原有技术优势的基础上又取得了长足的进步[8]，其具有通用廉价、虚拟化、分布式、超大规模和高扩展性等特点，可以提供强大的管理能力以及计算能力[9]。云存储和云计算技术的出现满足了信息时代，人们对海量信息存储管理以及计算分析的需求，同时，这些海量数据还具有多态性、实时性和异构型等特征[10]。本节介绍云计算中常用的 Hadoop 分布式计算架构及其核心项目 HDFS 分布式文件系统以及 MapReduce 并行计算框架。

Hadoop 是基于 Linux 平台开发的分布式计算平台，其核心技术包括 HDFS 分布式文件系统以及 MapReduce 并行计算框架。Hadoop 为开发人员提供了一个开源的框架，用户可以基于自身需求，对现有的海量数据进行分布式存储，并提供了可靠的多节点备份，避免因为某节点出现故障而导致数据丢失甚至系统瘫痪。同时，用户可以在 MapReduce 框架的基础上进行二次开发，实现处理过程的并行计算，可大大提高数据计算、分析效率，以满足当今互联网时代下的数据计算需求。同时为了加快数据共享效率，Hadoop 支持节点之间的数据移动，并且通过负载平衡机制保证数据在节点之间分布的动态平衡。Hadoop 除了 HDFS 和 MapReduce 之外，还有 Hive、ZooKeeper、Common 等项目，其架构如表 2-3 所示。

表 2-3　Hadoop 项目架构

Hadoop			
Common		Avro	
ZooKeeper	HDFS		MapReduce
HBase	Hive	Pig	Chukwa

Hadoop 中各个项目的介绍见表 2-4。

表 2-4　Hadoop 各项目介绍

项目	描述
HDFS	作为 Hadoop 中的核心技术，主要功能是实现数据的分布式存储，HDFS 系统包括许多集群节点，同时对节点的物理性能要求不高，因此成本较低，通用性好；由于数据在 HDFS 中存有备份，当某一节点宕机时，系统可以读取其他节点数据，从而具备较高的容错性
Hive	Hive 是一个数据仓库工具，它可以对 Hadoop 中的大规模数据进行存储、查询、分析等。不仅能提供简单的 SQL 查询功能，还能把类似 SQL 语言的 HQL 转换为 MapReduce 任务
MapReduce	用于数据处理的编程模型，在执行时先将输入的数据映射成为一组键值对，数据输入量增加一倍，集群数据增加一倍，但任务时间与原来一致
HBase	是一个按列存储的分布式数据库，与一般数据库相比具有存储非结构化数据的优势，并且能够随机访问、实时读写大数据
HCatalog	基于 Hadoop 的服务平台，它实现了对表和底层数据的统一管理，为上层计算处理流程提供了一个共享的模式和数据类型的机制以及可操作的跨数据处理工具
Common	是 Hadoop 体系中最底层的模块，为其他项目提供常用工具，主要包括系统配置工具、远程过程调用 PC、序列化机制以及 Hadoop 抽象文件系统等
Zookeeper	一个分布式的协调服务，它提供了一套完整的解决方案来协调分布式计算中的一致性问题
Apache Ambari	对 Hadoop 进行监控和生命周期管理的开源项目，负责对 Hadoop 生态圈中的各个子项目进行安装、部署、配置和管理
Pig	是探索大规模数据集的脚本语言，是分析和评估大型数据集的良好工具。不仅能将复杂且关联的数据分析任务转换为 MapReduce 任务，还能提供多个命令用于检测和处理程序中的数据结构，成为编写查询语言的支撑
Sqoop	为 Hadoop 提供与传统数据库如 MySQL、PostgreSQL 等的数据传递功能

Hadoop 主要有以下优点。

(1)高可靠性。Hadoop 通过按位操作，大大提高了存储和处理效率。

(2)高扩展性。Hadoop 对计算节点数量没有限制，可以动态增删节点以适应不同计算任务的需求。

(3)高效性。在处理数据时，Hadoop 可以实现节点间数据的动态传输，保证节点负载平衡，提高数据的处理效率。

(4)高容错性。Hadoop 在对数据进行处理时，会将原始数据进行副本保存，任务失败时系统将自动分配给其他节点重新执行。

正是由于 Hadoop 的高可靠性、高容错性以及开源低成本等特点，目前 Hadoop 已经成为主流大数据技术之一，在学术和工业界都有着相当广泛的应用[11]。下面介绍 Hadoop 的两大核心系统，HDFS 系统和 MapReduce 框架。

2.4.2　HDFS 分布式文件系统

HDFS(Hadoop distributed file system)作为 Hadoop 的核心技术之一，是提供高吞吐量的分布式文件系统，是海量数据分布式存储和管理的基石，是 GFS 的开源实现。HDFS 利用高效率的分布式算法将大量备份数据分散存储至多个数据节点并能有效地存取分散在集群中的数据。目前它已成为 Hadoop 旗舰级文件系统。

HDFS 采用主/从(Master/Slave)架构来管理文件系统。一个 NameNode(名称节点)和若干个 DataNode(数据节点)组成了一个完整的 HDFS 集群。其中 NameNode 作为 HDFS 元数据的决策者和管理者,主要执行存取、调度和管理所有文件元数据信息的职责,但用户数据不会流经该节点。NameNode 功能不仅提供为空间命名、访问控制信息、映射信息、位置信息等服务,还可管理系统一定范围的活动。集群中的 DataNode 以机架的方式提供组织功能。在 HDFS 内部,当文件被划分成固定大小的数据块,存储在一组 DataNode 中时,DataNode 将数据块保存到本地磁盘,并依照 NameNode 的指令执行数据块的任何操作。

2.4.3　MapReduce 并行处理框架

MapReduce 是由谷歌于 2004 年提出的并行编程处理模型[12],旨在用于 TB、PB 级以上的大规模数据集的并行计算处理。其主要思想是将一个庞大的计算任务进行划分,划分得到的每个小任务分配给计算机集群的各个节点处理,最后将每个节点的结果进行整合得到最终结果。MapReduce 旨在帮助对并行编程并不熟悉的程序员编写分布式程序,利用分布式计算机集群完成庞大计算量的任务。

MapReduce 的过程主要包括 Map(映射)和 Reduce(归约),Map 过程中,输入的数据首先被 MapReduce 分割成多个互不相关的数据片段,每个片段都有对应的键值对<Key1,Val1>。接下来,Hadoop 会为所有的数据片段分别建立与其对应的 Map 任务,将对应的键值对作为 Map 的输入数据集并执行 Map 函数,得到中间结果<KeyResult1,ValResult1>并分配相应数据节点进行本地存储。同理,每个数据片段都会进行相应的 Map 任务,当中间结果处理完成后,对中间结果按照键值 KeyResult 字母顺序进行排序,将键值相同的结果值 ValResult 放入一个列表 list 中,形成<KeyResult,list(ValResult)>键值对,最后根据键值的大小,对这些键值对进行分组,开始 Reduce 操作。

Reduce 过程对来自不同 Map 的键值对数据集进行整合,系统调用 Reduce 函数,对 Map 阶段的键值对进行归约处理,得到最终键值对<KeyFinal,ValFinal>并输出到 HDFS 文件系统中,用户可以根据需要设置系统中 reducer 的个数。整个 MapReduce 过程如图 2-5 所示。

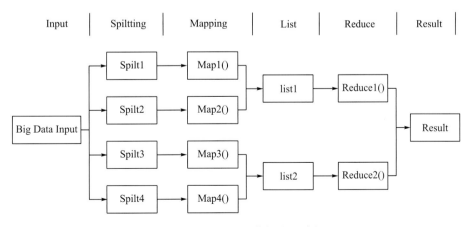

图 2-5　MapReduce 并行处理过程

MapReduce 框架主要由 Client、JobTracker、TaskTracker、Task 组成。其中，Client 作为客户端，将 MapReduce 并行计算框架的任务程序提交给 JobTracker 端，也可利用 Client 的接口对每个任务的运行状态和进程进行查看和管理操作。JobTracker 是 Hadoop 集群的核心调度器，主要负责集群中作业调度和资源监控。JobTracker 的主要任务是分发并监控 TaskTracker，同时也监控作业运行情况等。一旦 JobTracker 监控到任务失败，会将该任务调度给其他空闲节点上执行。TaskTracker 是一个任务追踪器，其与 DataNode 运行于同一节点上，控制着节点子任务的运行。TaskTracker 周期性地在 DataNode 上收集节点上任务的执行进度以及资源占用情况，并将结果返回给 JobTracker。与此同时，接受并执行或者取消 JobTracker 分配的任务。最后是 Task。Hadoop 集群中共包含两种任务，Map 与 Reduce，两种任务都通过 TaskTracker 进行调度。HDFS 通过数据块进行数据存储，而 MapReduce 则以片段作为自己的处理单元。片段是一个逻辑概念，涵盖了一些元数据信息，如数据长度、父节点等。用户在执行 MapReduce 框架时，需要根据任务需求决定片段的划分，这将直接决定 Map 任务的数量。Map 任务执行过程中，首先将各个数据片段处理解析为相应若干键值对，然后调用 Map 函数对用户自定义的程序进行设计，完成数据处理的请求，得到临时的结果，并将结果存放在本地文件中。集群中的节点会继续对中间结果进行划分，形成若干部分，每个部分被一个 Reduce 任务处理，最终结果将一并返回到 HDFS 的名称节点。

Reduce 函数执行过程可划分为三个阶段，分别是 Shuffle、Sort 和 Reduce。

在 Shuffle 阶段，系统会从每个节点上读取 Map 阶段的处理结果，由于处理过程中往往是较大的数据，因此系统会在内存中开辟一个环形内存缓冲区，缓冲区大小默认为 100 MB，以便对 Map 阶段的结果进行导出。

Sort 阶段会将 Map 函数处理的结果按键值对进行排序，而 Reduce 阶段则将排序好的临时结果键值对进行遍历，对于每一个键，都将把键值关联的 Value 传递给 Reduce 函数，按照用户需求进行归约处理并将处理结果返回到 HDFS 系统。

2.4.4 基于 Hadoop 的生态数据存储框架设计

基于 Hadoop 分布式平台搭建的生态数据存储系统，包括了各类生态数据的输入层、数据格式转换接口层、名称节点系统调用层、分布式数据系统存储物理层、并行处理计算层等多个层次。主要目的是将当前获取到的海量生态数据进行格式化处理并将处理好的数据存储到分布式系统中，通过并行处理框架完成对生态数据的快速检索和管理。系统总体设计主要包括四个层，分别是数据层、接口层、中间层、物理层[11]，其具体设计结构如图 2-6 所示。

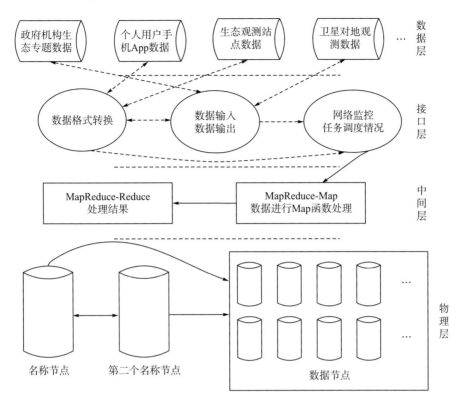

图 2-6 Hadoop 架构下生态数据存储总体设计

本节详细说明了 Hadoop 计算平台以及其中的 HDFS 文件系统和 MapReduce 并行处理框架，介绍了在 Hadoop 架构下设计数据存储平台的总体思想。

2.5 本 章 小 结

本章对目前常用的大数据存储方式进行了详细介绍。传统的关系数据库由于自身存储结构的限制，针对海量异构数据的存储存在可扩展性差、数据冗余度高、查询效率低等问题，相比之下，NoSQL 在生态大数据存储方面是较好的解决方案，在实现数据高并发读写访问操作时的效率更高。但是因为目前常用的数据库系统仍然以关系型数据库为主，使用 NoSQL 需要改变原有系统的数据模式，提高了系统移植的难度，在很多情况下甚至无法实现移植操作，因此 NoSQL 也不是面向海量异构数据的完美方案。

而 Hadoop 云计算平台作为一个开源的分布式平台，能够使用 HDFS 分布式文件系统将数据划分为小数据块存储在 Hadoop 计算机集群上，再利用 MapReduce 并行处理框架构建索引进行数据检索、插入、删除等操作。同时由于其开源性，用户可以根据自身的需求进行开发定制，满足特定的存储需求，有望成为未来生态大数据存储管理问题的解决方案之一。

参 考 文 献

[1] Gonzalez H，Halevy A，Jensen C S，et al. Google fusion tables：Data management，integration and collaboration in the cloud[C]// Hellerstein J M. Proceedings of the 1st ACM symposium on Cloud computing. New York：Association for Computing Machinery，2010.

[2] 宋炜炜. 基于时空信息云平台的空间大数据管理和高性能计算研究[D]. 昆明：昆明理工大学，2015.

[3] 葛微. 大数据索引和查询优化技术与系统研究[D]. 南京：南京大学，2019.

[4] 吴金朋. 一种大数据存储模型的研究与应用[D]. 北京：北京邮电大学，2013.

[5] Chang F，Dean J，Ghemawat S，et al. Bigtable：A distributed storage system for structured data[J]. ACM Transactions on Computer Systems（TOCS），2008，26（2）：1-26.

[6] DeCandia G，Hastorun D，Jampani M，et al. Dynamo：Amazon's highly available key-value store[J]. ACM SIGOPS Operating Systems Review，2007，41（6）：205-220.

[7] Chodorow K. MongoDB：The definitive guide：Powerful and scalable data storage[M]. Sebastopol：O'Reilly Media，Inc.，2013.

[8] 杨浩. 云 GIS 空间数据存储管理和共享研究[D]. 北京：中国地质大学（北京），2013.

[9] 纪俊. 一种基于云计算的数据挖掘平台架构设计与实现[D]. 青岛：青岛大学，2009.

[10] 章瑞. 云计算服务的定价策略研究[D]. 上海：东华大学，2014.

[11] 李庆君. Hadoop 架构下海量空间数据存储与管理[D]. 武汉：武汉大学，2017.

[12] Dean J，Ghemawat S. MapReduce：Simplified data processing on large clusters[J]. Communications of the ACM，2008，51（1）：107-113.

第3章 基于 Google Earth Engine 云平台的陆表参数变化分析

本章导读

谷歌地球引擎平台 (Google Earth Engine，GEE)，是一个基于云的地理空间处理平台，它将谷歌的巨大计算能力用于应对各种生态大数据面临的机遇和挑战，包括森林砍伐、干旱、灾难、疾病、粮食安全、水资源管理、气候监测和环境保护等。三峡工程建设以来，库区的土地利用发生了重大变化，对区域植被覆盖、地表温度、反照率及其他陆表参数产生了显著影响。本章依托先进的 GEE 云计算平台，以定量评估三峡库区土地利用变化对关键陆表参数的影响为例，介绍 GEE 的使用方法，可为相关领域的生态学研究提供参考。

3.1 概 述

土地利用与土地覆盖变化 (land use and land cover change，LUCC) 已经成为影响全球环境的重要因素[1,2]，其直接反映陆表过程作用[3]，同时也影响生物物理化学过程[4]和生态环境变化[5]。21 世纪以来，随着经济和城市化的迅速发展，我国土地利用及其衍生的问题和矛盾也日益尖锐[6]，如土地利用效率不高、过度圈地开发造成土地浪费和生态环境恶化等[7]。规模浩大的长江三峡工程是世界上最大的水力发电工程，具有防洪、发电和航运等综合效益，是治理和利用长江的关键性骨干工程[8]。然而受工程建设和人类活动影响，三峡库区的 LUCC 较为显著[9]。LUCC 会造成下垫面地物类型发生变化[10,11]，导致反照率发生变化[12,13]，进而影响地表能量收支平衡[14]；同时也对地表温度格局产生显著影响[15,16]。充分认识和了解三峡库区的 LUCC 及其陆表参数动态变化对于理解人类活动与自然生态过程之间的关系具有重要意义。

近年来，针对三峡库区有关地理学及生态环境学领域的科学问题已开展了大量研究[17-20]，这些研究主要集中于土地利用变化、植被覆盖和地表温度等方面，而关于三峡库区反照率的研究还较少。如三峡库区 LUCC 多集中于利用地理信息系统 (geographical information system，GIS) 和遥感 (remote sensing，RS) 技术研究土地利用变化特征[21,22]、土地利用变化动态[23]及时序监测[24]等。关于植被变化，多基于归一化差值植被指数 (normalized difference vegetation index，NDVI) 对库区植被动态变化进行探究。李惠敏等[25]基于 SPOT (Systeme Probatoire d' Observation de la Terre) -VEGETATION 传感器 NDVI 数据研究了 1998～2007 年三峡库区重庆段的植被动态变化，发现植被增加主要体现在库区西部。Wen 等[26]基于全球监测与模型研究组 (global inventory mapping and monitoring studies，GIMMS) NDVI 数据对三峡库区 1982～2011 年的植被动态进行调查，结果表明库区生态恢复对植被增加产生积极影响。张兰等[27]利用中分辨率成像光谱仪(moderate resolution imaging spectroradiometer，MODIS)NDVI 数据对 2001～2016 年三峡库区植被变化分析后得出库区植被覆盖增加，且存在西移趋势。关于地表温度，主要以地表温度遥感反演和地表温度空间格局分析等研究为主。罗红霞等[28]利用 Landsat-5 TM (thematic mapper)影像数据，采用辐射传导方程对三峡库区腹地的地表温度进行了反演研究，得出库区腹地的地表温度反演值符合地表水热关系和垂直温度梯度规律。冯茹等[29]利用 MODIS 地表温度数据，分析 2003～2009 年三峡库区(重庆段)大坝建成前后地表温度空间分布格局规律，结果表明库区地表温度整体呈现出西南高、东北低的空间格局。上述研究的时空尺度不尽一致，地理范围较为分散；同时多围绕单一方向展开探讨，且应用 GIS 和 RS 技术建立起 LUCC 与陆表参数的相关研究仍显薄弱。

本章将时间跨度统一为 2000～2015 年，地理范围统一到三峡库区全域，利用 GIS 和 RS 技术建立起土地利用与关键陆表参数之间的定量关系。首先对库区土地利用、植被覆盖、地表温度及反照率的时空变化特征进行系统和全面的探讨与分析；其次利用植被覆盖动态揭示库区的生态变化[30]，利用地表温度和反照率动态反映库区环境变化[31,32]，分析植被覆盖变化与地表温度和反照率的关系；最后结合土地利用定量分析不同时间尺度下土地利用变化对植被覆盖、地表温度及反照率的影响。

本章借助 GEE 平台，利用欧洲航天局(European Space Agency，ESA)土地覆盖分类产品、MODIS NDVI、地表温度和反照率产品，对三峡库区 2000～2015 年的土地利用、植被覆盖、地表温度和反照率的空间分布格局和时间变化趋势进行探究，旨在探究土地利用变化与陆表参数间的关系，揭示三峡库区的土地利用和生态环境变化，为库区土地资源及社会经济的可持续发展提供科学依据。

3.2 GEE 云平台

3.2.1 GEE 概述

谷歌地球引擎平台(Google Earth Engine，GEE)由 Google's Cloud Infrastructure 支持，是一个可以对全球尺度地球科学资料(尤其是卫星遥感影像)进行在线可视化分析处理的平台。作为一个较成熟的行星尺度级地理空间数据分析工具，它不仅为传统的地学研究者提供了便利，也为更广泛的受众提供了机会。

从本质上讲，GEE 平台包括三大部分：前端、后台以及前端后台的交互。其前端为 Python 桌面客户端或 JavaScript 网页客户端；后台为数据库，存储数据集以及用户上传数据；前端后台的交互即客户通过 Web REST APIs(本质为 HTTP 请求)向 GEE 云端发送交互式或批量查询的请求，这些请求首先由前端服务器处理成一系列子查询请求并传给主服务器，然后由主服务器分配给子服务器计算，如果请求计算量较小，服务器则进行动态计算，如果请求计算量较大，则进行批处理；计算完成后将结果传给前端，经过解析后进行显示，用户得到最终分析结果。GEE 系统架构简图如图 3-1 所示。

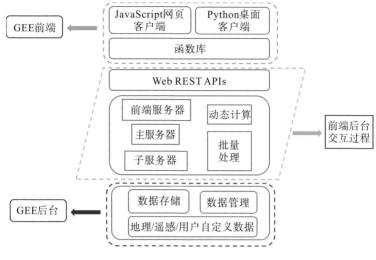

图 3-1　GEE 系统架构简图

用户使用 GEE 进行在线数据分析时，主要对上述框架中的地理数据、APIs 和前端程序进行直接操作。

数据方面，GEE 平台归档了巨量的遥感影像数据和地理空间数据集（https://developers.google.com/earth-engine/datasets），其数据总量已超过 20PB[33]。包括各种传感器的影像数据和不同主题的空间数据集。其中常用数据集及其属性如表 3-1 所示。此外，用户也可以上传自己的数据实现分析与共享。

表 3-1　GEE 平台常用数据集

	数据集	空间分辨率	时间分辨率	时间跨度	空间范围
Landsat	Landsat 8 OLI/TIRS	30m	16day	2013～Now	全球
	Landsat 7 ETM+	30m	16day	2000～Now	全球
	Landsat 5 TM	30m	16day	1984～2012	全球
	Landsat 4-8 surface reflectance	30m	16day	1984～Now	全球
Sentinel	Sentinel 1 A/B ground range detected	10m	6day	2014～Now	全球
	Sentinel 2 MSI	10/20m	10day	2015～Now	全球
MODIS	MOD08 atmosphere	1°	Daily	2000～Now	全球
	MOD09 surface reflectance	500m	1day/8day	2000～Now	全球
	MOD10 snow cover	500m	1day	2000～Now	全球
	MOD11 temperature and emissivity	1000m	1day/8day	2000～Now	全球
	MCD12 Land cover	500m	Annual	2000～Now	全球
	MOD13 Vegetation indices	500/250m	16day	2000～Now	全球
	MOD14 Thermal anomalies & fire	1000m	8day	2000～Now	全球
	MCD15 Leaf area index/FPAR	500m	4day	2000～Now	全球
	MOD17 Gross primary productivity	500m	8day	2000～Now	全球

	数据集	空间分辨率	时间分辨率	时间跨度	空间范围
MODIS	MCD43 BRDF-adjusted reflectance	1000/500m	8day/16day	2000～Now	全球
	MOD44 veg. cover conversion	250m	Annual	2000～Now	全球
	MCD45 thermal anomalies and fire	500m	30day	2000～Now	全球
ASTER	L1 T radiance	15/30/90m	1day	2000～Now	全球
	Global emissivity	100m	once	2000～2010	全球
Other imagery	PROBA-V top of canopy reflectance	100/300m	2day	2013～Now	全球
	EO-1 Hyperion hyperspectral radiance	30m	Targeted	2001～Now	全球
	DMSP-OLS nighttime lights	1km	Annual	1992～2013	全球
	USDA NAIP aerial imagery	1m	Sub-annual	2003～2015	美国大陆
Topography	SRTM	30m	Single	2000	60°N～54°S
	USGS National Elevation Dataset	10m	Single	Multiple	美国
	GTOPO30	30″	Single	Multiple	全球
	ETOPO1	1′	Single	Multiple	全球
Landcover	GlobCover	300m	Non-periodic	2009	90°N～65°S
	USGS National Landcover Database	30m	Non-periodic	1992～2011	美国大陆
	UMD global forest change	30m	Annual	2000～2014	80°N～57°S
	JRC global surface water	30m	Monthly	1984～2015	78°N～60°S
	GLCF tree cover	30m	5year	2000～2010	全球
	USDA NASS cropland data layer	30m	Annual	1997～2015	美国大陆
Weather, precipitation & atmosphere	Global precipitation measurement	6′	3h	2014～Now	全球
	TRMM 3B42 precipitation	15′	3h	1998～2015	50°N～50°S
	CHIRPS precipitation	3′	5day	1981～Now	50°N～50°S
	GRIDMET	4km	1day	1979～Now	美国大陆
	NCEP climate forecast system	12′	6h	1979～Now	全球
	NEX downscaled climate projections	1km	1day	1950～2099	北美
Population	WorldPop	100m	5year	2000～2020	全球
	GPWv4	30″	5year	2000～2020	85°N～60°S

APIs 方面，GEE 提供了常用的地理分析算法块。算法块包括主要的数据类型和工具方法两部分，前者包括了主要的数据类型（表 3-2），后者包括裁剪、过滤、投影、影响分类、分区统计等在内的栅格数据分析和矢量数据分析功能。

表 3-2　GEE 中主要数据类型及说明

数据类型	说明
Image	GEE 中基本的栅格数据类型
ImageCollection	栅格数据的时间序列数据集
Geometry	GEE 中基本的矢量数据类型

续表

数据类型	说明
Feature	带有属性的 Geometry
FeatureCollection	一组 Feature 的集合
Reducer	用于计算统计数据或执行聚合的对象
Join	基于时间、位置或其他属性的数据关联(栅格或者矢量及其集合)
Array	用于多维分析

程序语言方面，GEE 为用户提供了 Python API 和 JavaScript API 两种轻量级编程语言，前者需要在本地计算机安装一个轻量级客户端并进行相应的环境配置；后者是基于 Web 的交互式开发环境平台，无须安装，但是需要网页端的注册。图 3-2 展示了网页端的 Code Editor 界面及其主要构成部分。

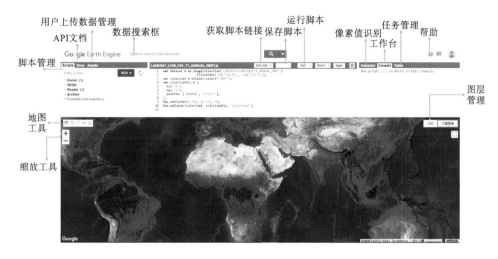

图 3-2　GEE 中 Code Editor 界面

在大数据时代，GEE 平台能够快速且批量地获取、处理海量空间数据，为研究人员极大地节省了数据获取、管理及处理时间，省去了烦琐的数据下载与存储、解析文件格式、管理数据库、考虑计算机 CPU 工作性能和网络条件等操作，使研究人员可以将更多精力集中到对信息的挖掘当中[34]。目前，GEE 云平台已经应用到了大量的科学研究中，如全球尺度的耕地范围测绘[35]、植被动态变化检测[36]、作物估产[37]、水体检测[38]、森林变化[39]、土地利用变化[40]和洪水监测[41]等。由此可见，使用 GEE 进行地学及环境科学领域的研究非常便捷高效，这一云计算平台已成为地学及相关领域一个强有力的科研工具。

3.2.2　主要数据说明

植被指数数据由 MOD13A2 V006 提供，数据地址为：https://developers.google.com/ earth-engine/datasets/catalog/MODIS_V006_MOD13A2。该产品将 16d 内获取的所有数据选取最佳像元值进行最大值合成，数据集包含 NDVI 和增强型植被指数(enhanced vegetation index，EVI)，本书选择应用更为广泛的 NDVI[42]进行季节合成归一化植被指数(seasonally integrated normalized difference vegetation index，SINDVI)的计算，并以此表征三峡库区的植被覆盖和变化状况。SINDVI 定义为各个像元所有时间间隔内，超过临界值的最大化合成 NDVI 的总和(一般临界值取 0.1)[43]。本章中，将每个像元一年 12 个时相中大于 0.1 的 NDVI 值累加，得到三峡库区 2000～2015 年逐年的 SINDVI 数据，将 NDVI 小于 0.1 的数据过滤之后，不仅能消除裸土以及稀疏植被区域的影响，还能确定植被的生长季节[44]。

地表温度数据由 MOD11A2 V006 提供，数据地址为：https://developers.google.com/earth-engine/datasets/catalog/MODIS_V006_MOD11A2。美国国家航空航天局(National Aeronautics and Space Administration，NASA)采用最大值合成法生成了 8d 合成的 MOD11A2 产品，此过程消除了部分云干扰，提高了地表温度数据的有效性[45]。该产品存储的是 8d 中天气状况较好情况下的地表温度平均值，采用劈窗算法反演得到最终地表温度，误差标准差小于 1K[46]。此外，将地表温度单位从开氏度(K)转换为摄氏度(℃)。

反照率数据由 MCD43B3 V005 提供，数据地址为：https://developers.google.com/earth-engine/datasets/catalog/MODIS_V005_MCD43B3，该产品使用拟合效果较好的 AMBRALS (algorithm for MODIS bidirectional reflectance anisotropies of the land surface)算法得到黑空和白空反照率[47]。

对于 MODIS 反照率数据，本书选取短波宽波段黑空反照率和白空反照率，通过式(3-1)近似求得蓝空反照率。

$$\text{Albedo} = (1-s) \times \text{bsa} + s \times \text{wsa} \tag{3-1}$$

式中，s 是天空光散射比因子，是天空散射光与太阳总辐射的比值，其大小受到气溶胶光学厚度和太阳高度角的影响[48]；bsa 代表短波宽波段黑空反照率；wsa 代表短波宽波段白空反照率；Albedo 代表蓝空反照率。在本书中，天空光散射比因子根据前人经验设定为 0.2[49]，以此求得蓝空反照率。

上述产品从 GEE 平台获取，数据经过多次算法修改和版本升级，并采用多种方法控制数据质量，已通过了严格的质量控制，投影为 MODLAND 正弦投影，后期转换到 WGS 84(World Geodetic System 1984)坐标系，三峡库区对应的正弦投影编号为 h26v05 和 h27v05，研究时间为 2000～2015 年，空间分辨率为 1000m。

3.3　研究区概况及分析方法

3.3.1　研究区概况

三峡库区(28°56′N～31°44′N，106°16′E～111°28′E)位于长江中上游区域(图 3-3)，地处四川盆地以东、江汉平原以西、大巴山脉以东、鄂西武陵山脉以北的山区地带，地形较为复杂，是我国生态环境脆弱的区域之一。库区范围是指因受长江三峡工程蓄水后水位升高而受到淹没并有移民任务的湖北省及重庆市所辖的 26 个区县，库区遥感计算面积约 $6.3 \times 10^5 \text{km}^2$，人口约 3000 万。库区内平均海拔 78～3061m，由山地、丘陵和平原组成，占库区面积比例分别为 74.0%、21.7%和 4.3%。气候为亚热带季风气候，年均降水量为 1000～1800mm，年均气温为 14.9～18.5℃。库区内动植物资源丰富，现该地区发现约 6388 种高等植物、523 种陆生脊椎动物、3481 种昆虫和 350 种鱼类等。

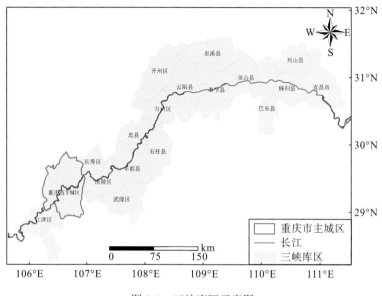

图 3-3　三峡库区示意图

本章使用的植被指数数据、地表温度数据和反照率数据由 GEE 平台获取。此外，欧洲航天局气候变化启动计划（Climate Change Initiative，CCI）2017 年发布了最新的土地覆盖分类（ESA-Land cover classification system，ESA-LCCS）数据集，包括 1992～2015 年的每年度记录[50]。ESA-LCCS 包括 22 种主要的土地覆盖类型，其空间分辨率为 300 m。定性评估结果表明，ESA-LCCS 地图与世界不同地区其他不同空间分辨率的参考地图具有良好的一致性[51]。本章采用欧洲航天局的土地覆盖分类数据，结合研究区实际情况，将土地利用类型划分为耕地、林地、草地、水体、人造地表和灌木，对应时间分别为 2000 年、2005 年、2010 年和 2015 年，并转换为 WGS 84 坐标系。

3.3.2　NDVI 数据重建

MODIS NDVI 观测值受到太阳高度角、卫星传感器观测姿态及云覆盖等影响，导致数据在时间序列上存在缺失。本书利用均值迭代滤波法[52]对 NDVI 数据进行重建，填补缺失值并去除异常值。该方法通过阈值选取和迭代计算获取空值处的 NDVI 新值，如式（3-2）所示：

$$\varDelta_i = \left| \mathrm{NDVI}_i - \left(\mathrm{NDVI}_{i-1} + \mathrm{NDVI}_{i+1} \right) / 2 \right| \tag{3-2}$$

式中，i 代表每个月的 NDVI 值，阈值（$\varDelta$）是多年 NDVI 平均值的一个较小百分比值（10%）。当 $\varDelta_i$ 大于 $\varDelta$ 时，$\left(\mathrm{NDVI}_{i-1} + \mathrm{NDVI}_{i+1} \right) / 2$ 将替代 NDVI_i 的值，当所有 $\varDelta_i$ 小于 $\varDelta$ 时，该循环结束。

3.3.3 时间序列分析

对三峡库区的 MODIS NDVI、地表温度和反照率数据进行分析，得到 2000～2015 年各参数的变化趋势及其变化量。利用变化趋势 Slope 和变化幅度 Range 来表征 SINDVI、地表温度和反照率的空间变化规律。

利用线性回归分析的最小二乘法，计算时间序列趋势的变化率 Slope：

$$\text{Slope} = \frac{n \times \sum_{i=1}^{n}(i \times M_i) - \sum_{i=1}^{n}i \times \sum_{i=1}^{n}M_i}{n \times \sum_{i=1}^{n}i^2 - \left(\sum_{i=1}^{n}i\right)^2} \tag{3-3}$$

式中，n 为研究时间长度；i 取 1～16；M_i 表示第 i 年的 SINDVI、地表温度或反照率的值。其中，Slope>0 代表 SINDVI、地表温度或反照率 16 年间的变化趋势为增加，反之为减少。

各参数 2000～2015 年的变化幅度 Range 计算公式如下：

$$\text{Range} = \text{Slope} \times (n - 1) \tag{3-4}$$

式中，n 为研究时间长度。

3.3.4 相关性分析

本书借助 GEE 平台提供的皮尔逊相关分析算法 (https://developers.google.cn/earth-engine/apidocs/ee-reducer-pearsonscorrelation)，分别计算 SINDVI 与地表温度和反照率之间的相关关系。计算公式如下：

$$r_{XY} = \frac{\sum_{i=1}^{n}(X_i - \bar{X})(Y_i - \bar{Y})}{\sqrt{\sum_{i=1}^{n}(X_i - \bar{X})^2}\sqrt{\sum_{i=1}^{n}(Y_i - \bar{Y})^2}} \tag{3-5}$$

式中，X_i 和 Y_i 代表第 i 年的 SINDVI、地表温度或 Albedo 的值；$\bar{X}$ 和 $\bar{Y}$ 代表 SINDVI、地表温度或 Albedo 的多年平均值。相关系数为正，代表两个变量之间为正相关关系；相关系数为负，代表两个变量之间为负相关关系。$|r_{XY}|$ 越大，表示相关程度越大；反之代表相关程度越小。同时通过计算 P 值对相关分析结果做显著性检验。

3.4 三峡库区土地利用与陆表参数变化特征

3.4.1 植被 SINDVI 变化时空分布特征

2000～2015 年三峡库区的 SINDVI 呈现出"长江水道、库首、库尾等区域下降，其余区域增加"的空间格局 (图 3-4)。这与三峡库区的地形地貌、水系和城镇分布格局有关，库区水系众多，在水域河道上无植被覆盖；宜昌市坐落于库首，重庆市主城区、长寿区坐落于库尾，还有其他大小城镇延长江水系分布，随着城镇开发，建筑道路等不透水面面积增加，因而植被生存环境较差，面积不断减少；而在其余区域，主要分布有山地、丘陵，开发程度相对较小，植被生长条件较好，长势良好。

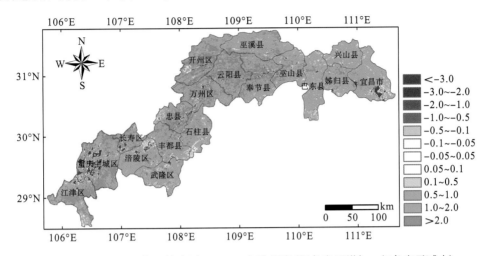

图 3-4　2000~2015 年三峡库区 SINDVI 变化幅度（绿色表示增加，红色表示减少）

三峡库区的 SINDVI 总体呈现出增加趋势（图 3-5），2000~2015 年增加量为 2.89，年均增长率为 9.1%。在库区 SINDVI 增加过程中，也伴随一些波动。三峡库区的 SINDVI 增加，表明库区植被覆盖增加，这与国家和当地政府实行的生态保护政策有关，如退耕还林、生态保护屏障建设等。而 SINDVI 发生骤降的年份，在一定程度上与我国西南地区发生干旱有关，如 2004~2005 年、2009~2012 年的西南地区干旱事件[53]等。在干旱年份降水稀少，植被长势较差，导致这些年份 SINDVI 显著低于正常年份。

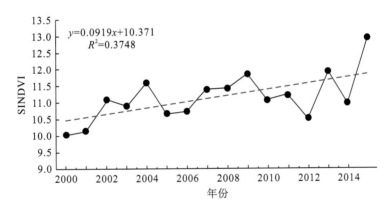

图 3-5　2000~2015 年三峡库区 SINDVI 时间变化特征

3.4.2　地表温度变化时空分布特征

三峡库区地表温度整体呈现出下降趋势，分布呈现出"库首库尾高，库腹较低"的空间格局（图 3-6）。地表温度呈现增加趋势的区域主要分布于库尾和库首区域，如重庆主城区、涪陵区、忠县、万州区以及湖北省宜昌市等区域（红框区域）；地表温度表现出下降趋势的区域主要分布于库腹，如武隆区、石柱县、巫溪县、奉节县、巴东县、巫山县和秭归县等区域。地表温度分布的空间格局与库区的城镇规划建设、库区地形地貌相关，库首和库尾等区域人造地表密集，植被分布相对较少，散热较差，所以地表温度增加较快。而库腹主要以山地丘陵为主，植被长势相对较好，地表温度反而较低。

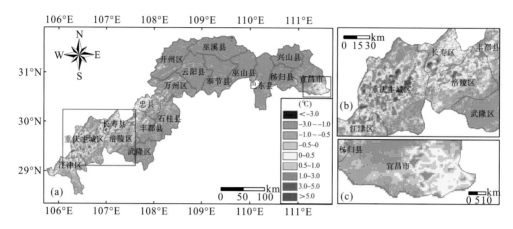

图 3-6　2000～2015 年三峡库区(a)、重庆主城区及其周边(b)和宜昌市及其周边(c)地表温度变化幅度
（红色表示增加，蓝色表示下降）

由于地表温度受季节影响较大，且 MODIS 产品缺少 2000 年 2 月份之前的数据，因此去除 2000 年的地表温度值以减小误差。三峡库区 2001～2015 年地表温度年际变化（图 3-7）表明库区地表温度总体上呈下降趋势，减少了 0.224℃，年均下降率为 2.94%。此外，库区地表温度的变化表现出了较大的波动性。在 2006 年和 2013 年，地表温度为相邻年份的最高值，该现象与西南地区 2006 年、2009～2013 年的干旱事件吻合；而库区地表温度的下降，一个原因是库区自 2003 年开始蓄水，到 2010 年蓄水达到 175m 高程，库区的蓄水容量增加明显，对地表温度下降有一定作用；另一个原因是库区实施生态保护政策、退耕还林还草工程，使得植被面积持续增加，对库区地表也有一定的降温效应。

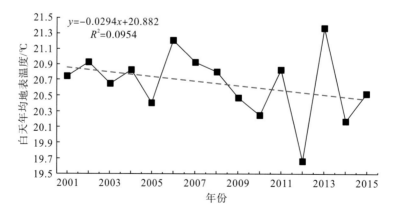

图 3-7　三峡库区 2001～2015 年地表温度年际变化特征

3.4.3　反照率变化时空特征分析

2000～2015 年三峡库区反照率空间分布呈现出"库首和库尾增加明显，库腹东部下降"的格局(图 3-8)。反照率变化主要与三峡库区的城镇分布情况和地形地貌有关。在库首的宜昌市，库尾的重庆市主城区、长寿区和涪陵区，库腹部万州区和忠县等地，拥有较多的建筑和道路等，而且这些人造地表的面积近年来增加显著，导致反照率增加。另外，反照率降低的区域分布有较多的山地和丘陵，植被分布广泛，造成反照率下降。

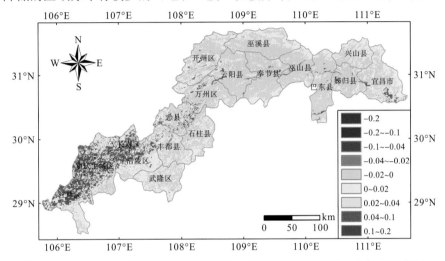

图 3-8　2000～2015 年三峡库区反照率变化幅度(红色表示增加，蓝色表示减少)

反照率年际变化趋势总体上呈下降趋势(图 3-9)，2000～2015 年反照率减少了 0.002。在研究期内，反照率的最高值出现在 2006 年，达到 0.122；此外，2009 年和 2012 年的反照率值也相对较高；反照率的低值出现在 2003 年和 2004 年，分别为 0.116 和 0.115。这些现象与西南地区相应年份的气候规律相关，如在 2003 年和 2004 年，西南地区东部出现较明显的降水过程，天气条件以阴天为主，大气中的气溶胶颗粒增加，导致反照率降低。而在 2006 年、2009 年和 2012 年，西南地区发生极度干旱，植被生长过程受阻，长势较差，导致反照率增加。

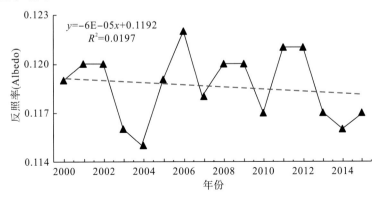

图 3-9　2000～2015 年三峡库区反照率年际变化特征

3.4.4　土地利用变化分析

根据 2000 年、2005 年、2010 年和 2015 年的三峡库区土地利用分类(图 3-10),可以看出库区耕地和林地分布范围最广。林地主要分布于库区东部和库腹长江南岸等区域;耕地主要分布于库区西部、库腹长江北岸等区域;人造地表主要分布在重庆市主城区、长寿区、涪陵区、万州区以及湖北省宜昌市等区域;水域主要分布在长江水系;草地和灌木地零散分布。

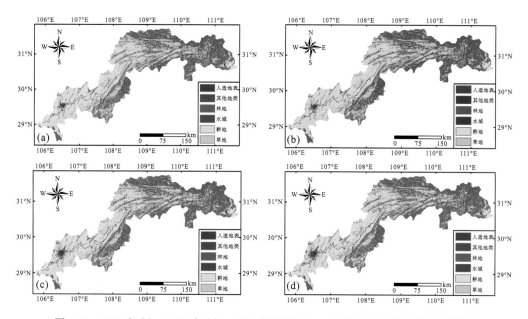

图 3-10　2000 年(a)、2005 年(b)、2010 年(c)和 2015 年(d)三峡库区土地利用类型

表 3-3 展示了 2000～2015 年库区各土地利用类型面积统计。三峡库区的土地利用类型主要是耕地和林地,二者所占比例之和达到整个库区面积的 90%以上。总体上库区耕地、草地、灌木地面积呈现减少趋势,分别减少 4.21%、35.71%和 95.45%;林地、水域和人造地表面积呈现出增加趋势,分别增加 4.92%、2.96%和 168.25%。其中,耕地、林地以及人造地表的面积变化较为剧烈,主要是由于三峡库区建设过程中,伴随着大量的耕地被淹没而导致耕地减少;同时,库区建设过程中注重生态恢复保护和植树造林,林地面积一直增加;人造地表面积增加,与重庆市直辖以来大力发展经济,城镇化建设效果显著相关。而草地和灌木地总体上在库区所占比例较小,其面积变化量级都相对较小。

表 3-3　2000～2015 年库区各土地利用类型面积统计

年份	面积/比例	耕地	林地	草地	水域	人造地表	灌木地
2000	面积	35998.02	25394.22	87.48	855.09	398.16	414.45
	比例	57.01	40.21	0.14	1.35	0.63	0.66

年份	面积/比例	耕地	林地	草地	水域	人造地表	灌木地
2005	面积	35002.89	26559.90	71.82	862.29	599.22	51.30
	比例	55.43	42.06	0.11	1.37	0.95	0.08
2010	面积	34729.11	26579.43	63.99	860.85	880.38	33.66
	比例	55.00	42.09	0.10	1.36	1.39	0.06
2015	面积	34483.23	26641.26	55.08	878.04	1066.86	22.95
	比例	54.61	42.19	0.09	1.39	1.69	0.03

注：面积(km^2)；比例(%)。

3.4.5　陆表参数相关分析

由于地表温度和反照率会受到植被变化的影响，本章进一步研究 SINDVI 与地表温度和反照率二者的变化关系。对 SINDVI、地表温度和反照率三个变量进行正态分布检验，发现呈现正态分布的规律，可以采用皮尔逊相关系数分析法进行相关性分析。通过 GEE 平台对相关分析函数进行计算，并进行置信度为 95% 的显著性检验。

1.　SINDVI 与地表温度相关分析

SINDVI 与地表温度的变化在三峡库区绝大多数区域相关系数小于 0，存在负相关关系，这表明植被增加会导致地表温度下降，反之，植被减少会导致地表温度增加。二者的相关系数分布图(图 3-11)显示出不同区域二者的相关性强度不同，负相关关系最强的区域分布在库腹区域，如开州区、云阳县、奉节县、巫溪县、巫山县、巴东县和兴山县，负相关系数为-0.9～-0.8；此外，在重庆市主城区、长寿区、涪陵区和忠县也有较小范围分布。上述现象的主要原因是这些区域的地形多以山地、丘陵为主，植被生长条件较好，长势

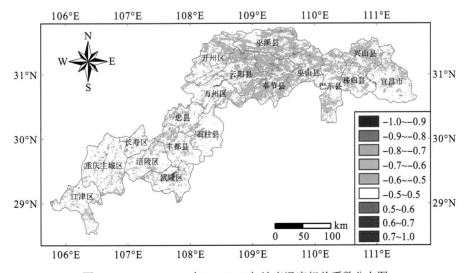

图 3-11　2000～2015 年 SINDVI 与地表温度相关系数分布图

良好，较少人造地表分布，因此 SINDVI 与地表温度呈现出显著的负相关关系。而在长江主干道水系，SINDVI 与地表温度则存在显著的正相关关系，这主要是由于在长江水系区域无植被分布，且水面地表温度由于水的蒸发作用也相对较低[54]，因此二者呈现出正相关关系。

2. SINDVI 与反照率相关分析

SINDVI 与反照率在三峡库区大多数区域相关系数小于 0（图 3-12），存在负相关关系，这表明植被增加将造成反照率减小，而植被减少会导致反照率增加。可以看出，在三峡库区的库腹东部二者存在显著的负相关关系，相关系数为-1.0～-0.6，这些区域主要包括万州区、开州区、云阳县、巫溪县、奉节县、巫山县、巴东县、秭归县等。而在库尾和库腹西部等区域，二者则表现出正相关关系，包括江津区、重庆主城区、涪陵区等。库腹东部区域二者呈现出负相关关系与这些区域的地形地貌相关。这些区域分布着较多的植被且开发程度较低，且库区不断实施生态保护政策，因此植被长势良好，所以反照率下降。而在库尾及其周边区县，植被分布较少，人造地表分布较多，导致反照率增加；但该地区一年中云量较多，导致气溶胶光学厚度变大，从而显著影响 MODIS 反照率产品的精度。因此，较低的反照率与 NDVI 值无法准确反映该地区反照率和植被覆盖状况。

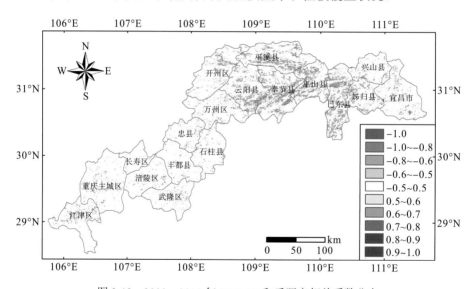

图 3-12　2000～2015 年 SINDVI 和反照率相关系数分布

3.5　土地利用变化对关键陆表参数影响

对 2000 年、2005 年、2010 年和 2015 年四期的土地利用数据重采样到 1km 空间分辨率，分别与对应年份的 SINDVI、地表温度和反照率进行叠加统计和分析，以获取不同年份不同土地利用类型的 SINDVI、地表温度和反照率的变化情况。由于草地和灌木地在三峡库区分布相对分散，面积和占库区总面积的比例都较小，因此在下面的研究中忽略不计。

3.5.1　土地利用与 SINDVI 研究

　　三峡库区不同土地利用类型的 SINDVI(图 3-13)从高到低依次为林地、耕地、水体和人造地表，2000～2015 年均呈现出增加趋势。林地 SINDVI 增加是由于库区的生态保护政策等为植被提供了良好的生存条件，因此植被长势良好。耕地 SINDVI 的增加既与农作物培育和种植方式的优化有关，也与耕地比例较大相关。人造地表 SINDVI 的增加主要是由于人们的生态理念得到了明显的加强，规划建设城镇区域的绿化带和公园中的植被在不断增加[55]。水体 SINDVI 的增加可能与三峡库区水域面积增加导致了水生或岸生植物的增加有关；同时库区涨落带的土壤肥沃，出露水面时间长，合理地开发利用种植作物也导致了植被的增加[56]。

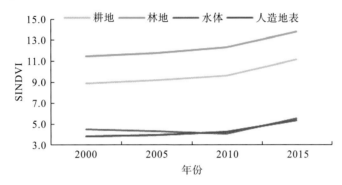

图 3-13　三峡库区不同土地利用类型四个时期的平均 SINDVI 时序变化

3.5.2　土地利用与地表温度研究

　　不同土地利用类型的地表温度研究(图 3-14)表明地表温度从高到低依次是人造地表、耕地、水体和林地。耕地变化趋势不明显。2000～2015 年，三峡库区的城市建设用地等迅速增加[57]，建筑密集，散热条件较差，导致库区的地表温度持续增加。在三峡库区的建设过程中，国家和政府实行了"退耕还林还草"工程和生态保护政策，林地面积增加显著，故林地的地表温度下降。水体地表温度表现为下降趋势，这是由库区蓄水量增加造成的。而耕地由于受人为因素和季节性影响较大，因此变化趋势不明显。

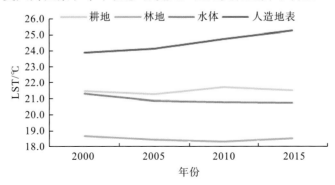

图 3-14　三峡库区不同土地利用类型四个时期的平均地表温度时序变化

3.5.3 土地利用与反照率研究

不同土地利用类型与反照率研究(图 3-15)表明库区反照率最高的地类为人造地表,其次分别为耕地、林地和水体。2000~2015 年,人造地表反照率总体上表现为先上升后下降趋势,其余地类表现为下降趋势。人造地表的反照率在 2000~2010 年出现了增加趋势,但从 2010~2015 年出现了下降趋势,这个趋势与我们的常识经验相悖,本章将原因归于大气气溶胶对 MODIS 反照率产品精度的影响,由于建筑主要分布在重庆市主城区及其周边区县,根据已有研究表明该区域一年之中的阴雨天数较多,导致晴空观测天数的减少,而缺少晴空观测无法保证 MODIS 反照率产品的精度[58]。水体反照率持续下降是由于库区水域面积增加,水体能够有效地反射和散射太阳辐射[59],导致反照率下降。林地面积增加是林地反照率下降的主要原因。耕地的反照率下降与库区耕地面积减少相关。此外,林地的反照率小于耕地,主要是林地的冠层颜色相对农田颜色较深,且森林的粗糙度也大于耕地[60],导致反照率小于耕地。

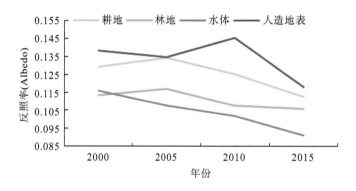

图 3-15　三峡库区不同土地利用类型四个时期的平均反照率时序变化

3.6　本　章　小　结

3.6.1 讨论

本书的研究结论仍存在一定局限,对于反照率,未从严格意义上计算天空散射光比[61],而是使用已有的经验值,导致真实反照率结果存在一定误差。同时,由于西南地区多云雾天气,造成反照率产品在某些区域精度受到影响。另外在分析反照率变化原因时,未充分考虑积雪、土壤湿度和气温等其他影响因子。对于地表温度,本章利用数据自带的质量控制标记对数据进行精度控制,但也存在一些问题,如为保证数据延续不出现空缺值,选用 00 和 01 质量标记的影像像元进行地表温度幅度的计算。此处,将 00 标记(图 3-16 实线)、00 和 01 标记(图 3-16 虚线)分别得出的地表温度幅度时序结果进行对比分析,可以看出 00 标记的地表温度时序值高于 00 和 01 标记,表明后者在一定程度上低估了地表温度值(低估均值为 1.21℃),但二者得出的地表温度变化趋势均为下降。本书得出的地表温度空间格局和趋势基本与同类研究结果吻合，可以满足此研究需要并反映三峡库区的地表温度变化情况[29]。

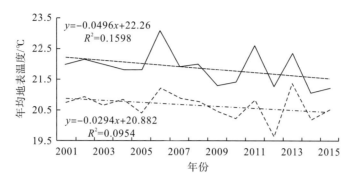

图 3-16　基于质量标记的地表温度幅度时序比较

3.6.2　结论

2000～2015 年，三峡库区的植被覆盖总体呈增加趋势，SINDVI 增加 2.89，在库腹的山地丘陵分布区域植被增加显著，在库首和库尾等城镇分布区域植被退化明显。地表温度减少 0.224℃，显著减少区域在库腹和库首西部，显著增加区域在库首和库尾的城镇区域。反照率减少 0.002，在库首和库尾区域表现为显著增加趋势，在库腹东北部表现为明显下降趋势。三峡库区 2000 年、2005 年、2010 年和 2015 年的土地利用类型以耕地和林地为主，土地利用的变化显著，主要表现为耕地、草地和灌木地减少，林地、水体和人造地表增加。

研究期间，各地类 SINDVI 呈现出增加趋势，从高到低依次为林地、耕地、水体和人造地表。人造地表的地表温度呈现出增加趋势，林地和水体的地表温度呈现出下降趋势，耕地的地表温度变化趋势不明显。对于反照率，最高的为人造地表，其次分别为耕地、林地和水体；反照率总体表现为下降趋势。三峡库区 2000～2015 年的地表温度、SINDVI 和反照率的变化及原因与库区人造地表、林地、水体的不断增加和耕地的减少相关，同时也与 MODIS 产品精度和各地类的理化性质有一定关系。

三峡库区 SINDVI 与地表温度主要呈负相关关系，这表示植被增加会导致地表温度降低，负相关关系区域主要分布在库腹东北部植被增加显著的区域；而在长江水系由于较少的植被和较低的地表温度，因此二者表现出正相关关系。SINDVI 与反照率主要表现为负相关关系，这些区域分布在库腹东北部植被增加明显区域；而在库尾区域表现为较强的正相关关系，一个原因是该区域人造地表较多，另一个原因是该地区常年云量较多[62]，影响 MODIS 反照率产品精度，无法准确反映该地区二者的变化情况。

基于 GEE 平台，本章研究发现三峡库区土地利用变化显著，对植被变化、地表温度和反照率影响明显。这主要得益于国家对生态环境的重视和大力实施生态恢复工程[63,64]，库区整体生态环境有向好发展的趋势。值得注意的是，在重庆市主城区、宜昌市等城市区域，应该注重城市合理开发、土地合理利用[65]；同时库区耕地的减少也应当得到进一步重视。

参 考 文 献

[1] Foley J A，Defries R，Asner G P，et al. Global consequences of land use[J]. Science，2005，309（5734）：570-574.

[2] 王生霞，丁永建，叶柏生，等. 基于气候变化和人类活动影响的土地利用分析——以新疆阿克苏河流域绿洲为例[J]. 冰川冻土，2012，34（4）：828-835.

[3] 廖继武，周永章，蒋勇. 海洋对海岸带土地利用变化的影响[J]. 经济地理，2012，32（9）：140-144.

[4] 王涛. 干旱区主要陆表过程与人类活动和气候变化研究进展[J]. 中国沙漠，2007，27（5）：711-718.

[5] 李晓文，方精云，朴世龙. 近10年来长江下游土地利用变化及其生态环境效应[J]. 地理学报，2003，58（5）：659-667.

[6] 董黎明，袁利平. 集约利用土地：21世纪中国城市土地利用的重要方向[J]. 中国土地科学，2000，14（5）：6-8.

[7] 钱铭. 21世纪中国土地可持续利用展望[J]. 中国土地科学，2001，15（1）：5-7.

[8] 王儒述. 三峡工程的环境影响及其对策[J]. 长江流域资源与环境，2002，11（4）：22-27.

[9] 黄春波，滕明君，曾立雄，等. 长江三峡库区土地利用/覆盖的长期变化[J]. 应用生态学报，2018，29（5）：215-226.

[10] Lai L，Huang X J，Yang H，et al. Carbon emissions from land-use change and management in China between 1990 and 2010[J/OL]. Science Advances，2016，2（11）. https://www.science.org/doi/10.1126/sciadv.1601063.

[11] Zhang M，Huang X J，Chuai X W，et al. Impact of land use type conversion on carbon storage in terrestrial ecosystems of China：A spatial-temporal perspective[J]. Scientific Reports，2015，5：10233.

[12] 邵璞，曾晓东. 土地利用和土地覆盖变化对气候系统影响的研究进展[J]. 气候与环境研究，2012，17（1）：103-111.

[13] 翟俊，刘荣高，刘纪远，等. 1990~2010年中国土地覆被变化引起反照率改变的辐射强迫[J]. 地理学报，2013，68（5）：875-885.

[14] 刘凤山，陶福禄，肖登攀，等. 土地利用类型转换对地表能量平衡和气候的影响——基于SiB2模型的模拟结果[J]. 地理科学进展，2014，33（6）：815-824.

[15] 韩冬锐，徐新良，李静，等. 长江三角洲城市群热环境安全格局及土地利用变化影响研究[J]. 地球信息科学学报，2017，19（1）：39-49.

[16] 梁保平，李晓宁. 城市LUCC时空格局对地表温度的影响效应研究——以广西柳州市为例[J]. 中国土地科学，2016，30（11）：41-49.

[17] 曹银贵，王静，程烨，等. 三峡库区耕地变化研究[J]. 地理科学进展，2006，25（6）：117-125.

[18] 陈雅如，肖文发. 三峡库区土地利用与生态环境变化研究进展[J]. 生态科学，2017，36（6）：213-221.

[19] 滕明君，曾立雄，肖文发，等. 长江三峡库区生态环境变化遥感研究进展[J]. 应用生态学报，2014，25（12）：3683-3693.

[20] 高蕾，陈海山，孙善磊. 基于MODIS卫星资料研究三峡工程对库区地表温度的影响[J]. 气候变化研究进展，2014，10（3）：226-234.

[21] 国洪磊，周启刚，焦欢，等. 三峡库区土地利用变化特征研究[J]. 水土保持研究，2016，23（2）：313-317.

[22] 范月娇. 基于遥感和GIS一体化技术的三峡库区土地利用变化研究[J]. 地理科学，2002，22（5）：599-603.

[23] 邵景安，张仕超，魏朝富. 基于大型水利工程建设阶段的三峡库区土地利用变化遥感分析[J]. 地理研究，2013，32（12）：2189-2203.

[24] 孙晓霞，张继贤，刘正军. 三峡库区土地利用时序变化遥感监测与分析[J]. 长江流域资源与环境，2008，17（4）：557-560.

[25] 李惠敏，刘洪斌，武伟. 近10年重庆市归一化植被指数变化分析[J]. 地理科学，2010，30（1）：119-123.

[26] Wen Z F，Wu S J，Chen J L，et al. NDVI indicated long-term interannual changes in vegetation activities and their responses to

climatic and anthropogenic factors in the Three Gorges Reservoir Region，China[J]. Science of the Total Environment，2017，574：947-959.

[27] 张兰，沈敬伟，刘晓璐，等. 2001～2016 年三峡库区植被变化及其气候驱动因子分析[J]. 地理与地理信息科学，2019，35（2）：38-46.

[28] 罗红霞，邵景安，张雪清. 基于辐射传导方程的三峡库区腹地地表温度的遥感反演[J]. 资源科学，2012，34（2）：256-264.

[29] 冯茹，孟翔飞，魏虹，等. 基于 MODIS 的三峡库区（重庆段）地表温度格局[J]. 生态学杂志，2013，32（9）：2398-2406.

[30] 彭文甫，王广杰，周介铭，等. 基于多时相 Landsat5/8 影像的岷江汶川—都江堰段植被覆盖动态监测[J]. 生态学报，2014，36（7）：1975-1988.

[31] 蒋晶，乔治. 北京市土地利用变化对地表温度的影响分析[J]. 遥感信息，2012，27（3）：105-111.

[32] 王艳姣，闫峰，张培群，等. 基于植被指数和地表反照率影响的北京城市热岛变化[J]. 环境科学研究，2009，22（2）：215-220.

[33] 郝斌飞，韩旭军，马明国，等. Google Earth Engine 在地球科学与环境科学中的应用研究进展[J]. 遥感技术与应用，2018，33（4）：600-611.

[34] Gorelick N，Hancher M，Dixon M，et al. Google Earth Engine：Planetary-scale geospatial analysis for everyone[J]. Remote Sensing of Environment，2017，202：18-27.

[35] Dong J W，Xiao X M，Michael M A et al. Mapping paddy rice planting area in Northeastern Asia with Landsat 8 images，phenology-based algorithm and Google Earth Engine[J]. Remote Sensing of Environment，2016，185：142-154.

[36] Huang H B，Chen Y L，Clinton N，et al. Mapping major land cover dynamics in Beijing using all Landsat images in Google Earth Engine[J]. Remote Sensing of Environment，2017，202：166-176.

[37] Lobell D B，Thau D，Seifert C，et al. A scalable satellite-based crop yield mapper[J]. Remote Sensing of Environment，2015，164：324-333.

[38] Pekel J F，Cottam A，Gorelick N，et al. High-resolution mapping of global surface water and its long-term changes[J]. Nature，2016，540（7633）：418-422.

[39] Hansen M C，Potapov P V，Margono B，et al. High-resolution global maps of 21st-century forest cover change[J]. Science，2013，342（6160）：850-853.

[40] Brian C，Scott M，Trey S，et al. Automatic boosted flood mapping from satellite data[J]. International Journal of Remote Sensing，2016，37（5）：993-1015.

[41] Ran G，Wei Y，Gordon H，et al. Detecting the boundaries of urban areas in India：A dataset for pixel-based image classification in Google Earth Engine[J]. Remote Sensing，2016，8（8）：634.

[42] 梁守真，施平，邢前国. MODIS NDVI 时间序列数据的去云算法比较[J]. 国土资源遥感，2011，23（1）：33-36.

[43] Stow D，Daeschner S，Hope A，et al. Variability of the seasonally integrated normalized difference vegetation index across the north slope of Alaska in the 1990s[J]. International Journal of Remote Sensing，2003，24（5）：1111-1117.

[44] Li Q P，Ma M G，Wu X D，et al. Snow cover and vegetation-induced decrease in global albedo from 2002 to 2016[J]. Journal of Geophysical Research：Atmospheres，2018，123（1）：124-138.

[45] 崔晓临，程賛，张露，等. 基于 DEM 修正的 MODIS 地表温度产品空间插值[J]. 地球信息科学学报，2018，20（12）：1768-1776.

[46] Wan Z M. New refinements and validation of the collection-6 MODIS land-surface temperature/emissivity product[J]. Remote Sensing of Environment，2008，112（1）：59-74.

[47] 张杰，张强，郭铌，等. 应用 EOS-MODIS 卫星资料反演西北干旱绿洲的地表反照率[J]. 大气科学，2005，29（4）：8-15.

[48] Liang S L，Member S. A direct algorithm for estimating land surface broadband albedos from MODIS imagery[J]. IEEE Transactions on Geoscience and Remote Sensing，2003，41（1）：136-145.

[49] Eugenia P，Blaga R. Regression models for hourly diffuse solar radiation[J]. Solar Energy，2016，125：111-124.

[50] 韩会庆，张英佳，邵红娟，等. 基于土地利用的"南方丝绸之路"经济带生态系统扰动分析[J]. 重庆交通大学学报（自然科学版），2018，197（6）：73-79.

[51] 谈明洪，李圆圆. 1992-2015 全球耕地时空变化[J]. 资源与生态学报（英文版），2019，10（3）：235-245.

[52] Ma M G，Veroustraete F. Reconstructing pathfinder AVHRR land NDVI time-series data for the Northwest of China[J]. Advances in Space Research，2006，37（4）：835-840.

[53] Lai P Y，Zhang M，Ge Z X，et al. Responses of seasonal indicators to extreme droughts in Southwest China[J]. Remote Sensing，2020，12（5）：818.

[54] 王伟，申双和，赵小艳，等. 两种植被指数与地表温度定量关系的比较研究——以南京市为例[J]. 长江流域资源与环境，2011，20（4）：439-444.

[55] 欧阳志云，李伟峰，Juergen P，等. 大城市绿化控制带的结构与生态功能[J]. 城市规划，2004，4（4）：41-45.

[56] 苏维词，杨华，赵纯勇，等. 三峡库区（重庆段）涨落带土地资源的开发利用模式初探[J]. 自然资源学报，2005，20（3）：326-332.

[57] 刘婷，赵伟，张智红，等. 三峡库区重庆段城市空间扩展及形态时空演变研究[J]. 长江流域资源与环境，2017，26（9）：51-59.

[58] 王开存，王建凯，王普才. 用 MODIS 反演北京城市地区地表反照率精度以及算法改进[J]. 大气科学，2008，32（1）：67-74.

[59] 张志良，沈曾佑，张利华. 淀山湖湖水中太阳辐射能的分布[J]. 华东师范大学学报（自然科学版），1992，3（3）：84-89.

[60] 肖登攀，陶福禄，Moiwo J P. 全球变化下地表反照率研究进展[J]. 地球科学进展，2011，26（11）：1217-1224.

[61] 崔生成，杨世植，乔延利，等. 天空散射光对地物反照率反演的影响分析[J]. 华中科技大学学报（自然科学版），2011，39（6）：41-45.

[62] Yu W P，Tan J L，Ma M G，et al. An effective similar-pixel reconstruction of high-frequency cloud-covered areas of Southwest China[J]. Remote Sensing，2019，11（3）：336.

[63] Yang H. China must continue the momentum of green law[J]. Nature News，2014，509（7502）：535.

[64] Yang H，Flower R J，Thompson J R. China's new leaders offer green hope[J]. Nature，2013，493（7431）：163-163.

[65] Yang H. China's soil plan needs strong support[J]. Nature，2016，536（7617）：375-375.

第4章 基于机器学习算法的陆地生态系统碳通量估算

本章导读

准确地估算陆地生态系统的碳收支能力以及分析碳源汇的时空格局，力求找到有效调控与管理陆地生态系统碳循环的方法，一直是全球变化生态学研究的热点。由于陆地生态系统碳交换的非线性和非平稳性等特征，在一定程度上限制了陆面过程、定量遥感等方法对碳循环的模拟和预测能力。机器学习技术不需要考虑植被与大气间的碳交换机制，对碳通量与其控制因子间的作用关系具有很强的非线性表达能力，成为生态大数据智能处理、信息挖掘和知识发现的新手段。因此，本章利用 4 个不同陆地生态系统连续 6 年的通量塔观测数据，构建 4 种机器学习模型来估算日尺度上的碳通量，包括总初级生产力 (gross primary production，GPP)、生态系统呼吸 (ecosystem respiration，RE) 和净生态系统碳交换量 (net ecosystem exchange，NEE)。主要创新之处在于考查自适应神经模糊推理系统 (adaptive neuro-fuzzy inference system，ANFIS) 和极限学习机 (extreme learning machine，ELM) 方法在不同陆地生态系统中估算日尺度碳通量的适用性和能力。除了采用这两种相对较新的方法之外，还采用了两种常规方法，即人工神经网络 (artificial neural network，ANN) 和支持向量机 (support vector machine，SVM) 作为基准，并将这些方法进行综合比较与评价，为精确估算区域和全球尺度陆地生态系统的碳源汇提供有效的智能化技术方法。

4.1 概　述

陆地生态系统通过吸收和释放大气中的 CO_2，在全球碳循环中发挥着至关重要的作用[1]。全球气候变化，尤其是极端气温、降水和干旱的变化，对参与生物物理和生物地球化学过程的陆地碳循环有着极其显著的影响[2,3]。反之，陆地碳循环又为气候变化提供了有力的反馈[4,5]。此外，陆地碳循环与气候变化之间的相互作用还受到氮沉积变化[6]、土地利用[7]、大气 CO_2 浓度上升[8]等环境因素的影响。在此背景下，为了更好地理解陆地碳通量与生物和气候变化之间的相互作用机制，从而准确地诊断和预测未来的气候变化，对陆地碳通量的估算受到越来越多的关注。

目前，人们尝试采用不同的方法来模拟和预测不同空间和时间尺度的陆地生态系统碳通量。自上而下和自下而上的方法是两种最主要的方法[9]。近年来，大气反演模型作为一种自上而下的方法，得到了相当多的关注[10,11]。然而，由于 CO_2 观测网络站点分布比较稀疏，观测数据极其匮乏，因此严重制约了大气反演模型对碳通量的估算精度[12]。基于物理过程的模型作为一种自下而上的方法，整合了复杂的生物物理和生态生理过程，已经被广泛用于评估不同时空模式下的陆地碳循环[13]。Huntzinger 等[14]对一系列基于过程的陆地碳通量模型进行了综合比较。由于这些基于过程的陆地碳通量模型在模型输入数据不准确[15]、参数不确定[16]和模型结构不完整[17]等方面存在很大的差异，因此这些常用的基于物理过程的陆地碳通量模型仍存在很大的不确定性。这些不确定性导致物理模型无法准确地描述陆面过程的基本特征，进而严重限制了模型估计陆地碳通量潜力和时空动态的准确性。

鉴于通量塔观测的空间代表性，目前全球已有 900 多个通量塔分布在不同气候和植被类型的陆地生态系统中。全球通量观测网络（FLUXNET）主要采用涡度相关技术，致力于直接观测陆地生态系统与大气之间的能量、水和碳通量[18]。全球范围内多年连续的碳通量观测数据不仅可以用来校准和优化物理过程模型的内在参数、测试其外推能力[19]，而且可以为数据驱动模型估算陆地碳通量提供前所未有的机会。数据驱动模型能够定量地描述输出和输入变量之间的非线性关系，并且不涉及复杂的物理过程[20]。然而，基于物理过程的碳通量模型不仅要考虑影响碳循环的物理过程及其参数，而且要考虑它们对气候和环境变化及干扰事件等因素的响应。此外，与数据驱动模型相比，陆面过程模型在准备期间需要获取大量的数据，在模型运行时需要调整许多影响碳循环的关键参数，因此在定量估算陆地碳通量方面面临着许多挑战。鉴于上述原因，在过去 20 年里，数据驱动模型作为一种新型的定量化技术，在利用通量塔观测数据建立陆地碳通量模型方面引起了越来越多的关注。

近年来，机器学习技术被认为是强大的和非常有发展前景的定量化工具，这一观点在不同领域的科学家中逐渐得到共识[21,23]。随着机器学习技术的快速发展，数据驱动模型的工具集也得到不断的丰富和扩展。机器学习方法在陆地碳通量估算方面也逐渐地被采用，如人工神经网络（ANN）[24]、广义回归神经网络[25]、支持向量机（SVM）[26]和回归树模型[27]。此外，两种相对较新的方法，极端学习机（ELM）[28]和自适应神经模糊推理系统（ANFIS）[29]已经成功地用于解决不同领域的预测和预报问题，如蒸发量[30]、干旱[31]、风速[32]和太阳辐射[33]。然而，目前关于利用 ELM 和 ANFIS 方法估算陆地碳通量的研究较少。此外，尽管以往的研究在利用 ANN 和 SVM 方法估算陆地碳通量方面做了大量的工作，但这些研究主要集中在验证单一方法对某一植被类型的可行性和有效性，对不同植被类型的碳通量组分和建模方法性能的优缺点知之甚少。此外，以往对机器学习方法的研究主要基于生长季节内较短的时间序列数据，限制了这些方法在模型校准和验证阶段的性能，并对陆地碳通量的预测造成潜在的阻碍。

基于上述考虑，本章利用 4 个不同陆地生态系统连续 6 年的通量塔观测数据，构建 4 种机器学习模型，从而估算日尺度上的碳通量，包括总初级生产力（GPP）、生态系统呼吸（RE）和净生态系统碳交换量（NEE）。具体目标包括以下几点：①考查 ELM 和 ANFIS 方法对陆地生态系统碳通量估算的适用性；②评价 ANN、ELM、ANFIS 和 SVM 四种机器学习方法在估算陆地碳通量上的预测性能；③比较这些模型在估算陆地碳通量三个组分（GPP、RE 和 NEE）上的差异；④比较这些模型在四个代表性陆地生态系统（草原、森林、农田和湿地）的性能差异。

4.2　通量观测数据获取与处理

4.2.1　观测站点介绍

为了检验在不同陆地生态系统上估算碳通量的性能差异,本书选用了 4 套不同陆地生态系统上的碳通量观测数据。这些碳通量观测站点覆盖了 4 种典型的生物群落,包括美国 Vaira 牧场的草原通量观测站点(US-Var)、德国 Hainich 国家公园的落叶阔叶林研究站点 (DE-Hai)、比利时 Lonzee 的农田站点(BE-Lon)和瑞典 Degerö Stormyr 的湿地站点 (SE-Deg)。每个站点的详细情况见表 4-1。来自 AmeriFlux 网络的 US-Var 站位于美国加利福尼亚州的一片开阔草原上,该草原位于内华达山脉的山脚下,气候属于地中海型,冬季潮湿温和,夏季干燥炎热。位于德国的 DE-Hai 站点,树种以落叶阔叶林为主,主要包括山毛榉(65%)、白蜡(25%)和枫树(7%),林中还夹杂着其他落叶和针叶树种,树龄等级范围较广,最长约 250 年,气候为亚海洋/亚大陆性,多年平均气温和降水量分别为 7.5～8℃和 750～800mm。位于比利时布鲁塞尔的农田 BE-Lon 站点,耕地历史已超过了 80 年,该站点属于温带海洋性气候,多年平均气温 10℃左右,降水量 800mm。瑞典的 SE-Deg 站点位于 Kulbäcksliden 森林的混合酸性泥沼生态系统中,该站点所观测的泥沼部分属于以莎草科、红莓苔子和苔藓为主的贫瘠沼泽地区,为寒温带湿润区。根据国家基准气候站最近 30 年的观测数据,年平均气温和降水量分别为 1.2℃和 523mm。

表 4-1　选取的 4 个通量塔站点的基本信息

站点	纬度	经度	MAT/℃	TAP/mm	植被类型	数据年份	参考文献
US-Var	38°24′36″N	120°57′00″W	15.76	533	GRA	2002～2007	Ma 等[34]
DE-Hai	51°04′48″N	10°27′00″E	8.19	833	DBF	2001～2002, 2004～2007	Knohl 等[35]
BE-Lon	50°33′00″N	4°44′24″E	11.33	699	CRO	2004～2009	Moureaux 等[36]
SE-Deg	64°10′48″N	19°33′00″E	2.90	436	WET	2004～2009	Lund 等[37]

注:MAT 和 TAP 分别指各自可利用年份上统计的年平均温度(℃)和年累计降水量(mm)。植被类型包括草地(GRA)、落叶阔叶林(DBF)、农作物(CRO)和湿地(WET)。

4.2.2　数据处理

基于涡动相关技术的通量观测数据通常分为 4 级,第 3 级和第 4 级产品被广泛使用。对于碳通量数据,GPP 和 RE 数据都是通过拆分 NEE 得出的。NEE 为正值表示生态系统是碳源,NEE 为负值表示生态系统是碳汇。第 4 级产品包括两种类型的 NEE 数据,即原始 NEE(NEE_or)和标准化 NEE(NEE_st),分别采用两种不同的计算方法得到[38]。本书选择 NEE 数据的标准是根据缺失值的百分比,即选择缺失最少的 NEE 数据。此外,在 ANN 和边际分布采样(MDS)方法的基础上,本书对各通量的原始数据和标准化数据都进行了插补。ANN 数据略优于 MDS[39],因此采用 ANN 方法插补的碳通量数据进行分析。同时,利用移动窗口法填补缺失的半小时气象数据。在此基础上，将插补后的半小时碳通量和气象数据合成日尺度产品。

表 4-2 通量观测站点各参数的统计特征

站点	观测参数	X_{mean}	X_{max}	X_{min}	X_{sd}	X_{ku}	X_{sk}	CC_{GPP}	CC_{RE}	CC_{NEE}
US-Var	T_a	15.76	36.28	2.60	6.68	2.19	0.28	−0.35	−0.45	0.16
	R_n	6.23	15.58	−4.43	4.68	1.69	0.07	0.12	−0.08	−0.30
	R_h	62.73	100.00	19.40	18.80	2.12	−0.20	0.36	0.53	−0.10
	T_s	18.58	33.30	4.40	7.36	1.75	0.27	−0.44	−0.57	0.20
	GPP	1.96	11.32	−4.96	3.00	3.59	1.30	1.00	0.88	−0.88
	RE	1.81	7.74	0.00	1.73	3.12	0.97	0.88	1.00	−0.55
	NEE	−0.15	7.02	−6.95	1.67	5.09	−0.96	−0.88	−0.55	1.00
DE-Hai	T_a	8.19	27.57	−13.14	7.48	2.29	−0.08	0.81	0.85	−0.70
	R_n	5.00	18.78	−4.39	5.26	2.18	0.58	0.80	0.76	−0.72
	R_h	80.04	100.00	29.84	13.84	2.99	−0.76	−0.47	−0.53	0.39
	T_s	7.74	17.50	0.23	4.65	1.67	0.03	0.84	0.79	−0.76
	GPP	4.16	15.53	−1.17	4.63	1.92	0.65	1.00	0.81	−0.96
	RE	2.80	8.95	0.00	1.58	2.69	0.58	0.81	1.00	−0.63
	NEE	−1.36	3.91	−10.63	3.47	2.21	−0.79	−0.96	−0.63	1.00
BE-Lon	T_a	11.33	28.99	−9.99	6.23	2.58	−0.24	0.50	0.67	−0.36
	R_n	5.05	17.59	−5.56	4.57	2.22	0.43	0.64	0.68	−0.54
	R_h	83.02	100.00	45.10	9.22	3.30	−0.59	−0.24	−0.22	0.22
	T_s	10.39	22.85	−0.54	5.86	1.92	−0.08	0.56	0.70	−0.42
	GPP	4.61	24.97	−2.76	6.36	3.49	1.35	1.00	0.84	−0.96
	RE	3.18	15.11	0.21	2.36	4.54	1.30	0.84	1.00	−0.64
	NEE	−1.42	8.02	−18.58	4.57	3.82	−1.35	−0.96	−0.64	1.00
SE-Deg	T_a	2.90	28.40	−26.79	9.43	2.90	−0.08	0.77	0.74	−0.54
	R_n	2.43	14.72	−12.74	4.33	2.41	0.54	0.67	0.50	−0.62
	R_h	81.04	100.00	37.50	13.10	2.56	−0.62	−0.45	−0.28	0.48
	T_s	4.98	16.75	−0.31	4.99	1.89	0.61	0.79	0.73	−0.59
	GPP	0.81	4.78	−1.57	1.09	3.51	1.18	1.00	0.84	−0.83
	RE	0.62	3.70	0.00	0.65	4.42	1.30	0.84	1.00	−0.40
	NEE	−0.19	2.02	−2.93	0.65	5.06	−1.42	−0.83	−0.40	1.00

注：X_{mean}、X_{max}、X_{min}、X_{sd}、X_{ku} 和 X_{sk} 分别指平均值、最大值、最小值、标准差、峰度和偏度；CC_{GPP}、CC_{RE} 和 CC_{NEE} 分别指每个变量与 GPP、RE 和 NEE 的相关系数。T_a(℃)；R_n(mol·m^{-2})；R_h(%)；T_s(℃)。

表 4-2 列出了每个站点所采用的 6 年观测数据的统计参数。年平均气温（T_a）从 SE-Deg 的 2.90℃到 US-Var 的 15.76℃；年平均净辐射（R_n）从 SE-Deg 的 2.43mol·m^{-2}到 US-Var

的 6.23mol·m^{-2}；年平均相对湿度（R_h）从 US-Var 的 62.73%到 BE-Lon 的 83.02%；年平均土壤温度（T_s）从 SE-Deg 的 4.98℃到 US-Var 的 18.58℃。此外，表 4-2 中还列出了环境变量与各碳通量之间的相关系数。由表可知，通常站点 GPP 和 RE 与环境变量的相关性强于 NEE 与环境变量的相关性。DE-Hai、SE-Deg 和 BE-Lon 的变量 T_a、T_s 和 R_n 与 GPP 和 RE 都呈显著的正相关关系，而与 NEE 呈很强的负相关关系。

4.3　主要机器学习方法与性能评价

4.3.1　机器学习方法

　　ANN 模型具有并行计算的处理结构，能够反映输入变量和输出变量之间的非线性关系。在本书中，采用的 ANN 是指基于反向传播算法的前馈神经网络。对于回归问题，ANN 模型的模拟和预测能力很大程度上取决于网络结构、学习函数、传递函数以及在模型训练和泛化阶段所采用的数据质量[40]。本书使用被广泛采用的单个隐含层神经网络，因其具有强大的非线性逼近能力[41]，并且采用试错法来确定隐藏层的最佳节点数目。训练算法采用 Levenberg-Marquardt 算法，因其具有比共轭梯度算法更快的收敛速度[42]。在三层 ANN 模型的传递函数方面，通过试错的方式确定隐藏层和输出层的传递函数分别为双曲正切 sigmoid 函数（tansig）和线性函数（purelin）。

　　ELM 方法是一种具有单隐层的前馈神经网络，最早由 Huang 等[43]提出。它是一种比较新的机器学习方法，已经成功地被应用于解决不同领域的非线性问题[28,44]。ELM 模型的输入权重是随机产生的，而输出权重是通过解析的方式确定的。此外，ELM 模型的运行无须过多的人工干预。这些特点为 ELM 方法带来了许多优越性，比如与其他传统的机器学习方法相比，学习速度和收敛速度要快得多。此外，需要强调的是，选择一个合适的激活函数对 ELM 方法的泛化性能起着至关重要的作用[31]。在本书中，所构建的 ELM 模型的隐藏层和输出层的传递函数分别采用最常用的 sigmoid 函数和线性激活函数。

　　ANFIS 方法是由自适应 ANN 和模糊推理系统（fuzzy inference system，FIS）整合而成，并成功地融合了它们各自的优势。FIS 主要由 Sugeno 和 Mamdani 两种类型生成[29]，后件部分的设计导致了这两种 FIS 系统的差异，Sugeno FIS 利用线性函数或常数，而 Mamdani FIS 则采用模糊隶属函数。本书采用被广泛使用的 Sugeno FIS 来构建 ANFIS 模型。ANFIS 中的参数包括前件参数和后件参数。这些参数一般是通过混合学习算法来进行优化，即误差反向传播和最小二乘算法[29]。在前件中采用最小二乘算法确定结果部分的线性参数，而在后件中则采用基于梯度下降的误差反传播算法确定前件部分的非线性参数。此外，由于隶属函数及其规则的数量对 ANFIS 模型的效果和效率都有很大的影响，因此，选择合适的算法来生成 FIS 对构建 ANFIS 模型也至关重要[45]。网格分割算法（grid partitioning）、模糊 C 均值聚类算法（fuzzy c-means clustering，FCM）和减法聚类算法（subtractive clustering）是三种最为常用的生成 FIS 算法。虽然网格分割算法是其他领域研究中最常用的方法[46,47]，但在隶属函数的选择和每个输入变量的隶属函数等方面存在一定局限性。因此，本书采用模糊 C 均值聚类算法来生成 FIS。

SVM 方法是在统计学习理论和结构风险最小化原理基础上提出的[48]，已被广泛地证明是有效解决复杂非线性回归问题的强力工具[49]。SVM 模型的最大特点是采用内核技巧在高维特征空间中寻找最优分离超平面，并且由于其具有需要调整的参数较少和搜寻全局最优解等方面的优势，使得 SVM 方法具有非常强的泛化能力，从而被广泛地应用于众多领域[50-52]。此外，选择一个合适的核函数及其相关参数，对 SVM 的泛化性能有着显著的影响。目前，最常用的核函数主要包括径向基函数（RBF）、sigmoid、线性和多项式核函数。根据本书的研究数据，广泛采用 RBF 内核函数可以提供较为理想的性能。因此，本书利用 RBF 算法作为核函数来构建 SVM 模型。在模型训练过程中，需要确定的三个关键参数包括不敏感误差带宽、内核宽度和正则化因子。在本书中，不敏感误差带宽默认设置为 0.01，其他两个参数通过网格搜索法确定[53]。所有的 SVM 模型均基于 LIBSVM 软件包进行构建[54]。

4.3.2　模型构建

本书构建四种不同的数据驱动模型，即 ANN、ELM、ANFIS 和 SVM，并对其预测性能进行比较，以估算四种不同陆地生态系统的碳通量。采用相同的环境变量（T_a、T_s、R_n、R_h）作为模型输入来模拟和预测碳通量（GPP、RE 和 NEE），以期获得不同碳通量和生态系统之间预测性能的合理比较。表 4-2 显示了这些输入变量与每种碳通量成分之间的关系。所有站点都使用 6 年完整的环境变量和碳通量数据，表 4-1 列出了每个站点的选定时期。为了防止出现过拟合现象，更好地检验模型的泛化能力，将 6 年日尺度数据划分为三个子数据集，其中前 4 年数据用于模型训练，第 5 年数据用于模型验证，最后 1 年数据用于模型预测（或测试）。在各模型训练之前，所有输入和输出变量都进行归一化处理，数值范围为[0,1]。本书中构建的机器学习模型程序及模拟结果统计均在 MATLAB（8.2 版，R2013b）中实现，其工具箱主要涉及神经网络工具箱 8.1 和模糊逻辑工具箱 2.2.18，分别利用这两个工具箱构建 ANN 和 ANFIS 模型。

4.3.3　性能评价

为了评估本书所构建机器学习模型的性能，在模型训练阶段、验证阶段和测试阶段，同时使用 4 个指数对模型的模拟和泛化能力进行评价，包括决定系数（R^2）、一致性指数（IA）、均方根误差（RMSE）和平均绝对误差（MAE）。这些性能指数的定义为

$$R^2 = \left[\frac{\sum_{i=1}^{N}(Y_{o,i} - \overline{Y_o})(Y_{m,i} - \overline{Y_m})}{\sqrt{\sum_{i=1}^{N}(Y_{o,i} - \overline{Y_o})^2 \sum_{i=1}^{N}(Y_{m,i} - \overline{Y_m})^2}} \right]^2 \tag{4-1}$$

$$IA = 1 - \frac{\sum_{i=1}^{N}(Y_{o,i} - Y_{m,i})^2}{\sum_{i=1}^{N}(|Y_{o,i} - \overline{Y_o}| + |Y_{m,i} - \overline{Y_o}|)^2} \tag{4-2}$$

$$RMSE = \sqrt{\frac{1}{N}\sum_{i=1}^{N}(Y_{o,i} - Y_{m,i})^2} \qquad (4\text{-}3)$$

$$MAE = \frac{1}{N}\sum_{i=1}^{N}|Y_{o,i} - Y_{m,i}| \qquad (4\text{-}4)$$

式中，Y_o 和 Y_m 分别为观测值和模拟值；$\overline{Y_o}$ 和 $\overline{Y_m}$ 分别为观测和模拟数据的平均值；N 为观测数据的数目。

4.4　主要结果分析

4.4.1　机器学习在不同陆地生态系统中的 GPP 模拟

本书使用 R^2、IA、RMSE 和 MAE 4 个性能指标来评价构建的模型在估算不同陆地生态系统 GPP、RE 和 NEE 上的精度。R^2 和 IA 值越大，RMSE 和 MAE 值越小，说明模型性能越高。表 4-3 显示了本书所构建的机器学习模型在 4 个站点上估算 GPP 的结果，分为训练、验证和测试三个阶段。对于 US-Var 站点，由表 4-3 可知，ANN 模型在测试阶段的表现优于其他模型，R^2 和 IA 的值最高，RMSE 的值最低。其次是 SVM 模型。综合上述 4 个性能指标来看，ELM 模型的预测性能最差。与 US-Var 站点不同，DE-Hai 站点的 SVM 模型在测试阶段普遍给出了较差的结果，ELM 模型略优于 SVM 模型。ANN 模型和 ANFIS 模型的性能相近，它们在 R^2、IA、RMSE 和 MAE 方面的表现都优于 ELM 和 SVM 模型。与 DE-Hai 站点类似，在 BE-Lon 站点的测试阶段，SVM 模型的性能也是在 4 个模型中表现最差的。ANN 模型在 R^2 方面的表现优于其他三个模型，而 ANFIS 模型在 IA、RMSE 和 MAE 方面的表现最佳。对于 SE-Deg 站点，SVM 模型在测试阶段表现出最低的精度，这与 US-Var 和 DE-Hai 站点的情况一致。特别需要指出的是，对于 SE-Deg 站点，ELM 模型的 R^2、IA、RMSE 和 MAE 统计量在测试阶段都表现得最佳。

表 4-3　机器学习模型在不同陆地生态系统中模拟 GPP 的性能比较

站点	模型	训练				验证				测试			
		R^2	IA	RMSE	MAE	R^2	IA	RMSE	MAE	R^2	IA	RMSE	MAE
US-Var	ANN	0.8592	0.9610	1.1528	0.7545	0.7625	0.9286	1.3180	0.8194	0.8702	0.9635	1.0750	0.7603
	ELM	0.7062	0.9073	1.6647	1.1991	0.7492	0.9184	1.3606	0.9920	0.7910	0.9204	1.4441	1.0426
	ANFIS	0.8540	0.9594	1.1737	0.7627	0.7458	0.9187	1.3841	0.8387	0.8387	0.9536	1.2097	0.7866
	SVM	0.8687	0.9627	1.1177	0.6380	0.7324	0.9132	1.4242	0.8466	0.8657	0.9596	1.1154	0.7195
DE-Hai	ANN	0.9485	0.9866	1.0457	0.7030	0.9513	0.9843	1.1202	0.8196	0.9289	0.9808	1.3026	0.8607
	ELM	0.9101	0.9760	1.3817	0.9800	0.9250	0.9741	1.4659	1.0724	0.9186	0.9779	1.4194	0.9771
	ANFIS	0.9492	0.9868	1.0389	0.7029	0.9424	0.9815	1.2178	0.8757	0.9282	0.9807	1.3071	0.8406
	SVM	0.9627	0.9905	0.8905	0.5354	0.9333	0.9802	1.2357	0.8868	0.9078	0.9754	1.4870	0.9484
BE-Lon	ANN	0.5411	0.8365	3.8617	2.7165	0.2790	0.6207	7.0269	5.0907	0.6087	0.7649	5.2494	3.6936
	ELM	0.4785	0.8003	4.1139	3.0721	0.4210	0.6967	6.3916	4.8159	0.5716	0.7795	5.1850	3.8275
	ANFIS	0.5436	0.8362	3.8483	2.7080	0.2489	0.6226	7.0731	5.1341	0.5817	0.7816	5.1180	3.5751
	SVM	0.4831	0.8036	4.1859	2.6663	0.3493	0.6509	6.9587	4.8664	0.5513	0.7484	5.5643	3.7499

站点	模型	训练				验证				测试			
		R^2	IA	RMSE	MAE	R^2	IA	RMSE	MAE	R^2	IA	RMSE	MAE
SE-Deg	ANN	0.8333	0.9532	0.4670	0.3111	0.8267	0.9311	0.5559	0.3764	0.8978	0.9223	0.5936	0.3940
	ELM	0.8155	0.9472	0.4912	0.3301	0.8269	0.9287	0.5762	0.3780	0.9014	0.9231	0.5924	0.3703
	ANFIS	0.8277	0.9512	0.4747	0.3181	0.8314	0.9297	0.5674	0.3803	0.8884	0.9158	0.6206	0.4122
	SVM	0.8743	0.9661	0.4068	0.2307	0.8310	0.9172	0.6543	0.4174	0.8483	0.9029	0.6782	0.4093

表 4-4 统计了四种模型在测试阶段对 4 个站点碳通量估算的总体性能。总体上，ANN 模型在 GPP 测试阶段的表现最佳，具有最高的 R^2 和 IA 值、最低的 RMSE 值，而 SVM 模型具有表现最差的 R^2、IA 和 RMSE 值。此外，排在第二位的 ANFIS 模型性能略优于 ELM 模型。

表 4-4　不同机器学习方法在所有站点上的测试阶段估算碳通量的性能比较

模型	GPP				RE				NEE			
	R^2	IA	RMSE	MAE	R^2	IA	RMSE	MAE	R^2	IA	RMSE	MAE
ANN	0.8264	0.9079	2.0552	1.4272	0.7627	0.8951	1.0096	0.7245	0.6974	0.8478	1.5560	1.1029
ELM	0.7957	0.9002	2.1602	1.5544	0.7470	0.8883	1.0451	0.7481	0.6474	0.8244	1.6292	1.1858
ANFIS	0.8092	0.9079	2.0638	1.4036	0.7335	0.8877	1.0436	0.7387	0.6662	0.8451	1.5750	1.0863
SVM	0.7933	0.8966	2.2112	1.4568	0.7220	0.8758	1.0902	0.7481	0.6561	0.8327	1.6374	1.1141

表 4-5 统计了所有构建的模型在测试阶段对各个站点碳通量估算的总体性能。根据 R^2 和 IA 值来看，这些机器学习模型在 DE-Hai 站点上的表现最佳，而在 BE-Lon 站点上的表现最差。

表 4-5　机器学习模型在不同站点上的测试阶段估算碳通量的性能比较

站点	GPP				RE				NEE			
	R^2	IA	RMSE	MAE	R^2	IA	RMSE	MAE	R^2	IA	RMSE	MAE
US-Var	0.8414	0.9493	1.2111	0.8273	0.7973	0.9282	0.8453	0.5810	0.6922	0.8957	0.8870	0.5729
DE-Hai	0.9209	0.9787	1.3790	0.9067	0.8378	0.9288	0.7934	0.5556	0.8836	0.9656	1.2938	0.8383
BE-Lon	0.5783	0.7686	5.2792	3.7115	0.6686	0.8136	2.0952	1.5186	0.4119	0.6871	3.7710	2.8172
SE-Deg	0.8840	0.9160	0.6212	0.3964	0.6615	0.8764	0.4545	0.3043	0.6795	0.8016	0.4459	0.2606

图 4-1 以散点图的形式比较了 4 个站点利用机器学习模型在测试阶段估算与实测的 GPP 一致性。结合所给出的拟合线方程和 RMSE、R^2 值，DE-Hai 站点上的所有模型在测试阶段的拟合线明显比其他三个站点上所有模型的拟合线更接近 1∶1 线。此外，BE-Lon 站点表现出更大的分散性。图 4-2 以时间序列的形式展现了各站点表现最佳的模型预测 GPP 值与实测值的比较。在 DE-Hai 站点，ANFIS 模型在测试阶段的模拟值与实测值达到高度的一致。然而，在 BE-Lon 站点，测试阶段 GPP 预测的峰值严重低于相应的 GPP 实测值。而在 SE-Deg 站点，测试阶段 GPP 预测的峰值严重高于相应的 GPP 实测值。图 4-1 的散点图也证实了这些结果。

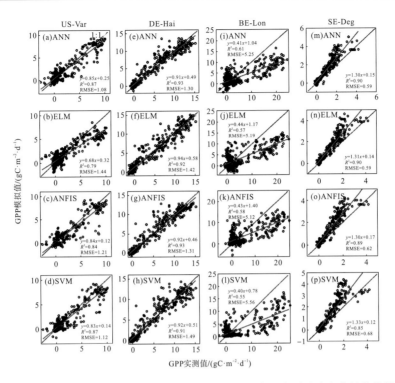

图 4-1　机器学习方法模拟与实测的 GPP 通量在 4 个站点测试阶段的性能比较

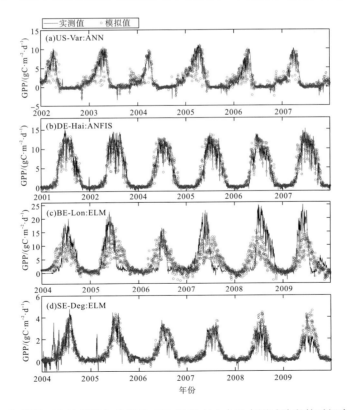

图 4-2　机器学习方法模拟与实测的 GPP 通量在 4 个站点测试阶段的时间序列比较

4.4.2　机器学习在不同陆地生态系统中的 RE 模拟

表 4-6 比较了在 4 个站点上本书所构建的机器学习模型在训练、验证和测试三个阶段分别估算 RE 的结果。在 US-Var 站点，ANN 模型在测试阶段的 4 项性能指标(R^2、IA、RMSE 和 MAE)都有最佳的表现，而 ELM 模型表现最差。根据上述 4 项性能指标，机器学习模型在测试阶段的表现按最优到最差的排序如下：ANN、SVM、ANFIS 和 ELM。但在 DE-Hai 站点，ELM 模型在测试阶段的性能优于其他模型，而 SVM 模型的精度最低。测试阶段所使用的模型性能按最优到最差的排序为：ELM、ANFIS、ANN 和 SVM。对于 BE-Lon 站点，在测试阶段，ANN 和 ELM 模型的预测精度相近，都优于 ANFIS 和 SVM 模型。与 DE-Hai 和 BE-Lon 站点相一致，在 SE-Deg 站点，SVM 模型在测试阶段表现最差，而 ELM 模型表现最好。

表 4-6　机器学习模型在不同陆地生态系统中模拟 RE 的性能比较

站点	模型	训练				验证				测试			
		R^2	IA	RMSE	MAE	R^2	IA	RMSE	MAE	R^2	IA	RMSE	MAE
US-Var	ANN	0.8550	0.9596	0.6533	0.4307	0.7577	0.9149	0.8922	0.5860	0.8345	0.9474	0.7539	0.5381
	ELM	0.7068	0.9070	0.9283	0.6614	0.6911	0.8897	0.9859	0.6952	0.7448	0.8979	0.9550	0.6475
	ANFIS	0.8428	0.9558	0.6796	0.4569	0.7551	0.9103	0.9090	0.6059	0.7968	0.9327	0.8455	0.5750
	SVM	0.8777	0.9639	0.6087	0.3430	0.7353	0.9066	0.9408	0.6186	0.8131	0.9346	0.8268	0.5632
DE-Hai	ANN	0.8535	0.9589	0.5830	0.3934	0.8557	0.9608	0.6393	0.4385	0.8378	0.9304	0.7861	0.5471
	ELM	0.7700	0.9311	0.7304	0.5136	0.8417	0.9558	0.6430	0.4925	0.8478	0.9348	0.7574	0.5493
	ANFIS	0.8360	0.9535	0.6168	0.4135	0.8608	0.9613	0.6019	0.4285	0.8380	0.9270	0.8003	0.5487
	SVM	0.8669	0.9622	0.5585	0.3442	0.8526	0.9601	0.6253	0.4250	0.8277	0.9229	0.8299	0.5773
BE-Lon	ANN	0.7192	0.9123	1.1883	0.8219	0.4461	0.7840	1.7565	1.3434	0.6906	0.8206	2.0531	1.5010
	ELM	0.6808	0.8968	1.2669	0.9167	0.4904	0.7984	1.7194	1.3455	0.6864	0.8271	2.0526	1.5091
	ANFIS	0.7220	0.9136	1.1824	0.8208	0.4338	0.7750	1.8004	1.3976	0.6546	0.8213	2.0667	1.5073
	SVM	0.7301	0.9121	1.1819	0.7247	0.4381	0.7608	1.8199	1.4177	0.6430	0.7856	2.2085	1.5570
SE-Deg	ANN	0.7739	0.9327	0.3282	0.2128	0.3038	0.6372	0.6093	0.4049	0.6881	0.8819	0.4452	0.3118
	ELM	0.7229	0.9149	0.3633	0.2340	0.3079	0.6402	0.6033	0.4003	0.7089	0.8935	0.4156	0.2866
	ANFIS	0.7591	0.9280	0.3387	0.2100	0.3175	0.6506	0.5889	0.3765	0.6447	0.8699	0.4618	0.3239
	SVM	0.8058	0.9448	0.3084	0.1531	0.3432	0.6648	0.5955	0.3739	0.6042	0.8602	0.4956	0.2950

如表 4-4 所示，在 4 个站点上对 RE 的估算，ANN 模型的性能最好，其次是 ELM 和 ANFIS，而 SVM 模型在 R^2、IA 和 RMSE 指标上的精度最低。此外，为了进一步检验各站点在 RE 预测方面的差异，从表 4-5 可以得出：与 GPP 预测类似，所有模型在 DE-Hai 站点上普遍表现出最好的 RE 预测性能，而在 BE-Lon 站点，这些模型提供了最差的 R^2 和 IA 值。

图 4-3 为在 4 个站点上利用机器学习模型在测试阶段对实测和模拟 RE 值的比较。由图可知，在 SE-Deg 站点上所有模型的拟合线都非常接近于 1∶1 线，而在 DE-Hai 站点，所有模型的 R^2 值均高于在其他 3 个站点上相应模型的 R^2 值。在 BE-Lon 站点，所有构建的模型都提供了较为分散的散点图。图 4-4 为在各站点上表现最佳的模型模拟的 RE 值与

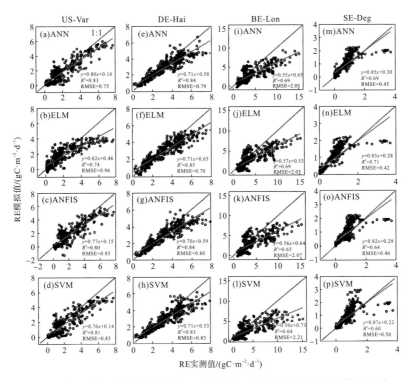

图 4-3　机器学习模拟与实测的 RE 通量在 4 个站点测试阶段的性能比较

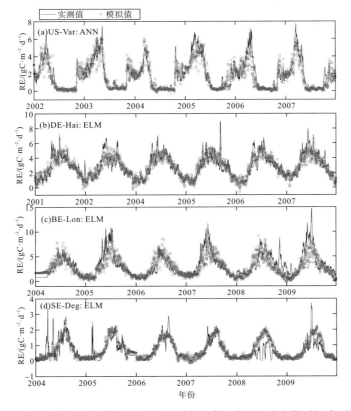

图 4-4　机器学习模拟与实测的 RE 通量在 4 个站点测试阶段的时间序列比较

实测值的比较。可以清楚地看到，这些模型普遍地低估了测试阶段的峰值。然而，与其他3 个站点不同的是，SE-Deg 站点测试阶段的大部分 RE 模拟值被严重地高估。

4.4.3 机器学习在不同陆地生态系统中的 NEE 模拟

表 4-7 统计了在 4 个站点上分别使用 ANN、ELM、ANFIS 和 SVM 模型训练、验证和测试 NEE 的结果。在 US-Var 站点上的测试阶段，ANN 模型在性能指标 R^2、IA、RMSE 和 MAE 上的表现最佳，而 ELM 模型在这些性能指标上的表现最差。同样，在 DE-Hai 站点，ELM 模型在测试阶段的精度也是最低的。然而，ANFIS 模型稍微优于其他模型。与上述两个站点不同，在 BE-Lon 和 SE-Deg 站点，SVM 模型在预测 NEE 通量方面的表现最差，而 ANN 模型在性能指标 R^2、IA、RMSE 和 MAE 上的表现最优。

表 4-7　机器学习模型在不同陆地生态系统中模拟 NEE 的性能比较

站点	模型	训练				验证				测试			
		R^2	IA	RMSE	MAE	R^2	IA	RMSE	MAE	R^2	IA	RMSE	MAE
US-Var	ANN	0.7313	0.9167	0.9147	0.6058	0.6352	0.8866	0.8377	0.5852	0.7360	0.9197	0.8269	0.5417
	ELM	0.5734	0.8475	1.1521	0.7852	0.6652	0.8890	0.7889	0.5404	0.6327	0.8492	0.9742	0.6370
	ANFIS	0.7174	0.9117	0.9376	0.6139	0.4892	0.8224	0.9990	0.6377	0.6913	0.9052	0.8875	0.5469
	SVM	0.7806	0.9351	0.8267	0.4699	0.5489	0.8547	0.9643	0.6344	0.7087	0.9088	0.8592	0.5660
DE-Hai	ANN	0.9102	0.9762	1.0536	0.6967	0.8724	0.9616	1.2915	0.8941	0.8858	0.9664	1.2851	0.8214
	ELM	0.8400	0.9549	1.4042	0.9633	0.8457	0.9439	1.5592	1.1142	0.8774	0.9628	1.3603	0.9601
	ANFIS	0.9124	0.9766	1.0389	0.6710	0.8946	0.9664	1.1876	0.8218	0.8883	0.9673	1.2612	0.7590
	SVM	0.9432	0.9851	0.8371	0.4748	0.8497	0.9557	1.3063	0.9243	0.8828	0.9658	1.2685	0.8128
BE-Lon	ANN	0.3937	0.7460	3.1244	2.2439	0.1287	0.4734	6.0160	4.6551	0.4651	0.6915	3.6836	2.7949
	ELM	0.3440	0.7105	3.2497	2.3517	0.2758	0.5522	5.6063	4.3186	0.4131	0.6826	3.7433	2.8915
	ANFIS	0.4159	0.7629	3.0666	2.1427	0.0634	0.4697	6.2296	4.8025	0.4165	0.7090	3.7038	2.7785
	SVM	0.3517	0.7278	3.2730	2.1132	0.1445	0.5192	6.0359	4.5234	0.3527	0.6654	3.9532	2.8039
SE-Deg	ANN	0.7194	0.9137	0.3359	0.2210	0.7463	0.9199	0.4361	0.2815	0.7028	0.8135	0.4285	0.2536
	ELM	0.6379	0.8804	0.3811	0.2485	0.7453	0.9047	0.4510	0.2939	0.6666	0.8029	0.4388	0.2546
	ANFIS	0.6608	0.8902	0.3688	0.2379	0.7369	0.9025	0.4553	0.2980	0.6685	0.7989	0.4476	0.2607
	SVM	0.7619	0.9296	0.3091	0.1784	0.7067	0.9088	0.4686	0.2963	0.6800	0.7910	0.4685	0.2736

由表 4-4 可知，对于 NEE 估算，ANN 模型在训练、验证和测试阶段上的性能都优于其他模型。根据 R^2、IA、RMSE 和 MAE 性能指标，4 种模型的总体性能按照最优到最差的排序如下：ANN、ANFIS、SVM 和 ELM。此外，从表 4-5 可以看出，与 GPP 和 RE 预测类似，根据 R^2 和 IA 性能指标，所有模型在 DE-Hai 站点上的表现最优，其次是 US-Var 站点，而在 BE-Lon 站点上的表现最差。

图 4-5 为在 4 个站点上利用机器学习模型在测试阶段对 NEE 实测值和模拟值的比较。结合各个模型相应的拟合线方程和 R^2 值，在 DE-Hai 站点所有模型的拟合线都比较接近理想的拟合线（1∶1 线）。然而，在 BE-Lon 站点，所有构建的模型都提供了较为分散的散点图。此外，从图 4-6 可以看出，在模型测试阶段，在 DE-Hai 站点上 ANFIS 模型的模拟值

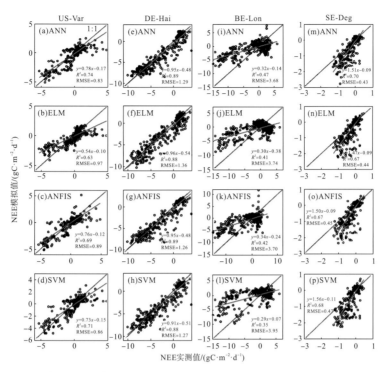

图 4-5 　机器学习模拟与实测的 NEE 通量在 4 个站点测试阶段的性能比较

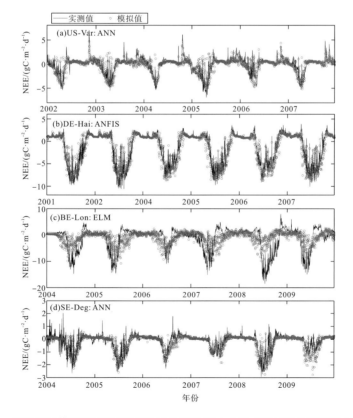

图 4-6 　机器学习模拟与实测的 NEE 通量年份在 4 个站点测试阶段的时间序列比较

与其相应的实测值较为接近。然而，在 BE-Lon 站点，ELM 模型的模拟值与其相应的实测值吻合性较差，尤其是在生长季。

4.5 讨 论

4.5.1 机器学习模型的性能及其比较

估算结果表明本书所提出的模型(ANN、SVM 、ELM 和 ANFIS)在描述环境变量和碳通量之间复杂的非线性关系方面具有非常大的潜力。总体来说，这些模型都能够合理地再现日尺度上的碳通量，获得令人满意的结果，特别是在估算森林生态系统 GPP 通量方面。此外，估算结果显示 ANN 方法在整体上表现出最好的预测性能，其次是 ANFIS 和 ELM，而 SVM 的表现最差(表 4-4)。因此，可以得出传统的 ANN 方法对于陆地碳通量估算仍具有足够的泛化性能[55-56]。此外，两种相对较新的方法(ANFIS 和 ELM)获得了相近的估算结果，并与传统的 ANN 和 SVM 方法相当。具体来说，ANFIS 由人工神经网络和模糊系统整合而成。将模糊系统集成到人工神经网络中的目的是采用模糊逻辑的知识表达形式来识别训练好的神经网络内的信息。因此，在理论上，耦合了模糊理论的 ANFIS 方法似乎优于 ANN 方法，并且这一观点已经在其他领域的应用研究中得到验证[57-59]。然而，本书的估算结果表明 ANFIS 方法在碳通量预测方面的性能普遍弱于 ANN 方法(表 4-4)，这与 Kisi 和 Shiri[60]对长期的气温预测结果完全一致。此外，需要注意的是，生成 FIS 的识别算法在一定程度上会影响 ANFIS 的预测性能[61]，这说明其他可供选择的识别算法(如网格分割和减法聚类算法)可能会提高 ANFIS 的泛化能力。此外，在本书的研究中，ELM 方法不仅呈现出较高的预测性能，而且其在算法执行过程中只需要设置网络隐含层的节点数目，不需要调整网络的输入权值以及隐含层的偏置，因此在计算量和时间复杂度上相对于其他三种方法都表现出较为明显的优势，这也是 ELM 方法优于其他传统神经网络和机器学习算法的关键所在。

4.5.2 机器学习模型在不同碳通量上的预测能力

根据估算结果可知(表 4-4)，本书提出的数据驱动模型能够合理地再现陆地生态系统的碳通量(GPP、RE 和 NEE)，并且这些模型在这三个通量上的表现存在明显的性能差异。具体而言，这些模型在 GPP 预测方面的表现最好，其次是 RE，而在 NEE 方面的表现最差，这些结果与 Jung 等[62]和 Tramontana 等[63]的研究结果一致。目前来说，准确地描述全球变化下陆地碳通量的动态特征并进行预测，无论是对于数据驱动模型还是对于物理模型都是巨大的挑战[64,65]，主要原因在于实践中这些模型都无法完美地捕捉到陆地碳通量数据背后隐藏的有用知识，尤其是对于 NEE 通量。对于本书提出的数据驱动模型，鉴于近几年来混合模型已经在其他领域得到了成功的应用，在后续工作中，我们可以尝试通过使用元启发式算法[66]，如遗传算法[67]、粒子群优化[68]对本书所构建的模型进行优化，进而提高对陆地碳通量的泛化性能。

此外，模型对各种碳通量的预测能力在一定程度上还受到观测的通量数据本身不确定性的限制。这些不确定性部分可能是由于在通量数据观测中存在的噪声引起的，根据这些噪声的来源，所产生的误差通常可分为随机误差和系统误差[69]。Menzer 等[70]指出在分离和消除随机误差和系统误差方面存在很大的挑战。此外，在处理涡度相关技术测量的通量数据时，不同方法的选择也可能导致数据存在不确定性[39]。

4.5.3　机器学习模型在不同陆地生态系统上的预测能力

本书的研究结果清楚地表明机器学习技术在不同陆地生态系统碳通量估算方面存在明显的性能差异(表 4-5)。这表明在使用上述技术估算陆地生态系统碳通量时，陆地生物群落(例如物种组成、生物结构和生物、物理过程等特征)在预测性能方面起着重要的作用。本书所构建的机器学习模型在森林生态系统(DE-Hai)通量估算方面取得了最佳的性能，而在农田生态系统(BE-Lon)表现最差。

此外，对于湿地生态系统(SE-Deg)，这些模型在 GPP 估算上取得了第二优的预测能力，而对于草地生态系统(US-Var)，这些模型在 RE 和 NEE 估算上取得了第二优的性能。然而，针对不同陆地生态系统碳通量的估算，Melesse 和 Hanley[71]得出了不一致的结论，即 ANN 模型在农田(小麦)生态系统中的预测精度高于森林和草原生态系统。不一致的原因可能是 Melesse 和 Hanley[71]采用的是在生长季时(只有 15 天)收集的数据，由于农田生态系统在此阶段具有更加成熟稳定的冠层结构，因此有助于提高 ANN 模型的预测性能。然而，由不同树种组成的混交林生态系统的生物结构较为复杂且不稳定，而草地生态系统更容易受到放牧等管理活动的干扰，这些因素都会在一定程度上阻碍 ANN 模型的泛化性能。因此，本书采用 4 个代表性生态系统连续 6 年的观测数据构建模型，能够更好地反映碳通量的季节性和年际变化，可为碳通量估算提供更加深入的认识。

4.6　本 章 小 结

本章研究的主要目的是检验两个相对较新的方法(ELM 和 ANFIS 方法)在估算陆地生态系统碳通量方面的适用性。为了进一步探讨这两种方法的有效性，本章还构建了两个广泛使用的 ANN 和 SVM 模型，同时采用四种比较常见的性能指标来评价这些模型的预测性能。基于上述目标，本章获得的主要结论如下。

(1)本章所提出的机器学习方法在描述陆地生态系统碳通量复杂的非线性变化方面具有很强的能力，并产生了令人满意的结果。

(2)整体来说，传统的 ANN 方法在陆地碳通量估算方法表现出最佳的预测性能，其次是 ANFIS 和 ELM，而 SVM 的表现最差。此外，ELM 和 ANFIS 方法均表现出较好的鲁棒性和灵活性，尤其是 ELM 方法在计算效率方面具有明显的优势。因此，在估算陆地生态系统碳通量时，ELM 和 ANFIS 方法可被认为是能有效替代 ANN 和 SVM 的方法。

(3)本章构建的数据驱动模型能够合理地再现陆地生态系统的碳通量(GPP、RE 和 NEE)，但在这三个通量上的表现存在明显的性能差异。这些模型在 GPP 预测方面的表现最好，其次是 RE，而在 NEE 方面的表现最差。

(4)机器学习技术在不同陆地生态系统碳通量估算方面存在明显的性能差异，这些模型在森林生态系统上取得了最佳的性能，而在农田生态系统上的表现最差。

基于上述结论，可以发现这些先进的机器学习技术在预测陆地生态系统碳通量方面取得了令人满意的效果，可为从区域到全球尺度上的碳通量估算提供有效的技术工具，从而为科学界获得准确的全球碳源汇信息提供帮助。

参 考 文 献

[1] Tian H，Lu C，Ciais P，et al. The terrestrial biosphere as a net source of greenhouse gases to the atmosphere[J]. Nature，2016，531(7593)：225-228.

[2] Frank D，Reichstein M，Bahn M，et al. Effects of climate extremes on the terrestrial carbon cycle：Concepts，processes and potential future impacts[J]. Global Change Biology，2015，21(8)：2861-2880.

[3] Zscheischler J，Reichstein M，Von Buttlar J，et al. Carbon cycle extremes during the 21st century in CMIP5 models：Future evolution and attribution to climatic drivers[J]. Geophysical Research Letters，2014，41(24)：8853-8861.

[4] Richardson A D，Keenan T F，Migliavacca M，et al. Climate change，phenology，and phenological control of vegetation feedbacks to the climate system[J]. Agricultural and Forest Meteorology，2013，169：156-173.

[5] Wenzel S，Cox P M，Eyring V，et al. Emergent constraints on climate—carbon cycle feedbacks in the CMIP5 Earth system models[J]. Journal of Geophysical Research：Biogeosciences，2014，119(5)：794-807.

[6] Thomas R Q，Brookshire E N J，Gerber S. Nitrogen limitation on land：How can it occur in Earth system models？[J]. Global Change Biology，2015，21(5)：1777-1793.

[7] Pongratz J，Reick C H，Houghton R，et al. Terminology as a key uncertainty in net land use and land cover change carbon flux estimates[J]. Earth System Dynamics，2014，5：177-195.

[8] Yang Y，Donohue R J，McVicar T R，et al. Long-term CO_2 fertilization increases vegetation productivity and has little effect on hydrological partitioning in tropical rainforests[J]. Journal of Geophysical Research：Biogeosciences，2016，121(8)：2125-2140.

[9] Thompson R L，Patra P K，Chevallier F，et al. Top-down assessment of the Asian carbon budget since the mid 1990s[J]. Nature Communications，2016，7(1)：1-10.

[10] Ott L E，Pawson S，Collatz G J，et al. Assessing the magnitude of CO_2 flux uncertainty in atmospheric CO_2 records using products from NASA's Carbon Monitoring Flux Pilot Project[J]. Journal of Geophysical Research：Atmospheres，2015，120(2)：734-765.

[11] Welp L R，Patra P K，Rödenbeck C，et al. Increasing summer net CO_2 uptake in high northern ecosystems inferred from atmospheric inversions and comparisons to remote-sensing NDVI[J]. Atmospheric Chemistry and Physics，2016，16(14)：9047-9066.

[12] Molina P，Broquet P，Imbach P，et al. On the ability of a global atmospheric inversion to constrain variations of CO_2 fluxes over Amazonia[J]. Atmospheric Chemistry and Physics，2015，15：8423-8438.

[13] Schwalm C R，Huntzinger D N，Fisher J B，et al. Toward "optimal" integration of terrestrial biosphere models[J]. Geophysical Research Letters，2015，42(11)：4418-4428.

[14] Huntzinger D N，Schwalm C，Michalak A M，et al. The north american carbon program multi-scale synthesis and terrestrial

model intercomparison project—Part 1：Overview and experimental design[J]. Geoscientific Model Development Discussions，2013，6：2121-2133.

[15] Keenan T F，Davidson E A，Munger J W，et al. Rate my data：Quantifying the value of ecological data for the development of models of the terrestrial carbon cycle[J]. Ecological Applications，2013，23(1)：273-286.

[16] Thum T，Aalto T，Laurila T，et al. Assessing seasonality of biochemical CO_2 exchange model parameters from micrometeorological flux observations at boreal coniferous forest[J]. Biogeosciences，2008，5(6)：1625-1639.

[17] Kuppel S，Chevallier F，Peylin P. Quantifying the model structural error in carbon cycle data assimilation systems[J]. Geoscientific Model Development，2013，6(1)：45-55.

[18] Baldocchi D. Measuring fluxes of trace gases and energy between ecosystems and the atmosphere—The state and future of the eddy covariance method[J]. Global Change Biology，2014，20(12)：3600-3609.

[19] Kuppel S，Peylin P，Chevallier F，et al. Constraining a global ecosystem model with multi-site eddy-covariance data[J]. Biogeosciences，2012，9(10)：3757-3776.

[20] Elshorbagy A，Corzo G，Srinivasulu S，et al. Experimental investigation of the predictive capabilities of data driven modeling techniques in hydrology—Part 1：Concepts and methodology[J]. Hydrology and Earth System Sciences，2010，14(10)：1931-1941.

[21] Jordan M I，Mitchell T M. Machine learning：Trends，perspectives，and prospects[J]. Science，2015，349(6245)：255-260.

[22] Langley P. The changing science of machine learning[J]. Machine Learning，2011，82(3)：275-279.

[23] Olden J D，Lawler J，Poff N L R. Machine learning methods without tears：A primer for ecologists[J]. The Quarterly Review of Biology，2008，83(2)：171-193.

[24] Moffat A M，Beckstein C，Churkina G，et al. Characterization of ecosystem responses to climatic controls using artificial neural networks[J]. Global Change Biology，2010，16(10)：2737-2749.

[25] Liu S Q，Zhuang Q L，He Y J，et al. Evaluating atmospheric CO_2 effects on gross primary productivity and net ecosystem exchanges of terrestrial ecosystems in the conterminous United States using the AmeriFlux data and an artificial neural network approach[J]. Agricultural and Forest Meteorology，2016，220：38-49.

[26] Yang F，Ichii K，White M A，et al. Developing a continental-scale measure of gross primary production by combining MODIS and AmeriFlux data through support vector machine approach[J]. Remote Sensing of Environment，2007，110(1)：109-122.

[27] Xiao J F，Ollinger S V，Frolking S，et al. Data-driven diagnostics of terrestrial carbon dynamics over North America[J]. Agricultural and Forest Meteorology，2014，197：142-157.

[28] Huang G，Huang G B，Song S，et al. Trends in extreme learning machines：A review[J]. Neural Networks，2015，61：32-48.

[29] Jang J S R. ANFIS：Adaptive-network-based fuzzy inference system[J]. IEEE Transactions on Systems，Man，and Cybernetics，1993，23(3)：665-685.

[30] Patil A P，Deka P C. Performance evaluation of hybrid Wavelet-ANN and Wavelet-ANFIS models for estimating evapotranspiration in arid regions of India[J]. Neural Computing and Applications，2017，28(2)：275-285.

[31] Deo R C，Tiwari M K，Adamowski J F，et al. Forecasting effective drought index using a wavelet extreme learning machine (W-ELM) model[J]. Stochastic Environmental Research and Risk Assessment，2017，31(5)：1211-1240.

[32] Shamshirband S，Iqbal J，Petković D，et al. Survey of four models of probability density functions of wind speed and directions by adaptive neuro-fuzzy methodology[J]. Advances in Engineering Software，2014，76：148-153.

[33] Mohammadi K，Shamshirband S，Tong C W，et al. Potential of adaptive neuro-fuzzy system for prediction of daily global solar

radiation by day of the year[J]. Energy Conversion and Management，2015，93：406-413.

[34] Ma S，Baldocchi D，Xu L，et al. Inter-annual variability in carbon dioxide exchange of an oak/grass savanna and open grassland in California[J]. Agricultural and Forest Meteorology，2007，147(3/4)：157-171.

[35] Knohl A，Schulze E D，Kolle O，et al. Large carbon uptake by an unmanaged 250-year-old deciduous forest in Central Germany[J]. Agricultural and Forest Meteorology，2003，118(3/4)：151-167.

[36] Moureaux C，Debacq A，Bodson B，et al. Annual net ecosystem carbon exchange by a sugar beet crop[J]. Agricultural and Forest Meteorology，2006，139(1/2)：25-39.

[37] Lund M，Lafleur P M，Roulet N T，et al. Variability in exchange of CO_2 across 12 northern peatland and tundra sites[J]. Global Change Biology，2010，16(9)：2436-2448.

[38] Xiao J F，Zhuang Q L，Baldocchi D D，et al. Estimation of net ecosystem carbon exchange for the conterminous United States by combining MODIS and AmeriFlux data[J]. Agricultural and Forest Meteorology，2008，148(11)：1827-1847.

[39] Moffat A M，Papale D，Reichstein M，et al. Comprehensive comparison of gap-filling techniques for eddy covariance net carbon fluxes[J]. Agricultural and Forest Meteorology，2007，147(3/4)：209-232.

[40] Maier H R，Dandy G C. Neural networks for the prediction and forecasting of water resources variables：A review of modelling issues and applications[J]. Environmental Modelling and Software，2000，15(1)：101-124.

[41] Funahashi K I. On the approximate realization of continuous mappings by neural networks[J]. Neural Networks，1989，2(3)：183-192.

[42] Moré J J. The Levenberg-Marquardt algorithm：Implementation and theory[M] // Waston G A. Numerical analysis. Berlin，Springer，1978.

[43] Huang G B，Zhu Q Y，Siew C K. Extreme learning machine：Theory and applications[J]. Neurocomputing，2006，70(1/3)：489-501.

[44] Ding S，Xu X，Nie R. Extreme learning machine and its applications[J]. Neural Computing and Applications，2014，25(3/4)：549-556.

[45] Mollaiy-Berneti S. Optimal design of adaptive neuro-fuzzy inference system using genetic algorithm for electricity demand forecasting in Iranian industry[J]. Soft Computing，2016，20(12)：4897-4906.

[46] Awan J A，Bae D H. Drought prediction over the East Asian monsoon region using the adaptive neuro-fuzzy inference system and the global sea surface temperature anomalies[J]. International Journal of Climatology，2016，36(15)：4767-4777.

[47] Keshtegar B，Piri J，Kisi O. A nonlinear mathematical modeling of daily pan evaporation based on conjugate gradient method[J]. Computers and Electronics in Agriculture，2016，127：120-130.

[48] Vapnik V N. An overview of statistical learning theory[J]. IEEE Transactions on Neural Networks，1999，10(5)：988-999.

[49] Raghavendra N S，Deka P C. Support vector machine applications in the field of hydrology：A review[J]. Applied Soft Computing，2014，19：372-386.

[50] Çevik A，Kurtoğlu A E，Bilgehan M，et al. Support vector machines in structural engineering：A review[J]. Journal of Civil Engineering and Management，2015，21(3)：261-281.

[51] Mountrakis G，Im J，Ogole C. Support vector machines in remote sensing：A review[J]. ISPRS Journal of Photogrammetry and Remote Sensing，2011，66(3)：247-259.

[52] Okkan U，Serbes Z A. Rainfall-runoff modeling using least squares support vector machines[J]. Environmetrics，2012，23(6)：549-564.

[53] Eslamian S S，Gohari S A，Biabanaki M，et al. Estimation of monthly pan evaporation using artificial neural networks and support vector machines[J]. Journal of Applied Sciences，2008，8(19)：3497-3502.

[54] Chang C C，Lin C J. LIBSVM：A library for support vector machines[J]. ACM Transactions on Intelligent Systems and Technology (TIST)，2011，2(3)：1-27.

[55] Keenan T F，Davidson E，Moffat A M, et al. Using model-data fusion to interpret past trends，and quantify uncertainties in future projections，of terrestrial ecosystem carbon cycling[J]. Global Change Biology，2012，18(8)：2555-2569.

[56] Papale D，Black T A，Carvalhais N，et al. Effect of spatial sampling from European flux towers for estimating carbon and water fluxes with artificial neural networks[J]. Journal of Geophysical Research：Biogeosciences，2015，120(10)：1941-1957.

[57] Cobaner M. Evapotranspiration estimation by two different neuro-fuzzy inference systems[J]. Journal of Hydrology，2011，398(3/4)：292-302.

[58] Lohani A K，Kumar R，Singh R D. Hydrological time series modeling：A comparison between adaptive neuro-fuzzy，neural network and autoregressive techniques[J]. Journal of Hydrology，2012，442：23-35.

[59] Nayak P C，Sudheer K P，Rangan D M，et al. A neuro-fuzzy computing technique for modeling hydrological time series[J]. Journal of Hydrology，2004，291(1/2)：52-66.

[60] Kisi O，Shiri J. Prediction of long-term monthly air temperature using geographical inputs[J]. International Journal of Climatology，2014，34(1)：179-186.

[61] Kisi O，Sanikhani H，Zounemat-Kermani M，et al. Long-term monthly evapotranspiration modeling by several data-driven methods without climatic data[J]. Computers and Electronics in Agriculture，2015，115：66-77.

[62] Jung M，Reichstein M，Margolis H A，et al. Global patterns of land-atmosphere fluxes of carbon dioxide，latent heat，and sensible heat derived from eddy covariance，satellite，and meteorological observations[J/OL]. Journal of Geophysical Research：Biogeosciences，2011，116(G3). https://doi.org/10.1029/2010JG001566.

[63] Tramontana G，Jung M，Schwalm C R，et al. Predicting carbon dioxide and energy fluxes across global FLUXNET sites with regression algorithms[J]. Biogeosciences，2016，13(14)：4291-4313.

[64] Hoffman F M，Randerson J T，Arora V K，et al. Causes and implications of persistent atmospheric carbon dioxide biases in Earth System Models[J]. Journal of Geophysical Research：Biogeosciences，2014，119(2)：141-162.

[65] Luo Y，Keenan T F，Smith M. Predictability of the terrestrial carbon cycle[J]. Global Change Biology，2015，21(5)：1737-1751.

[66] Maier H R，Kapelan Z，Kasprzyk J，et al. Evolutionary algorithms and other metaheuristics in water resources：Current status，research challenges and future directions[J]. Environmental Modelling and Software，2014，62：271-299.

[67] Wen X D，Zhao Z H，Deng X W，et al. Applying an artificial neural network to simulate and predict Chinese fir (*Cunninghamia lanceolata*) plantation carbon flux in subtropical China[J]. Ecological Modelling，2014，294：19-26.

[68] He X G，Guan H D，Qin J X. A hybrid wavelet neural network model with mutual information and particle swarm optimization for forecasting monthly rainfall[J]. Journal of Hydrology，2015，527：88-100.

[69] Loescher H W，Law B E，Mahrt L，et al. Uncertainties in，and interpretation of，carbon flux estimates using the eddy covariance technique[J/OL]. Journal of Geophysical Research：Atmospheres，2006，111(D21). https://doi.org/10.1029/2005JD006932.

[70] Menzer O，Moffat A M，Meiring W，et al. Random errors in carbon and water vapor fluxes assessed with Gaussian Processes[J]. Agricultural and Forest Meteorology，2013，178：161-172.

[71] Melesse A M，Hanley R S. Artificial neural network application for multi-ecosystem carbon flux simulation[J]. Ecological Modelling，2005，189(3/4)：305-314.

第5章　基于生态大数据的西南喀斯特地区生态恢复成效评估

本章导读

西南喀斯特地区是世界上岩溶连片分布面积最大、岩溶发育最强烈的典型生态脆弱区。高强度的人类活动与脆弱的生态环境之间矛盾愈发尖锐。自2000年以来，该区域实施了一系列的生态工程和综合治理措施，植被恢复效果显著。如何应用当前技术手段量化评估生态工程对区域植被的改善效应，对于指导该地区的生态系统管理与可持续发展具有重要意义。当前，基于传统的植被指数监测植被结构和功能变化，尤其是从植被光合固碳的角度评估生态系统恢复状况，具有很大的局限性。日光诱导叶绿素荧光(solar-induced chlorophyll fluorescence，SIF)含有丰富的光合作用信息，可以直接用来表征植物光合作用强度。本章利用空间连续的高时空分辨率 GOSIF 数据，探讨中国西南喀斯特地区植被恢复的时空动态格局，相关分析将为生态保护管理与生态文明建设提供理论支持。

5.1　概　　述

我国碳酸盐岩地层分布广泛，喀斯特地貌最为发育，约占全世界喀斯特面积的 1/5，主要分布在以贵州省为中心的西南地区。高强度的人类活动与喀斯特地区脆弱的生态环境之间矛盾日益尖锐，导致了严重的石漠化问题，严重制约了该地区的可持续发展[1]。喀斯特地区的石漠化综合治理坚持对山水林田湖进行综合管理，自 2000 年以来，政府开展了一系列卓有成效的生态恢复工程，如"退耕还林还草""坡耕地整治""生态扶贫""天然林保护计划""石漠化综合治理"等，西南喀斯特地区的植被状况得到了显著改善[2]。

西南喀斯特地区位于 $97°10' \sim 112°17'$ E、$21°40' \sim 33°45'$ N，包括贵州、四川、云南、广西和重庆 5 省(区、市)，总面积约 $41.08 \times 10^4 \, \text{km}^2$(图 5-1)。该地区在世界三大主要岩溶集中分布区中，岩溶发育最为强烈。区域内山地面积分布广，土层薄且不连续，环境容量和土地承载力小，地表和地下双层岩溶发育，因此水土流失风险系数高[3]。该地区主要属于亚热带季风气候，气候温暖湿润，雨热同期，年平均气温高于 15℃，年平均降水量大于 1100mm，主要来源于高原季风、东亚和西南季风。

该地区地势呈阶梯状分布，西高东低，起伏较大，地形破碎，亚热带性质明显，物种资源丰富。海拔为 $0 \sim 5835\text{m}$，以山地和高原为主[4]。如图 5-1 所示，西南喀斯特地区的土地利用类型主要包括草地(27.95%)、农田(21.92%)、森林(12.5%)、不透水层(11.99%)、裸地(9.52%)、水体(8.21%)等，区域内植被类型多样，景观异质性强。受复杂多变的气

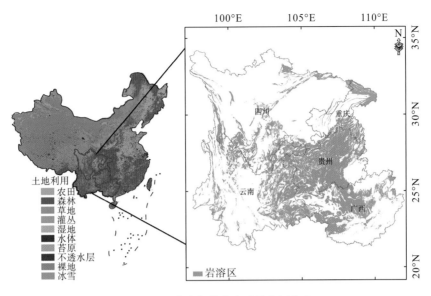

图 5-1　西南喀斯特生态系统空间分布

候条件、特殊的地质环境和高强度的人类活动等影响，西南喀斯特地区的人地矛盾突出，生态环境脆弱，导致了非常严重的石漠化现象[5]。石漠化会导致植被覆盖度下降、生产力降低、生物多样性丧失、水体富营养化等一系列生态环境问题[6]。截至 2016 年底，贵州省石漠化面积最大，达到 $247×10^4 hm^2$，潜在石漠化面积也最大，达到 $363.8×10^4 hm^2$。

　　SIF 是植物在太阳光照条件下，由光合中心发射出的光谱信号(650～800nm)，具有红色(690nm)和近红外(740nm)两个波峰，可以直接反映实际光合作用的动态变化[7,8]。早期，SIF 在植物种类区分、环境胁迫、病虫害监测等研究中发挥着重要作用[9]。近年来，由于数据质量及时空分辨率的提高，SIF 的应用更加广泛，已成为植被遥感研究中极为重要的参数。它直接来自植被，代表更精细的生理信号，并且具有昼夜动态[10]。SIF 对太阳辐射和水分等影响植物生长的因素敏感，可以快速反映外界环境的变化[11]。研究证明，SIF 对植被光合作用更为敏感，可以更直接有效地监测 GPP[12-16]。

　　当前对于西南喀斯特地区植被动态的研究大多基于植被指数或各种 GPP 产品等。与被广泛用于描述植被长势的归一化植被指数(normalized difference vegetation index，NDVI)和增强型植被指数(enhanced vegetation index，EVI)[17-22]相比，SIF 对植被生理功能的动态变化以及光能利用效率(light use efficiency，LUE)更加敏感[23]。GPP 表示一定时期内经植被自身的组织活动或贮藏物质活动而蓄积起来的有机质的量，进而反映植被的固碳能力[24,25]。但是基于各种生态模型生产的 GPP 产品都有一定的不确定性，如 MODIS GPP 可能会严重偏估植被 GPP[26,27]。而用基于地物波谱的植被指数来表征高生物量水平的植被生产力也有一定的局限性[28]。生态工程的实施目标主要是通过退耕还林还草，显著改善区域的生态环境质量。因此，一个地区植被的动态变化可以反映生态恢复工程的建设成效。SIF 是一种适用于全球和区域尺度，与植被生理过程高度相关，可高效、准确表征植被 GPP 的数据。因此，本书考虑从新的视角，利用高时空分辨率的 SIF 数据对西南喀斯特地区 2001～2017 年植被恢复效果进行全面的监测和量化，为评估西南喀斯特地区的石漠化综合治理效果提供科学依据。

5.2 生态工程恢复成效研究进展

为了保护和改善生态环境，我国政府实施了一系列生态恢复工程。在西南喀斯特地区实施的生态工程主要包括"退耕还林还草""天然林保护计划""石漠化综合治理"等。其中，"退耕还林还草"工程在 2002 年前后正式施行，主要对西南地区水土流失、石漠化严重的耕地，因地制宜栽种林草，恢复生态[29]；"天然林保护计划"于 2000 年开始实施，得益于对长江上游重点生态脆弱区的环境恢复目标，喀斯特地区的植被也得到了一定的改善；"石漠化综合治理"工程始于 2006 年，将西南喀斯特地区的流域分为多个单元，恢复林地草地，推进水土保持设施的修建，以修复受损的自然生态系统[30]。

生态恢复工程的效益评价以往多通过实地调查和走访完成，耗费人力物力，所以遥感技术成为当前生态恢复成效评估的重要工具。目前，已经有研究利用遥感数据评估生态恢复工程的效益，但主要集中在中国北方。例如，Huang 等基于净初级生产力 (net primary productivity，NPP) 和雨水利用效率 (rain use efficiency，RUE) 的变化证实了 2000~2008 年通过退耕还林还草工程，我国干旱半干旱地区的草地覆盖度系统性增加[31]。超波力格通过耦合遥感植被指数和地面数据，分析了内蒙古自治区鄂托克旗 2000~2013 年的植被动态，证实了退耕还林还草对该地区的植被恢复有良好的促进作用[32]。植被动态变化，既受气候因素的影像，也与人类活动的影响密不可分。森林资源清查数据和实地调研结果表明，生态工程的实施有力促进了西南地区森林资源数量和质量的增长，森林覆盖率显著提高[33]。吕妍等利用 EVI 数据，证实了西南喀斯特生态系统 EVI 的增加在很大程度上归功于以石漠化治理为主的生态工程[34]。Tong 等基于 NDVI 数据，量化了 2001~2011 年生态工程实施对植被趋势的影响，发现 NDVI 的增长趋势主要与人类主导的生态工程相关[35]。Cai 等基于 MODIS NDVI 数据，分析出贵州省植被在 2000~2010 年总体呈变绿趋势，且主要归因于生态造林项目[36]。但是从植被生产力的视角，定量评估西南喀斯特地区生态恢复工程效益的研究仍很缺乏，有待进一步深入。

5.3 生态工程恢复成效评估方法

5.3.1 相关数据介绍

1. SIF 数据

美国 NASA 轨道碳观测卫星 2 号 (Orbiting Carbon Observatory-2，OCO-2) 以前所未有的空间分辨率沿轨道获取 SIF 信号，并生产了高精度和高信噪比的 SIF 产品[37]。然而，OCO-2 数据在时空上的不连续性，导致从区域到全球尺度的研究面临着众多挑战。

Li 和 Xiao 利用数据驱动的方法，基于空间离散的 OCO-2 SIF 数据，研发了全球尺度具有高时空分辨率、空间连续的 SIF 数据集，即 GOSIF[38]。该产品主要基于 OCO-2 SIF

探测数据、MODIS 遥感数据以及气象再分析资料,估算精度 R^2 为 0.79,均方根误差 RMSE 为 $0.07\mathrm{W}\cdot\mathrm{m}^{-2}\cdot\mu\mathrm{m}^{-1}\cdot\mathrm{sr}^{-1}$,质量较好。GOSIF 覆盖全球,空间分辨率为 0.05°×0.05°,时间尺度从 8 天、月到年。数据驱动算法是目前大多数星载 SIF 产品的生产算法。与 OCO-2 自身的 SIF 产品相比,GOSIF 产品具有更高的时空分辨率[38],可以用于评估陆地生态系统结构和功能,也可以对生态系统模型进行基准测试。本书获取了西南喀斯特地区 2001~2017 年的月和年数据(http://data.globalecology.unh.edu/data/GOSIF_v2/),以分析植被 SIF 的季节和年际动态。由于 SIF 反演算法等问题,在非生长季会出现个别异常值,此处归零处理。

植被指数较早用于监测西南喀斯特地区的植被变化,1982~2013 年研究区平均 NDVI 值略有增加[39],进一步分析表明 2000 年后的增加速度明显快于 1982~2000 年[40]。而研究表明当叶面积指数(leaf area index,LAI)超过 5 时,NDVI 就会饱和,导致其无法准确反映植被恢复状况[41-42]。EVI 也被广泛地用于监测植被恢复,基于 EVI 同样发现西南喀斯特地区的植被在 2000~2015 年显著增加[43]。但是植被指数易饱和,对光合作用的响应不敏感,同时还易受土壤背景干扰,进而导致一定的误差[44]。与这些植被指数相比,SIF 受背景因素的影响较小,同时与植被生产力具有更强的生理相关性。

2. 植被 GPP 产品

GPP 是研究陆地生态系统碳循环的重要参数。本书使用了两种 GPP 遥感产品,分别为 MODIS GPP 和 VPM GPP,两者均是基于 Monteith 开发的光能利用率(LUE)模型生产[45,46]。2001~2017 年的 MOD17A2H(C6)数据从网站 https://earthdata.nasa.gov/project/获取,VPM GPP 产品从网址 https://doi.org/10.6084/m9.figshare.c.3789814 下载。但是这些 GPP 产品的可靠性受到不同气候区、不同植被下垫面等影响,尤其是在捕捉生态系统长期动态时具有一定的不确定性。SIF 已被证实可以直接用来估算生态系统 GPP,作为光合作用的"指示器",可以用来检验植被 GPP 产品的可靠性。本书利用长时间序列 SIF 数据,比较 MODIS 和 VPM 两种 GPP 产品之间的差异。

基于 MODIS GPP 的算法如下[47,48]:

$$\mathrm{GPP} = \varepsilon \times \mathrm{APAR} = \varepsilon_{\max} \times T_{\mathrm{scalar}} \times \mathrm{VPD}_{\mathrm{scalar}} \times \mathrm{APAR} \tag{5-1}$$

式中,APAR 是吸收的光合有效辐射;ε 和 $\varepsilon_{\max}$ 分别表示实际和最大的光能利用率,$\varepsilon_{\max}$ 受植被功能型的影响[49];T_{scalar} 和 $\mathrm{VPD}_{\mathrm{scalar}}$ 分别表示温度和水分限制因子。

基于 VPM GPP 的估算模型为[28]

$$\mathrm{GPP} = \varepsilon \times \mathrm{FPAR}_{\mathrm{chl}} \times \mathrm{PAR} \tag{5-2}$$

$$\varepsilon = \varepsilon_{\max} \times T_{\mathrm{scalar}} \times W_{\mathrm{scalar}} \times P_{\mathrm{scalar}} \tag{5-3}$$

$$T_{\mathrm{scalar}} = (T - T_{\min}) \times (T - T_{\max}) / \left[(T - T_{\min}) \times (T - T_{\max}) - (T - T_{\mathrm{opt}})^2 \right] \tag{5-4}$$

$$W_{\mathrm{scalar}} = (1 + \mathrm{LSWI}) / (1 + \mathrm{LSWI}_{\max}) \tag{5-5}$$

$$P_{\mathrm{scalar}} = (1 + \mathrm{LSWI}) / 2 \tag{5-6}$$

式中,ε 为实际的光能利用率,受气温 T、水分 W 和叶物候 P 的影响;$\mathrm{FPAR}_{\mathrm{chl}}$ 表示增强型植被指数 EVI 的线性方程;PAR 为光合有效辐射;$T_{\min}$、$T_{\max}$、T_{opt} 分别为植光合作用的最低、最高和最适温度;LSWI 为地表水分指数。

3. 土地覆被数据

本书利用的土地覆被数据源自欧洲航天局提供的气候变化行动产品(climate change initiative-land cover，CCI-LC)，空间分辨率为 300m，下载地址为 http://maps.elie.ucl.ac.be/CCI/viewer/download.php。该数据参照联合国土地覆盖分类系统(land cover classification systems，LCCS)进行划分，共有 22 个类。考虑到影响 SIF 变化的主要因素为植被，因此本书要着重考虑农林草的范围。参考政府间气候变化委员会(IPCC)土地覆被体系，进一步划分为耕地、草地、林地和其他用地四种类型。而后，基于 2001 年和 2015 年的土地覆被数据，划分退耕还林还草区域，并定量评估生态工程对西南喀斯特地区植被恢复的贡献。

4. SIF 与 GPP 产品对比

图 5-2 对比分析了过去十几年来西南喀斯特地区 SIF 和 GPP(MODIS 和 VPM)产品的年际动态差异。由图可知，SIF 和 VPM GPP 产品具有良好的一致性，自 2000 年生态恢复工程实施以来表现出显著的上升趋势，与前人研究结果相一致[50]。但是，MODIS GPP 效果较差，在该时间段内波动剧烈，没有明显的变化趋势，可能与该产品的估算模型有关[51]。同时发现，相关产品都能捕捉到 2009~2010 年西南地区大范围秋冬连旱造成的严重影响，植被 GPP 显著低于相邻年份。尽管 SIF 产品具有多种优势，但也存在一些问题，如冠层结构影响的研究尚不充分、不断变化的 LUE 参数[52]以及涉及较少的 f_{esc} 参数[53]等。分析表明，基于高时空分辨率的 GOSIF 数据监测植被恢复具有优越性。

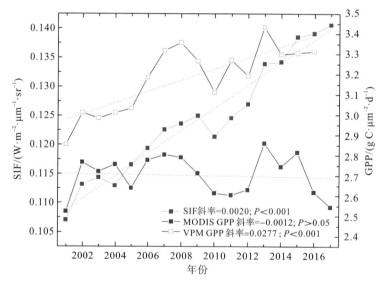

图 5-2　2001~2017 年西南喀斯特地区 SIF 和 GPP 产品年际动态分析

5.3.2　统计分析方法

1. 线性回归

利用线性趋势分析西南喀斯特地区植被 SIF 的长期动态[34]，逐栅格进行趋势分析的公式如下：

$$k = \frac{\sum\limits_{i=1}^{n} x_i t_i - \frac{1}{n}(\sum\limits_{i=1}^{n} x_i)(\sum\limits_{i=1}^{n} t_i)}{\sum\limits_{i=1}^{n} t_i^2 - \frac{1}{n}(\sum\limits_{i=1}^{n} t_i)^2} \tag{5-7}$$

式中，x_i 代表第 i 年的年均 SIF；n 是研究区间；t_i 是对应 x_i 的时间；$k>0$ 代表上升趋势，反之，表示下降趋势。将 2001～2017 年西南喀斯特地区年均 SIF 数据作为输入数据，进行空间趋势分析，相关工作在 MATLAB R2015b 中完成。线性回归分析的同时要进行显著性检验，进行显著性检验要先求取 t 分数，其公式如下：

$$t_0 = \left| \frac{\overline{X_1} - \overline{X_2}}{\mathrm{SE}_{(\overline{X_1}-\overline{X_2})}} \right| \tag{5-8}$$

$$\mathrm{SE}_{(\overline{X_1}-\overline{X_2})} = \sqrt{\frac{\sigma_1^2}{n_1} + \frac{\sigma_2^2}{n_2}} \tag{5-9}$$

式中，t_0 是计算得到的 t 分数；$\overline{X_1}$ 和 $\overline{X_2}$ 分别表示两组数据的平均值；$\mathrm{SE}_{(\overline{X_1}-\overline{X_2})}$ 表示两组数据的标准误差；σ_1、σ_2 分别表示第一组和第二组数据的标准差；n_1、n_2 分别表示两组数据的样本数量。求完 t_0 后，要继续确定自由度 (df)，再根据自由度和求取的 t 值，在 T 表中对应查找 P 值。一般来说 $P<0.05$ 表示有显著统计学差异，再据此判断 SIF 变化是否显著。

2. 标准偏差

对月度数据求取标准偏差 α 以反映数据的离散度，公式如下：

$$\alpha = \sqrt{\frac{\sum\limits_{i=1}^{n}(X_i - X)^2}{n-1}} \tag{5-10}$$

式中，X 为样本中 1 到 n 个数值的平均值；n 为样本大小；X_i 表示第 i 个 X 值。

3. 贡献率的计算

本书重点关注生态工程实施下的退耕还林还草区域，并基于此区域定量评估对植被恢复的贡献。因此，将 2001 年土地覆被为耕地而 2015 年转变为草地、林地，以及 2001 年为草地而 2015 年转变成林地的像元提取出来，作为退耕还林区域。再将此区域作为掩膜，提取出 2001 年和 2015 年的 SIF，而后进行贡献率的计算。贡献率 c 计算公式如下：

$$c = \frac{\mathrm{SIF}_{\mathrm{TG2015}} - \mathrm{SIF}_{\mathrm{TG2001}}}{\mathrm{SIF}_{2015} - \mathrm{SIF}_{2001}} \tag{5-11}$$

式中，$\mathrm{SIF}_{\mathrm{TG2015}}$、$\mathrm{SIF}_{\mathrm{TG2001}}$ 分别表示 2015 年和 2001 年退耕还林还草区域 SIF 值的总和；

SIF_{2015}、SIF_{2001} 分别表示 2015 年和 2001 年喀斯特区域 SIF 值的总和。

5.4 西南喀斯特地区植被 SIF 时空动态分析

5.4.1 空间格局

基于 2001~2017 年的 GOSIF 数据，计算了西南喀斯特生态系统的多年平均和最大 SIF 空间格局。图 5-3 表明，GOSIF 产品在空间上是连续的，并且表现出明显的空间异质性，SIF 值从东南到西北呈递减趋势。西南喀斯特地区的多年平均 SIF 值集中分布在 0~ 0.37W·m^{-2}·μm^{-1}·sr^{-1} 的范围内，其中广西以及云南南部植被 SIF 值最高。该地区年平均气温更高，年降水量更充足，四季如春，植被生长旺盛，即使在冬季也不影响植被进行光合作用。而西北内陆地区受海拔高度以及地理位置影响，自然条件较差，一年当中有利于植被生长的时间相对较短。因此，上述分析解释了多年平均 SIF 和最大 SIF 值的空间格局。由于 SIF 与 GPP 存在显著的正相关性，SIF 值高的区域也就表示该区域具有更高的植被生产力。

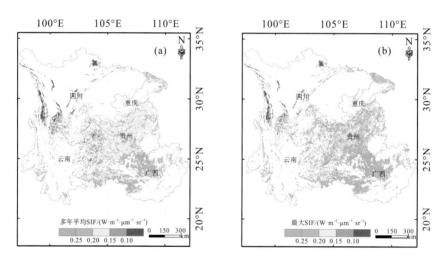

图 5-3　2001~2017 年西南喀斯特地区多年平均 SIF(a) 和最大 SIF(b) 空间格局

5.4.2 年际及季节动态

从图 5-4 可以看出，2001 年以来西南喀斯特地区 5 个省(区、市)的年均 SIF 值都呈现显著上升趋势($P<0.001$)。在省际面板上，增幅按照广西、贵州、重庆、云南、四川的顺序依次递减。其中广西植被 SIF 值最高，且增长趋势最为显著($k=0.0038$)，从 2001 年的 0.196W·m^{-2}·μm^{-1}·sr^{-1} 增加到 2017 年的 0.259W·m^{-2}·μm^{-1}·sr^{-1}，这在一定程度上反映了广西在石漠化综合治理方面取得的成效。与 2011 年相比，截至 2016 年，广西石漠化土地面积大大减少，净减少量为 38.7×10^4 hm^2，占总面积的 1/5 以上[54]。四川植被 SIF 增长幅度相对最低($k=0.0019$)，从 2001 年的 0.118W·m^{-2}·μm^{-1}·sr^{-1} 增至 2017 年的 0.153W·m^{-2}·μm^{-1}·sr^{-1}。

　　2001～2017 年，有几次重要的气候事件：①2004 年中国南方遭受了近 53 年以来罕见的干旱，对植被 SIF 造成了严重的影响，由图 5-4 可知，广西当年下降幅度最为明显，其次为云南和重庆；②2009～2011 年，西南地区遭受"秋冬春"连旱[55]，这是西南有气象记录以来最严重的干旱事件[56]。在此期间，5 个省(区、市)的 SIF 值均呈明显下降趋势，尤其是云南、贵州和重庆。极端干旱导致植被光合作用受限，进一步造成植被生产力下降[57,58]。

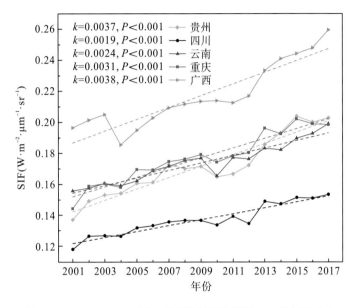

图 5-4　2001～2017 年西南喀斯特地区年平均 SIF 的年际动态

　　从图 5-5 和图 5-6 中可以看出，西南喀斯特地区多年平均月 SIF 数据表现出明显的季节动态特征。就空间分布而言，1 月、4 月、7 月和 10 月分别代表一年四季，植被 SIF 值 1 月最低、7 月最高、4 月和 10 月相当，总体均呈现出从东南到西北递减的趋势。冬季由于气温较低，光合作用受限，喀斯特地区的植被 SIF 普遍偏低。春季气温回升，植被开始萌发和生长，SIF 增长迅速，并在夏季达到峰值。到了秋季，部分植被枯萎或被收割，SIF

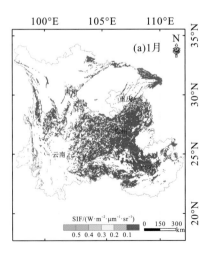
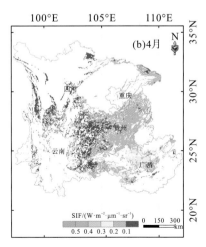

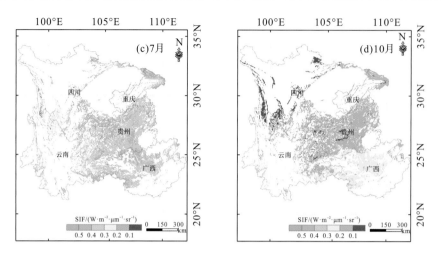

图 5-5　2001～2017 年西南喀斯特地区多年平均 SIF 季节动态空间格局

逐渐下降。从季节动态来看(图 5-6)，夏季贵州 SIF 值最高，而在其他季节广西 SIF 值最高，意味着两省区植被固碳能力最强。从年内 SIF 波动来看，贵州变化最大，极值为 $0.407\mathrm{W\cdot m^{-2}\cdot\mu m^{-1}\cdot sr^{-1}}$；云南变化最小，极值为 $0.295\mathrm{W\cdot m^{-2}\cdot\mu m^{-1}\cdot sr^{-1}}$。

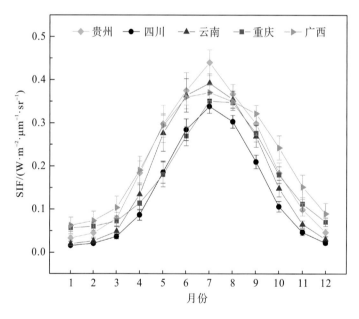

图 5-6　西南喀斯特地区 2001～2017 年多年平均 SIF 的季节动态

5.4.3　空间趋势分析

　　空间趋势分析表明西南喀斯特地区年平均 SIF 在 2001～2017 年呈现出东部显著上升、西部明显降低的变化趋势(图 5-7)，增长幅度最快的区域主要集中在广西中部和贵州西部，而退化最显著的区域主要分布在云南与四川相交的喀斯特地区。在呈上升趋势的像元中，$P<0.01$ 的像元占 69.82%，而在呈下降趋势的像元中，$P<0.01$ 的像元仅占 11.27%。因此，

西南喀斯特地区植被 SIF 主要呈上升趋势。从图 5-8 可以看出，贵州、重庆和广西 SIF 增加所占像元比例最高，而四川和云南显著退化的比例较高，分别为 17.02%和 8.37%。

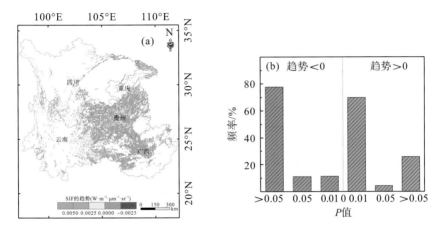

图 5-7　西南喀斯特地区年平均 SIF 空间趋势分析

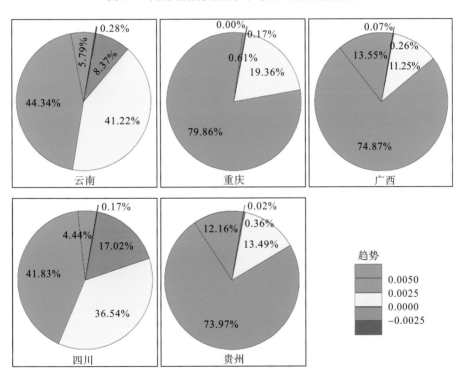

图 5-8　西南喀斯特地区 SIF 变化趋势分省份统计

5.5　生态工程影响评估

5.5.1　生态工程对区域植被 SIF 的影响

　　基于 2001~2015 年西南喀斯特地区农业用地、草地、林地、其他用地四种土地利用类型的空间变化(图 5-9)，提取生态工程影响下退耕还林还草的范围(图 5-10)，并以此评估生态工程对植被恢复的影响(图 5-11)。西南喀斯特地区植被变化的整体贡献率达到了46.16%，各省(区、市)略有不同，其中四川最高，达 60.02%，其次是重庆，达 54.67%，而广西、贵州和云南的贡献率相对较低，分别为 43.47%、42.09% 和 42.07%。这表明在 5个省(区、市)中，四川和重庆生态工程实施下的地表覆被变化对植被恢复的影响最大，成效最明显，而其余省份贡献也显著，但相对略低。

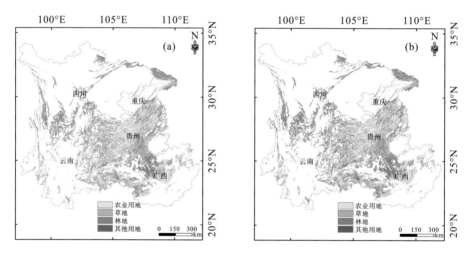

图 5-9　2001 年(a)和 2015 年(b)西南喀斯特地区农业用地、草地和林地空间分布

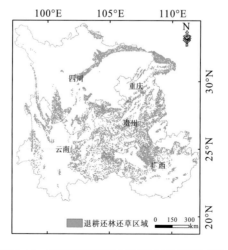

图 5-10　西南喀斯特地区退耕还林还草区域

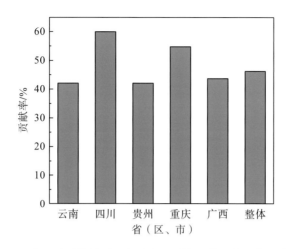

图 5-11　2001～2015 年西南喀斯特地区各省(区、市)退耕还林还草区域对植被 SIF 贡献

5.5.2　西南喀斯特地区植被动态影响因素

石漠化是西南喀斯特地区最严重、最棘手的生态环境问题。中国的石漠化监测始于 2004 年，表 5-1 说明 2005 年以来我国石漠化土地面积在不断减少，其中贵州、广西和云南减少面积较大。相关数据还表明我国石漠化程度在逐步减轻，轻度石漠化所占比例在逐渐增加，喀斯特地区的总体生态状况趋于稳步改善。在生态工程及自然因素共同作用下，西南喀斯特地区植被状况呈持续改善趋势。研究表明，自 2000 年以来，该地区的植被指数增长率明显高于 20 世纪最后 20 年[40,59]。生态工程的实施有力地促进了西南喀斯特地区植被覆盖度和生产力的提高，是石漠化地区生态恢复的主要原因[60]。根据国家林业和草原局的统计，喀斯特地区的植被覆盖度在逐年增加[5]。2016 年末，植被整体覆盖率为 61.4%，比 2011 年提高了 3.9%，比 2005 年提高了 7.9%。同时，灌木型植被逐渐演变成乔木型植被，与 2011 年相比，乔木型植被覆盖率增加了 3.5%。

表 5-1　中国西南喀斯特面积变化　　　　　　　　(单位：km²)

省份	2005 年的喀斯特面积	2011 年的喀斯特面积	2016 年的喀斯特面积	变化面积 (2016 年相较于 2005 年)
贵州	33160	30240	24700	−8460
四川	7750	7320	6700	−1050
重庆	9260	8950	7730	−1530
云南	28810	28400	23520	−5290
广西	23790	19260	15330	−8460
总体	102770	94170	77980	−24790

注：数据来源于国家林业和草原局发布的《中国喀斯特石漠化现状公报》[5]。

广西对生态恢复工程的具体措施落实较好，加上良好的水、热等自然条件，其植被恢复效果最佳。该地区采用多种混交造林模式，提高管理模式的科技含量，且城镇化增长幅度和整体水平适中(图 5-12),人类活动干扰较小。贵州的植被恢复状况良好,其城市化率较低,城市扩张对自然环境的影响较小,而生态工程有力地促进了该地区的植被恢复。云南植被恢复效果相对次之,可能与其恢复模式选择有关[59]。城市扩张尽管会对生态恢复有一定负面作用,但是从大区域看,由于农村人口的转移,促使更多土地自然恢复,免受人类活动的干扰,有助于改善区域生态环境质量[61-63]。城市化减轻了农村地区的人口压力,推动了农村产业结构调整,为植被的自然恢复做出了贡献。应根据当地情况进行系统研究,出台更多适用于当地的生态保护政策。

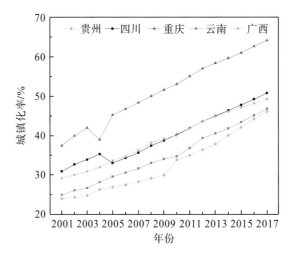

图 5-12　2001～2017 年西南喀斯特地区城镇化率年际变化

5.6　本 章 小 结

　　基于空间连续的高时空分辨率 GOSIF 年际和月产品数据集,本章系统分析了 2001～2017 年西南喀斯特地区植被 SIF 的空间格局、年际和季节动态,并对该区域 SIF 的长期趋势进行了空间分析。在此基础上,基于两期土地利用数据提取了退耕还林还草区域,定量评估了生态工程对西南喀斯特生态系统植被恢复的贡献。主要结论如下:

　　(1)2001～2017 年,植被 SIF 从东南向西北呈递减趋势。广西以及云南南部由于气候条件较好,植被 SIF 值最高。西北内陆地区受海拔高度以及地理位置影响,自然条件较差,因此植被 SIF 值相对较低。

　　(2)2001～2017 年,西南喀斯特地区 5 个省(区、市)的年均 SIF 值都呈现显著上升趋势($P<0.001$),增幅按照广西、贵州、重庆、云南、四川的顺序依次递减。其中,广西的增长趋势最明显,k 值达到 0.0038,四川的增长幅度最低,k 值仅为 0.0019。GOSIF 产品对干旱响应敏感,从年际动态来看极端干旱事件严重影响植被光合生产力即 SIF 的强度。2001～2017 年的几次典型干旱事件,导致植被光合作用受限,SIF 显著低于正常年份,而影响程度受干旱时空演变限制,存在很强的空间异质性。

　　(3)2001～2017 年,西南喀斯特地区植被 SIF 的空间趋势分析表明,植被 SIF 主要呈上升趋势。从空间上看，东部显著上升，西部明显降低。增长幅度最快的区域主要集中在广西中部和贵州西部，而退化最显著的区域主要分布在云南与四川相交的喀斯特地区。在呈上升趋势的像元中，$P < 0.01$ 的像元占 69.82%，而在呈下降趋势的像元中，$P < 0.01$ 的像元仅占 11.27%。因此，2000 年以来西南喀斯特地区植被 SIF 主要表现为增强趋势。

（4）生态恢复工程主要在 2000 年前后实施。本章结合土地利用数据，计算了 2001～2017 年西南喀斯特地区的退耕还林还草区域，并量化了生态工程对植被恢复的影响。西南喀斯特地区植被变化的整体贡献率达到了 46.16%，各省（区、市）略有不同，其中四川最高，达 60.02%，其次是重庆，达 54.67%，而广西、贵州和云南的贡献率相对较低。

参 考 文 献

[1] 陈洪松，王克林. 西南喀斯特山区土壤水分研究[J]. 农业现代化研究，2008，29(6)：734-738.

[2] Li Z F, Li X B, Wei D D, et al. An assessment of correlation on MODIS-NDVI and EVI with natural vegetation coverage in Northern Hebei Province, China[J]. Procedia Environmental Sciences，2010，2：964-969.

[3] 袁道先. 岩溶石漠化问题的全球视野和我国的治理对策与经验[J]. 草业科学，2008，25(9)：19-25.

[4] 董丹，倪健. 利用 CASA 模型模拟西南喀斯特植被净第一性生产力[J]. 生态学报，2011，31(7)：1855-1866.

[5] 国家林业和草原局. 中国岩溶地区石漠化状况公报[EB/OL]. (2018-12-17)[2020-12-05]. http://www.forestry.gov.cn/main/195/20181214/104340783851386.html.

[6] 谭秋锦，宋同清，彭晚霞，等. 典型喀斯特高基岩出路坡地表层土壤有机碳空间异质性及其储量估算方法[J]. 中国生态工业学报，2015，23(6)：676-685.

[7] Gitelson A A, Buschmann C, Lichtenthaler H K. Leaf chlorophyll fluorescence corrected for re-absorption by means of absorption and reflectance measurements[J]. Journal of Plant Physiology，1998，152(2/3)：283-296.

[8] Genty B, Briantais J M, Baker N R. The relationship between the quantum yield of photosynthetic electron transport and quenching of chlorophyll fluorescence[J]. Biochimica et Biophysica Acta (BBA)-General Subjects，1989，990(1)：87-92.

[9] van Kooten O, Snel J F H. The use of chlorophyll fluorescence nomenclature in plant stress physiology[J]. Photosynthesis Research，1990，25(3)：147-150.

[10] Zarco-Tejada P J, Morales A, Testi L, et al. Spatio-temporal patterns of chlorophyll fluorescence and physiological and structural indices acquired from hyperspectral imagery as compared with carbon fluxes measured with eddy covariance[J]. Remote Sensing of Environment，2013，133：102-115.

[11] 张永江. 植物叶绿素荧光被动遥感探测及应用研究[D]. 杭州：浙江大学，2006.

[12] Wagle P, Zhang Y, Jin C, et al. Comparison of solar-induced chlorophyll fluorescence, light-use efficiency, and process-based GPP models in maize[J]. Ecological Applications，2016，26(4)：1211-1222.

[13] Zhang Y G, Zhang Q, Liu L Y, et al. ChinaSpec: A network for long-term ground-based measurements of solar-induced fluorescence in china[J/OL]. Journal of Geophysical Research：Biogeosciences，2021，126(3). https://doi.org/10.1029/2020JG006042.

[14] Lu X C, Cheng X, Li X L, et al. Seasonal patterns of canopy photosynthesis captured by remotely sensed sun-induced fluorescence and vegetation indexes in mid-to-high latitude forests: a cross-platform comparison[J]. Science of the Total Environment，2018，644：439-451.

[15] Wei X X，Wang X F，Wei W，et al. Use of sun-induced chlorophyll fluorescence obtained by OCO-2 and GOME-2 for GPP estimates of the Heihe River basin，China[J]. Remote Sensing，2018，10（12）：2039.

[16] Meroni M，Rossini M，Guanter L，et al. Remote sensing of solar-induced chlorophyll fluorescence：Review of methods and applications[J]. Remote Sensing of Environment，2009，113（10）：2037-2051.

[17] Venter Z S，Scott S L，Desmet P G，et al. Application of Landsat-derived vegetation trends over South Africa：Potential for monitoring land degradation and restoration[J]. Ecological Indicators，2020，113：106206.

[18] Setiawan Y，Yoshino K，Prasetyo L B. Characterizing the dynamics change of vegetation cover on tropical forestlands using 250 m multi-temporal MODIS EVI[J]. International Journal of Applied Earth Observation and Geoinformation，2014，26：132-144.

[19] Chang Q，Xiao X M，Jiao W Z，et al. Assessing consistency of spring phenology of snow-covered forests as estimated by vegetation indices，gross primary production，and solar-induced chlorophyll fluorescence[J]. Agricultural and Forest Meteorology，2019，275：305-316.

[20] Shen M G，Zhang G X，Cong N，et al. Increasing altitudinal gradient of spring vegetation phenology during the last decade on the Qinghai-Tibetan Plateau[J]. Agricultural and Forest Meteorology，2014，189：71-80.

[21] Pang G J，Wang X J，Yang M X. Using the NDVI to identify variations in，and responses of，vegetation to climate change on the Tibetan Plateau from 1982 to 2012[J]. Quaternary International，2017，444：87-96.

[22] Wood J D，Griffis T J，Baker J M，et al. Multiscale analyses of solar-induced florescence and gross primary production[J]. Geophysical Research Letters，2017，44（1）：533-541.

[23] John R，Chen J，Lu N，et al. Predicting plant diversity based on remote sensing products in the semi-arid region of Inner Mongolia[J]. Remote Sensing of Environment，2008，112（5）：2018-2032.

[24] Fang J Y，Ke J H，Tang Z Y，et al. Implications and estimations of four terrestrial productivity parameters[J]. Chinese Journal of Plant Ecology，2001，25（4）：414-419.

[25] Guanter L，Zhang Y，Jung M，et al. Global and time-resolved monitoring of crop photosynthesis with chlorophyll fluorescence[J]. Proceedings of the National Academy of Sciences，2014，111：1327-1333.

[26] Zhang Y Q，Yu Q，Jiang J，et al. Calibration of Terra/MODIS gross primary production over an irrigated cropland on the North China Plain and an alpine meadow on the Tibetan Plateau[J]. Global Change Biology，2008，14（4）：757-767.

[27] Magney T S，Bowling D R，Logan B A，et al. Mechanistic evidence for tracking the seasonality of photosynthesis with solar-induced fluorescence[J]. Proceedings of the National Academy of Sciences，2019，116（24）：11640-11645.

[28] 张凯选，范鹏鹏，王军邦，等. 西南喀斯特地区植被变化及其与气候因子关系研究[J]. 生态环境学报，2019，28（6）：1080-1091.

[29] 国务院. 国务院关于进一步完善退耕还林政策措施的若干意见[EB/OL].（2016-10-13）[2020-12-05]. http://www.gov.cn/zhengce/ content/2016-10/13/ content_5118407.htm.

[30] 国家林业和草原局. 国务院批复《岩溶地区石漠化综合治理规划大纲》[EB/OL].（2008-04-17）[2020-12-05]. http://www.gov.cn/gzdt/2008-04/17/ content_946918.htm.

[31] Huang L，Xiao T，Zhao Z，et al. Effects of grassland restoration programs on ecosystems in arid and semiarid China[J]. Journal of Environmental Management，2013，117：268-275.

[32] 超波力格. 基于 MODIS-NDVI 的退牧还草生态工程植被变化特征分析[D]. 呼和浩特：内蒙古师范大学，2015.

[33] 国政. 西南地区天然林保护工程综合效益评价研究[D]. 北京：北京林业大学，2011.

[34] 吕妍，张黎，闫慧敏，等. 中国西南喀斯特地区植被变化时空特征及其成因[J]. 生态学报，2018，38（24）：8774-8786.

[35] Tong X W，Wang K L，Yue Y M，et al. Quantifying the effectiveness of ecological restoration projects on long-term vegetation dynamics in the karst regions of Southwest China[J]. International Journal of Applied Earth Observation and Geoinformation，2017，54：105-113.

[36] Cai H Y，Yang X H，Wang K J，et al. Is forest restoration in the southwest China Karst promoted mainly by climate change or human-induced factors？[J]. Remote Sensing，2014，6（10）：9895-9910.

[37] Gonsamo A，Chen J M，He L M，et al. Exploring SMAP and OCO-2 observations to monitor soil moisture control on photosynthetic activity of global drylands and croplands[J]. Remote Sensing of Environment，2019，232：11314.

[38] Li X，Xiao J F. A global，0.05-degree product of solar-induced chlorophyll fluorescence derived from OCO-2，MODIS，and reanalysis data[J]. Remote Sensing，2019，11（5）：517.

[39] Yang P Q，van der Tol C. Linking canopy scattering of far-red sun-induced chlorophyll fluorescence with reflectance[J]. Remote sensing of environment[J]. Remote Sensing of Environment，2018，209：456-467.

[40] Delegido J，Verrelst J，Meza C M，et al. A red-edge spectral index for remote sensing estimation of green LAI over agroecosystems[J]. European Journal of Agronomy，2013，46：42-52.

[41] Haboudane D，Miller J R，Pattey E，et al. Hyperspectral vegetation indices and novel algorithms for predicting green LAI of crop canopies：Modeling and validation in the context of precision agriculture[J]. Remote Sensing of Environment，2004，90（3）：337-352.

[42] Liu L Z，Yang X，Zhou H K，et al. Evaluating the utility of solar-induced chlorophyll fluorescence for drought monitoring by comparison with NDVI derived from wheat canopy[J]. Science of the Total Environment，2018，625：1208-1217.

[43] 章钊颖，王松寒，邱博，等. 日光诱导叶绿素荧光遥感反演及碳循环应用进展[J]. 遥感学报，2019，23（1）：37-52.

[44] Ma J，Xiao X，Zhang Y，et al. Spatial-temporal consistency between gross primary productivity and solar-induced chlorophyll fluorescence of vegetation in China during 2007-2014[J]. Science of the Total Environment，2018，639：1241-1253.

[45] Monteith J L. Solar radiation and productivity in tropical ecosystems[J]. Journal of Applied Ecology，1972，9（3）：747-766.

[46] Huete A，Ponce-Campos G，Zhang Y，et al. Monitoring photosynthesis from space[J]. Land Resources Monitoring，Modeling and Mapping with Remote Sensing，2015，2：3-22.

[47] 童志辉，熊助国，孙睿，等. 利用多源数据估算黑河流域总初级生产力[J]. 干旱区地理，2020，43（2）：440-448.

[48] 何萍. 玉米 MODIS GPP 产品评估与优化[D]. 成都：电子科技大学，2017.

[49] Coops N C，Ferster C J，Waring R H，et al. Comparison of three models for predicting gross primary production across and within forested ecoregions in the contiguous United States[J]. Remote Sensing of Environment，2009，113（3）：680-690.

[50] Gebremichael M，Barros A P. Evaluation of MODIS gross primary productivity（GPP）in tropical monsoon regions[J]. Remote Sensing of Environment，2006，100（2）：150-166.

[51] Gentine P，Alemohammad S H. Reconstructed solar-induced fluorescence：A machine learning vegetation product based on MODIS surface reflectance to reproduce GOME-2 solar-induced fluorescence[J]. Geophysical Research Letters，2018，45（7）：3136-3146.

[52] Li H，Cai Y L，Chen R S，et al. Effect assessment of the project of grain for green in the karst region in Southwestern China：A case study of Bijie Prefecture[J]. Acta Ecologica Sinica，2011，31（12）：3255-3264.

[53] Li Z H，Zhang Q，Li J，et al. Solar-induced chlorophyll fluorescence and its link to canopy photosynthesis in maize from continuous ground measurements[J]. Remote Sensing of Environment，2020，236：111420.

[54] 国家林业和草原局. 广西石漠化治理成效居全国前列[EB/OL].（2019-07-22）[2020-12-05]. http://www.forestry.gov.cn/main/

72/20190719/133653812717479.html.

[55] Cheng Q P，Gao L，Zhong F L，et al. Spatiotemporal variations of drought in the Yunnan-Guizhou Plateau，Southwest China，during 1960-2013 and their association with large-scale circulations and historical records[J]. Ecological Indicators，2020，112：106041.

[56] Yang J H，Zhang Q，Wang J S，et al. Spring persistent droughts anomaly characteristics of over the Southwest China in recent 60 years[J]. Arid Land Geography，2014，38(2)：215-222.

[57] Zhang L Q，Wang Y H，Shi H L，et al. Modeling and analyzing 3D complex building interiors for effective evacuation simulations[J]. Fire Safety Journal，2012，53：1-12.

[58] Tian Y C，Bai X Y，Wang S J，et al. Spatial-temporal changes of vegetation cover in Guizhou Province，Southern China[J]. Chinese Geographical Science，2017，27(1)：25-38.

[59] 童晓伟，王克林，岳跃民，等. 桂西北喀斯特区域植被变化趋势及其对气候和地形的响应[J]. 生态学报，2014，34(12)：3425-3434.

[60] Wang J，Wang K L，Zhang M Y，et al. Impacts of climate change and human activities on vegetation cover in hilly southern China[J]. Ecological Engineering，2015，81：451-461.

[61] 于一尊，王克林，陈洪松，等. 基于参与性调查的农户对环境移民政策及重建预案的认知与响应——西南喀斯特移民迁出区研究[J]. 生态学报，2009，29(3)：1170-1180.

[62] van der Geest K，Vrieling A，Dietz T. Migration and environment in Ghana：A cross-district analysis of human mobility and vegetation dynamics[J]. Environment and Urbanization，2010，22(1)：107-123.

[63] Zhang Y，Peng C H，Li W Z，et al. Multiple afforestation programs accelerate the greenness in the 'Three North' region of China from 1982 to 2013[J]. Ecological Indicators，2016，61：404-412.

第6章 基于生态大数据的红树林湿地生态系统健康评价

本章导读

湿地是"山水林田湖草"生命共同体的重要组成部分,湿地的保护与管理是国家生态文明体系构建的重要环节。红树林湿地作为重要的湿地类型,其健康水平对维持海岸带地区的生态安全具有重要意义。因此,有效开展红树林湿地生态系统健康评价,诊断引起红树林湿地生态系统破坏或退化的驱动力因素,不仅可为科学保护与管理红树林湿地资源提供技术支撑,同时对于维持区域生态系统平衡和可持续发展均具有重要的现实意义。遥感与地理信息系统技术为快速准确获取红树林湿地空间分布信息及演变动态提供了可行性方法。本章以漳江口红树林湿地为研究对象,选取长时间序列的 Google Earth 影像为基础数据源,基于土地覆盖数据构建红树林湿地生态系统健康评价指标体系,在 GIS 空间分析的基础上结合压力-状态-响应(PSR)模型及生态系统健康指数,探究其生态系统健康状况的时空分异特征及其健康水平影响因素,为红树林湿地的科学管理与保护提供数据支持与科学参考。

6.1 概　　述

生态系统健康内涵由 Rapport 等[1]首次提出,是对一个生态系统所具有的稳定性和可持续性的描述,即维持其组织结构,进行自我调节和应对压力自我恢复的能力。在此基础上,湿地生态系统健康评价得以衍生[2,3],旨在诊断由各种因素引起的湿地生态系统破坏或退化程度,以此发出预警,为更好地保护、利用和管理湿地提供目标依据。

2015 年 9 月,联合国可持续发展峰会正式通过了《2030 年可持续发展议程》。该议程涵盖了 17 个全球可持续发展目标(sustainable development goals,SDGs)和 169 个具体目标(targets),是包括社会、经济、环境三大方面的综合目标体系。2016 年 3 月,联合国统计委员会又确定了包含 230 个指标(indicators)的全球指标框架,作为具有实际意义的起点,以监测并跟踪 SDGs 进展情况。根据 Cherrington 等[4]和 Friess 等[5]的总结,SDG 6、SDG 14 和 SDG 15 中的目标 6.6、目标 14.2、目标 14.5 和目标 15.2 与红树林的保护、管理和恢复工作密切相关(表 6-1)。事实上,在 SDGs 的制定过程中红树林生态系统得到了联合国的极大关注。Amezaga 等[6]指出,虽然目标 6.6 包含了山地、森林、湿地、河流、地下含水层和湖泊,但是制定指标 6.6.1 时,森林生态系统中联合国只考虑了红树林生态系统。

表 6-1　与红树林保护、管理和恢复工作密切相关的可持续发展目标、具体目标和指标

目标	具体目标	指标
SDG 6：为所有人提供水和环境卫生并对其进行可持续管理	目标 6.6：到 2020 年，保护和恢复与水有关的生态系统，包括山地、森林、湿地、河流、地下含水层和湖泊	指标 6.6.1：与水有关的生态系统范围随时间的变化
SDG 14：保护和可持续利用海洋和海洋资源以促进可持续发展	目标 14.2：到 2020 年，通过加强抵御灾害能力等方式，可持续管理和保护海洋和沿海生态系统，以免产生重大负面影响，并采取行动帮助它们恢复原状，使海洋保持健康，物产丰富	指标 14.2.1：国家级经济特区当中实施基于生态系统管理措施的比例
	目标 14.5：到 2020 年，根据国内和国际法，并基于现有的最佳科学资料，保护至少 10%的沿海和海洋区域	指标 14.5.1：保护区面积占海洋区域的比例
SDG 15：保护、恢复和促进可持续利用陆地生态系统，可持续管理森林，防治荒漠化，制止和扭转土地退化，遏制生物多样性的丧失	目标 15.2：到 2020 年，推动对所有类型森林进行可持续管理，停止毁林，恢复退化的森林，大幅增加全球植树造林和重新造林	指标 15.2.1：实施可持续森林管理的进展

　　红树林是分布在热带或亚热带海岸以木本植物为主构成的重要湿地生态系统类型，作为兼具海陆特性的复杂生态系统，在维护和改善海湾河口地区生态环境、抵御自然灾害、防治近海海洋污染以及维持沿海湿地生物多样性等方面具有不可替代的作用[7]。全球红树林主要分布在南北回归线之间，分为东方群系和西方群系，其中以东方群系的印度-马来半岛地区多样性最为丰富。全世界共有红树植物 16 科 24 属 84 种(含 12 变种)，其中真红树植物 11 科 16 属 70 种(含 12 变种)，半红树植物 5 科 8 属 14 种。然而，全球红树林的面积与种类组成争议颇多，但从总体上看，其面积呈逐年下降趋势，人工造林活动却逐年增加。根据联合国粮食及农业组织(FAO)2015 年评估报告，2015 年全球红树林面积为 $1.4752 \times 10^5 km^2$，较 2010 年减少 3.98%。

　　中国红树林天然分布于海南省三亚市榆林港(18°09′N)至福建省福鼎市沙埕湾(27°20′N)，人工引种北界为浙江省乐清市(28°25′N)，包括海南、广东、广西、福建、浙江、台湾、香港及澳门等地[8]。其中，红树植物种类由南向北逐渐减少，最南的海南文昌有 23 种，而北界福鼎只有秋茄(Kandelia obovata)分布；此外，红树林大多以灌木为主，矮化现象明显，且人为干扰十分严重，绝大部分为次生林。许多红树植物的生长需要周期性的潮水浸淹，因此我国红树林主要分布于波浪掩护条件和潮汐浸淹程度较为合适的港湾或河口湾内，如海南省海口市东寨港、文昌市清澜港、澄迈县花场湾及三亚市铁炉港，广西壮族自治区防城港、珍珠港和英罗港，广东省湛江市雷州半岛海岸线、深圳市深圳湾和茂名市水东湾，福建省漳州市龙海区九龙江口、漳州市云霄县漳江口、泉州市泉州湾、宁德市福鼎市沙埕湾，浙江省温州市乐清湾、台州市台州湾，台湾新北市淡水河口，以及香港和澳门的一些区域。近年来，广东阳江、珠海、广州、汕头，福建厦门、宁德，浙江苍南、温州、台州等东南沿海地区开展了大面积的红树林恢复再植等活动，扩大了红树林的分布区域。

　　红树林生态系统具有开放性、脆弱性和复杂性等特点，因其位于人为干扰强度大的沿海地区，人为活动对其分布产生直接影响，90%以上的红树林受到不同程度的人为干扰。从 20 世纪 50 年代至今，我国红树林湿地面积总体呈先减少后增加趋势，尽管形成了包括国际重要湿地、国家重要湿地、红树林湿地自然保护区和红树林湿地公园等不同类型的保

护体系,但仍面临污染、围垦、过度捕捞、采挖、基建和城市建设以及外来物种入侵的威胁[10,11],部分红树林湿地的生态功能处于亚健康、不健康状态甚至完全丧失。

自 1980 年在东寨港建立第一个国家级红树林自然保护区,近年来我国红树林保护区建设得到快速发展。根据生态环境部 2015 年发布的《全国自然保护区名录》,并对 2015~2020 年东南沿海新建的自然保护区进行文献分析和网站调研,统计目前东南沿海共有 48 个湿地保护区的保护对象包含红树林(图 6-1)。目前自然保护区对红树林的保护状况并不清楚[12],而全面认识红树林生态系统的健康状况对后期红树林保护管理具有重要的意义。因此,有效开展红树林湿地生态系统健康评价,诊断引起红树林湿地生态系统破坏或退化的驱动力因素,不仅可为科学保护与管理红树林湿地资源提供技术支撑,同时对于维持区域生态系统平衡和可持续发展均具有重要的现实意义。

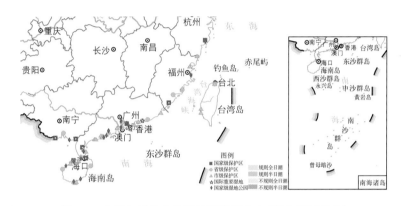

图 6-1 中国红树林自然保护区空间分布(据文献[9]修改)

6.2 红树林生态系统健康评价研究进展

参考 Costanza 等[13]的研究,本书对生态系统健康的定义如下:若一个生态系统是稳定的、可持续的或有活力的,随时间推移可保持其组织力和自主性,且在胁迫下易恢复,那么它是一个健康的和远离胁迫综合征的生态系统。近年来,红树林湿地生态系统健康评价与管理已成为国际海洋环境领域的研究热点[14]。

当前,对红树林湿地生态系统健康评价的研究侧重于以压力-状态-响应(pressure-state-response,PSR)模型为主线,从社会、经济、生态系统等角度构建红树林生态系统健康评价指标体系,主要研究方法包括基于层次分析法(analytic hierarchy process,AHP)的综合评价法和模糊综合评价法。如王玉图等[15]基于 PSR 模型并结合层次分析法,依据综合健康指数值对广东省红树林进行了健康评价;王树功等[16]利用实验监测、遥感影像以及社会经济数据,结合 PSR 模型及综合评价模型探究了珠江口淇澳岛红树林湿地的生态系统健康状况;胡涛等[17]采用综合健康指数对福田红树林保护区生态系统进行健康评价,结果表明尽管社会各界积极响应保护生态系统,但由于水污染、人工引种植物及病虫害等方面的压力,保护区生态环境仍呈恶化趋势。

就数据获取方法而言,利用遥感与地理信息系统等先进技术结合野外实地调查监测是获取可靠数据的主要手段[18,19]。如 Ishtiaque 等[20]以 MODIS 影像为数据源，通过建立普通最小二乘(ordinary least square，OLS)回归模型探究世界面积最大的红树林湿地——孙德尔本斯红树林的时空动态演变及其健康影响因素；尹艺洁等[21]根据 SPOT 高清影像图和实地考察结果对比分析广西典型红树林湿地(茅尾海、珍珠湾、丹兜海)的生态系统健康状况，结果表明茅尾海处于亚健康状态，珍珠湾和丹兜海处于健康状态；郭菊兰等[22]利用 Landsat TM 影像和采集样地数据，借鉴医学健康商数理论分析了海南省清澜港红树林湿地的健康发展趋势。

　　整体而言，我国多数红树林群落处于亚健康状态，存在较大的压力，压力的来源主要是水污染。此外，外来物种的入侵也不可忽视。相对于生态风险评价，目前综合评价红树林湿地生态系统健康状况的研究较少，很多问题还有待研究[14,18]，有些地区红树林生态健康评价的资料较少或缺失，亟待完善。随着"3S"技术的不断成熟及其在红树林生态系统健康研究方面的运用，遥感影像分辨率低或成本高等因素也常常限制了红树林生态系统健康评价研究的进展。作为公共可获取免费数据库，Google Earth 提供了卫星影像与航拍相结合的高分辨率影像(像素尺寸小于 10m)，且可为用户提供研究所需的早期阶段的历史影像[23]，在数据源方面能够有效推动红树林湿地健康评价研究的发展。另外，生态系统健康评价所涉及的范围广泛，但对于未系统地进行生态系统监测的区域而言，长时间序列的数据难以获取或存在缺失。相比之下，基于遥感数据可直接或间接获取反映与生态系统健康相关的多个指标，从而可更为客观地对生态系统的健康程度进行评价，这是其他数据所无法比拟的。

6.3　漳江口红树林湿地生态系统

6.3.1　漳江口红树林湿地概况

　　漳江口红树林湿地作为中国红树林自然分布最北的大面积重要湿地，是东亚水鸟迁徙的重要驿站，其在维护当地生态安全、珍稀动植物保护和促进区域经济发展等方面具有重要的战略意义[24]。该湿地分布于福建省云霄县漳江河口区内(图6-2)，地理坐标为117°23′53″～117°27′33″E，23°54′17″～23°57′29″N，位于海拔-6～8m的潮间带区域。该地区地形自西北向东南海拔呈阶梯状降落，东、西、北三面高，南部和中部地势平坦开阔，构成了东南向开口的马蹄形地貌。该区属亚热带海洋性季风气候，温暖湿润，光、热、水条件优越，年平均气温 21.2℃，最高温度为 38.1℃，最低温度为 0.2℃，年平均降水量1714.5mm，降水主要分布在4～9月。区内主要由水产养殖池、河口水域、滩涂、红树林和潮间盐水沼泽组成，主要的湿地植被包括红树林(mangrove)、互花米草(*Spartina alterniflora*)等。该区域湿地环境为众多濒危动物提供了适宜的栖息地，主要包括中华白海豚(*Sousa chinensis*)、缅甸蟒蛇(*Python bivittatus*)、黄嘴白鹭(*Egretta eulophotes*)、小青脚鹬(*Tringa guttifer*)等国家重点保护动物。为从地理位置角度对研究区红树林湿地健康状况作出准确评价，根据研究区的具体地形、植被与地物类型空间分布，本书将研究区分为东、西、南、北与中部，共计 5 个子区域。

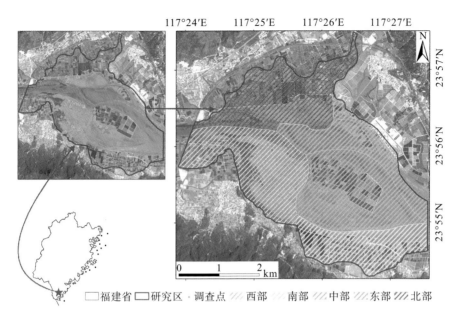

图 6-2　研究区位置

6.3.2　土地覆盖数据主要获取来源

本书选取 4 个时期(2005-02-09、2011-04-24、2015-10-17 和 2017-02-16)的 Google Earth 影像作为基础数据源，以 1∶10 万地形图为基准，对影像数据进行几何校正，误差控制在 0.5 个像元内。结合研究目的及研究区土地覆盖特点，确立研究区土地覆盖分类系统，包括开阔水体(河流及其他天然明水面)、红树林、互花米草、网箱养殖、水产养殖池、滩涂和其他共 7 种类型。在此基础上，建立各个土地覆盖类型的遥感解译标志，基于 eCognition 9.0 软件应用面向对象与目视解译相结合的分类方法对遥感影像进行信息提取，最终获取研究区 2005 年、2011 年、2015 年及 2017 年的土地覆盖数据。于 2015~2017 年先后 3 次对研究区进行实地调查，并结合高分辨率影像进行典型地物判读，共获取 114 个调查点用于对地物分类结果进行精度验证。2005 年、2011 年、2015 年及 2017 年土地覆盖分类的总体精度分别为 92.98%、91.23%、92.11%和 93.86%，Kappa 系数分别为 0.92、0.90、0.91 和 0.93，精度满足本书的研究需求。

6.4　红树林湿地生态系统健康评价方法

6.4.1　评价指标体系构建

结合目前国内外有关湿地健康评价的各种方法[25-28]，基于压力-状态-响应模型，综合考虑选取指标的代表性、易监测、易计算以及可行性与对比性等[7]构建了包括 3 个层次的漳江口红树林湿地健康评价指标体系(表 6-2)。

表 6-2　红树林湿地生态系统健康评价指标体系及其权重

项目层	因素层	指标层	权重	指标计算公式
压力(0.429)	压力(1.000)	互花米草干扰强度(0.500)	0.214	L/A
		人为干扰指数(0.500)	0.214	$(P+C)/A$
状态(0.429)	活力(0.333)	红树林初级生产力(1.000)	0.143	$(\rho_{NIR}-\rho_{RED})/(\rho_{NIR}+\rho_{RED})$
	组织(0.333)	蔓延度指数(1/3)	0.048	—
		面积加权的平均形状因子(1/3)	0.048	—
		平均斑块面积(1/3)	0.048	—
	弹性(0.167)	平均弹性度(1.000)	0.071	$\Sigma(S_i\times F_i)/S$
	功能(0.167)	水文调节指数(1.000)	0.071	$(W+T)/A$
响应(0.142)	变化(1.000)	自然湿地面积比例(1.000)	0.143	$(M+W+T)/A$

注：L 表示互花米草面积；A 表示研究区总面积；P 表示水产养殖池面积；C 表示网箱养殖面积；ρ_{NIR} 表示近红外波段地表反射率；ρ_{RED} 表示红波段地表反射率；—表示由 Fragstats4.2 软件计算所得；S_i 表示第 i 类湿地的面积；F_i 表示第 i 类湿地的弹性度分值[18,19]；S 表示研究区湿地总面积；W 表示开阔水体面积；T 表示滩涂面积；M 表示红树林面积。

为定量评价研究区不同阶段的健康状况，对所选指标进行标准化和分级[15,29-33]。首先，结合漳江口红树林湿地景观实际情况，将各指标进行等级划分，划定为健康、亚健康、一般、脆弱、病态 5 个等级，具体等级划分及其所对应的生态系统特征见表 6-3。进而，根据各指标对湿地生态系统健康程度影响的大小，对每级给定标准化分值(表 6-4)，取值设定为[0,1]，数值越大健康程度越高。

表 6-3　湿地健康评价等级划分及其生态系统特征

健康等级	生态系统健康指数	湿地生态系统特征
健康	0.8～<1.0	系统结构优良，功能完善，外界压力小，弹性稳定，活力极强
亚健康	0.6～<0.8	系统结构、功能良好，外部压力相对较低，弹性相对稳定，活力较强
一般	0.4～<0.6	系统结构、功能一般，外部压力较大，弹性一般，活力退化
脆弱	0.2～<0.4	系统结构破碎，功能退化，外部压力大，弹性度较弱，活力较低，生态异常较多
病态	0.0～<0.2	系统结构极不合理，功能几乎全部丧失，外界压力极大，弹性度极弱，活力极低，出现大面积生态异常

表 6-4　漳江口红树林湿地生态系统健康评价指标的分级标准

指标	健康	亚健康	一般	脆弱	病态
	0.8～1.0	0.6～<0.8	0.4～<0.6	0.2～<0.4	0.0～<0.2
互花米草干扰强度/%	<2.0	2.0～<4.0	4.0～<6.0	6.0～<8.0	≥8.0
人为干扰指数/%	<20.0	20.0～<40.0	40.0～<60.0	60.0～<80.0	≥80.0
红树林初级生产力	≥0.6	0.5～<0.6	0.4～<0.5	0.3～<0.4	<0.3
蔓延度指数	≥60.0	50.0～<60.0	40.0～<50.0	30.0～<40.0	<30.0
面积加权的平均形状因子	≥6.0	5.0～<6.0	4.0～<5.0	3.0～<4.0	<3.0
平均斑块面积	≥2.0	1.5～<2.0	1.0～<1.5	0.5～<1.0	<0.5

指标	健康	亚健康	一般	脆弱	病态
	0.8～1.0	0.6～<0.8	0.4～<0.6	0.2～<0.4	0.0～<0.2
平均弹性度	≥0.8	0.7～<0.8	0.6～<0.7	0.5～<0.6	<0.5
水文调节指数	≥0.7	0.6～<0.7	0.5～<0.6	0.4～<0.5	<0.4
自然湿地面积比例/%	≥60.0	50.0～<60.0	40.0～<50.0	30.0～<40.0	<30.0

6.4.2　指标权重计算

参考相关研究成果[34,35]采用层次分析法确定指标权重,首先构造各层次指标的判断矩阵,其次利用 AHP 软件进行一致性检验并确定各层次指标的权重(表 6-2),其中度量判断矩阵是否具有一致性的计算公式如下[36]:

$$CR = \frac{CI}{RI} < 0.10 \tag{6-1}$$

$$CI = \frac{\lambda_{max} - n}{n - 1} \tag{6-2}$$

式中,λ_{max} 为矩阵最大特征向量;n 为矩阵阶数;CI 为一致性指标;RI 为随机一致性指标;CR 为随机一致性比例,若 CR 小于 0.10 说明通过一致性检验,否则需重新构造矩阵。

6.4.3　生态系统健康指数

为对红树林湿地生态系统健康进行定量评价,选择生态系统健康指数对其进行量化评价,该方法通过对指标层评价指标加权求和可计算研究区生态系统健康指数及压力-状态-响应指标反映的项目层健康指数,计算公式为[37]:

$$U = \sum_{i=1}^{n} H_i \cdot U_i \tag{6-3}$$

式中,U 为被评价对象得到的健康指数值,取值范围为[0,1];H_i 为评价指标 i 的权重;U_i 为指标 i 的标准化值;n 为评价指标个数。生态系统健康指数与不同健康等级对应情况见表 6-3。

6.5　红树林湿地生态系统变化

6.5.1　景观格局变化特征

由 2005～2017 年研究区 4 期土地覆盖类型的空间分布(图 6-3)及其面积变化(表 6-5)可知,2005～2017 年,漳江口红树林湿地面积由 50.88hm² 增加至 61.62hm²,平均增长速度为 0.90hm²/a,总体呈空间扩增趋势,其分布范围主要集中于研究区西部。其中,面积增长最为剧烈的为水产养殖池,共增长 73.70hm²,增长速度为 6.14hm²/a,其新增面积主要位于研究区中部滩涂和研究区部分互花米草生长区域；互花米草面积由 2005 年的 56.39hm² 增长至 2017 年的 124.70hm²，增长速度为 5.69hm²/a，主要分布范围由 2005 年仅有零星斑块分布于水产养殖池和红树林向海边缘扩增至 2017 年研究区西部和中部区域均大面积连片分布的状态；网箱养殖和其他地物类型面积分别增加 18.28hm² 和 8.82hm²。相比之下，滩涂面积减少最为剧烈，2005～2017 年共减少 162.00hm²。

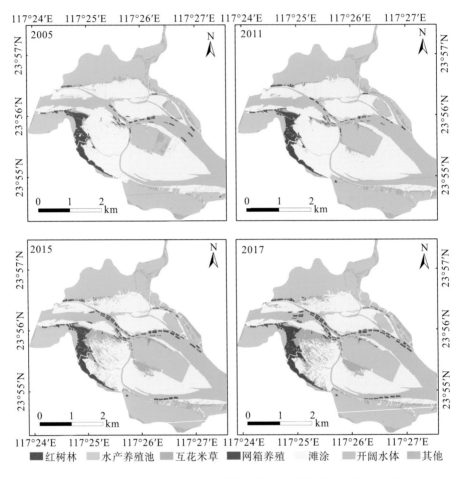

图 6-3　2005～2017 年漳江口红树林湿地土地覆盖类型空间分布图

对比不同时间研究区土地覆盖类型面积变化率(表 6-5)可知，红树林、互花米草和水产养殖池面积在各个时间段均呈增长趋势，其中互花米草和水产养殖池面积在 2011～2015 年增长最为剧烈，增长率分别为 94.60% 和 7.91%，红树林面积在 2015～2017 年增长最为剧烈，增长率为 11.77%；网箱养殖面积除在 2005～2011 年呈现面积缩减，其余时间段面积均呈大幅扩增。相较而言，滩涂面积在 2005～2011 年、2011～2015 年和 2015～2017 年的年均变化率分别为-0.72%、-3.78% 和-1.68%。

表 6-5　2005～2017 年研究区土地覆盖面积及其百分比

土地类型	2005 年		2011 年		2015 年		2017 年		变化率/%		
	面积/hm²	百分比/%	面积/hm²	百分比/%	面积/hm²	百分比/%	面积/hm²	百分比/%	2005～2011 年	2011～2015 年	2015～2017 年
红树林	50.88	2.84	55.10	3.08	55.13	3.08	61.62	3.44	8.29	0.05	11.77
水产养殖池	566.40	31.62	592.65	33.08	639.50	35.69	640.10	35.73	4.63	7.91	0.09
互花米草	56.39	3.15	57.40	3.20	111.70	6.23	124.70	6.96	1.79	94.60	11.64
网箱养殖	11.02	0.62	8.95	0.50	23.67	1.32	29.30	1.64	-18.78	164.47	23.79
滩涂	752.90	42.03	720.45	40.21	611.50	34.13	590.90	32.98	-4.31	-15.12	-3.37
开阔水体	328.2	18.32	330.82	18.46	315.70	17.62	310.40	17.33	0.80	-4.57	-1.68
其他	25.74	1.44	26.29	1.47	34.41	1.92	34.56	1.93	2.14	30.89	0.44

注：因数值修约，各种土地类型占比之和可能不为 100%。

6.5.2　湿地生态系统的压力-状态-响应健康状况

1. 湿地生态系统压力

　　根据研究区各期压力健康指数(图 6-4)可知，2005～2017 年研究区压力健康指数呈现缓慢下降趋势，健康等级从亚健康转变为一般，压力逐年增大。从各区域角度来看，西部和中部区域压力健康状况在 2005 年、2011 年保持较好的状态，2011 年后呈明显的下降趋势，主要是由于互花米草和水产养殖池面积急剧增长(图 6-5)；2005～2017 年，南部区域的压力健康指数较低；相较其他区域，东部区域的压力健康指数呈现缓慢上升趋势；北部区域的压力健康指数呈现先上升后降低的变化趋势，2017 年较 2005 年有所降低。总体看来，目前漳江口红树林湿地压力健康状况呈现东部区域明显优于其他区域，西部、中部和北部区域压力健康等级从亚健康下降为一般，南部区域从一般下降为脆弱的变化特征。

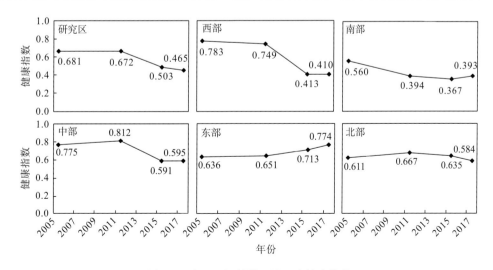

图 6-4　漳江口红树林湿地压力健康指数

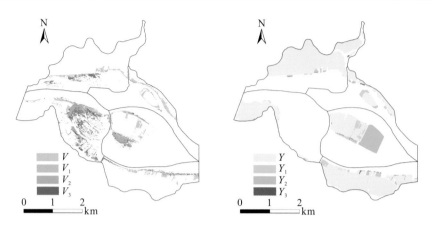

图 6-5   2005~2017 年各时间段互花米草与水产养殖池时空扩展分布图

V: 2005 年互花米草面积；V_1: 2005~2011 年互花米草新增面积；V_2: 2011~2015 年互花米草新增面积；V_3: 2015~2017 年
互花米草新增面积；Y: 2005 年水产养殖池面积；Y_1: 2005~2011 年水产养殖池新增面积；Y_2: 2011~2015 年水产养殖池新
增面积；Y_3: 2015~2017 年水产养殖池新增面积

2. 湿地生态系统状态

根据研究区各期状态健康指数(图 6-6)可知，2005~2017 年，研究区状态健康指数略
微提升，各个时期健康等级处于亚健康，状态健康状况呈平稳发展。对比各区域可知，
2005~2017 年，西部区域红树林湿地状态健康指数高于其他区域，主要是由于该区作为
红树林生长的主要区域活力极强，且功能良好；南部和北部区域状态健康状况呈缓慢改善
趋势，健康等级均从 2005 年的脆弱恢复至 2017 年的一般；中部区域的状态健康指数尽管
存在小幅的波动，但整体仍呈上升趋势，健康等级由 2005 年的一般转变为 2017 年的亚健
康；东部区域状态健康指数虽略有提升，但健康等级始终处于一般。总体看来，漳江口红
树林湿地各区域状态健康状况呈较好发展趋势，且西部区域状态健康指数高于中部区域，
中部区域高于北部、南部和东部区域。

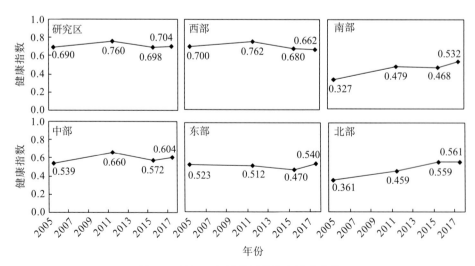

图 6-6   漳江口红树林湿地状态健康指数

3. 湿地生态系统对压力和状态变化的响应

根据研究区各期响应健康指数(图 6-7)可知,2005~2017 年,研究区响应健康指数呈逐年下降趋势,健康等级由健康转变为亚健康。对比各区域可知,2005~2017 年,西部、中部和东部区域响应健康等级始终处于健康,其中西部和中部区域在 2005~2011 年响应健康指数为 1,2011 年后有所降低,表明自然湿地面积有所减少;而东部区域响应健康指数在各个时期均为 1,表明该区域自然湿地面积变化小;对比其他区域,南部区域响应健康指数处于极低水平,主要由于该区域水产养殖池和互花米草占据面积广;北部区域响应健康等级除 2017 年处于脆弱外,其他时期均为一般。总体而言,漳江口红树林湿地响应健康状况各区域间呈两极分化,西部、中部和东部区域显著优于南部和北部区域,除东部区域外其他区域响应健康指数均有所下降。

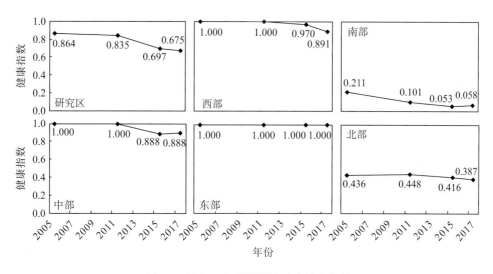

图 6-7　漳江口红树林湿地响应健康指数

6.5.3　湿地生态系统健康水平的时空变化

由图 6-8 可知,2005~2017 年,研究区生态系统健康状况在 2005~2011 年略有恢复,但自 2011 年后呈逐年下降趋势,2017 年较 2005 年健康状况有所恶化。2005 年,研究区西部区域生态系统健康指数最高,健康等级为亚健康;其次是中部和东部区域,北部区域次之,南部区域最低,健康等级为一般。2011 年,西部区域生态系统健康状况较 2005 年有所改善,健康状况最佳;其次是中部和东部区域,健康等级为亚健康,健康指数均较 2005 年有所提升;南部和北部区域健康状况劣于其他区域,其中南部区域健康状况最差。2015 年,西部和中部区域生态系统健康指数均较 2011 年呈显著下降;东部区域健康指数最高,南部和北部区域相对较低。2017 年,生态系统健康指数除西部和北部外,均较上一时期有所提升,但变幅较小。2005~2017 年,漳江口红树林湿地各个区域的生态系统健康状况各有差异,2005~2011 年健康指数从大到小依次为西部>中部>东部>北部>南部,2015~2017 年健康指数从大到小依次为东部>中部>西部>北部>南部,呈现出东部和北部区域健康状况有所恢复,其余区域 2017 年生态系统健康指数低于 2005 年的变化特征。

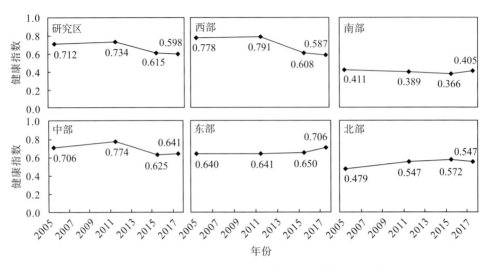

图 6-8　漳江口红树林湿地生态系统健康指数的时空变化

6.6　红树林湿地生态系统健康变化驱动力因素分析

6.6.1　互花米草入侵与海平面上升的影响

外来物种入侵红树林的主要方式为侵占生态位,抑制红树林植物正常生长。互花米草是最常见的滨海湿地外来入侵物种。漳江口红树林湿地处于入海河口处,红树林分布周边拥有大面积的滩涂。2005 年,仅有少量小而分散的互花米草斑块分布在水产养殖池和红树林向海边缘处,2011 年后,这些少量小而分散的互花米草斑块迅速扩张为大而密集的互花米草群落,截至 2017 年,互花米草面积由 2005 年 56.39 hm^2 增长为 124.70 hm^2,主要增长面积分布于中部水产养殖池的周边滩涂和西部红树林生长区域的前缘滩涂。互花米草强大的扩散能力和竞争优势对红树林生长构成日益严重的威胁,抢占红树林生存空间和营养物质的同时,逐渐形成的草带已严重阻隔红树林与海水交换[38]。互花米草入侵的影响主要体现为 2005~2017 年,红树林生长核心区生态系统健康等级由亚健康转变为一般,研究区以滩涂为主的自然湿地面积减少。另外,近年来由于海平面上升改变了红树林潮汐浸淹程度,对于红树林尤其近海一侧红树林生长产生了一定的威胁[39]。

6.6.2　养殖业扩增与海堤建设的影响

水产养殖业的可观收益驱使当地居民进一步扩大养殖面积,2005~2017 年当地水产养殖业蓬勃发展,居民不断扩增水产养殖池和网箱养殖的规模(表 6-5),2005~2017 年水产养殖池和网箱养殖面积共增加了 91.98hm^2,增长率为 15.93%。水产养殖业的发展使得研究区整体景观格局受人为活动干扰逐步加大,同时,实地调查发现水产养殖等人类活动,使得红树林生境内的垃圾如泡沫制品、玻璃瓶、塑料袋等长期堆积。这也在一定程度上破坏了红树植物根系的正常呼吸活动，从而影响红树植物的生长发育。此外，海堤的建设人为阻断了堤前红树林因海平面上升沿陆地方向生长的退路[10]，使得红树林湿地生长空间受限。随着红树林湿地环境压力不断增大，其生态系统健康状况进一步恶化。

6.6.3　保护区建设的影响

图 6-9 系统地梳理了中华人民共和国成立以来我国对红树林的破坏、保护和管理的发展历程。1982 年全国人民代表大会常务委员会通过了《中华人民共和国海洋环境保护法》，明确指出"禁止毁坏海岸防护林、风景林、风景石和红树林、珊瑚礁"，随后经过几次修订，对红树林的保护力度不断加强。自 2002 年起，国家林业局启动了一系列红树林保护和修复工程，包括《全国湿地保护工程规划(2002—2030)》《全国湿地保护"十三五"实施规划》《湿地保护修复制度方案》，在努力保护好原有红树林的同时，东南沿海地区掀起了一股红树林造林热潮。2015 年以来，我国不断加强滨海生态环境的保护，严禁围填海活动。2017 年国家林业局和国家发展改革委联合印发了《全国沿海防护林体系建设工程规划(2016—2025 年)》，规划红树林人工造林面积 48650hm^2；2020 年出台《红树林保护修复专项行动计划(2020—2025 年)》，计划逐步完成自然保护地内的养殖池、农田等清退工作，恢复红树林自然保护地生态功能,到2025 年，营造和修复红树林面积 18800hm^2。依据此计划和本书研究得出的 2020 年红树林面积，预计 2025 年中国东南沿海将有 46000余公顷红树林，基本恢复至 1970 年的水平。

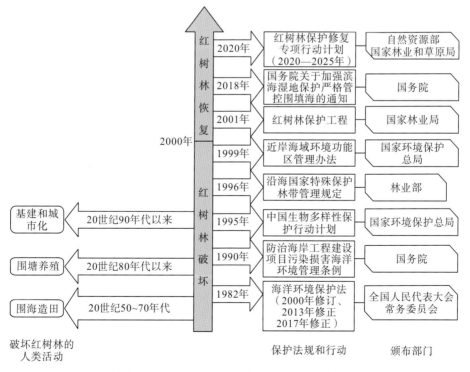

图 6-9　我国对红树林的破坏、保护和管理发展历程

漳江口红树林湿地自然保护区始建于 1992 年，2003 年晋升为国家级自然保护区。自保护区成立以来，红树林湿地得到了较好的保护，本书研究结果显示 2005～2017 年红树林湿地面积增加了10.74hm^2；同时，在对当地进行实地调查期间，通过走访当地居民发现保护区周边的绝大多数居民均有红树林保护意识；此外，保护区人员介绍近年来保护区管理人员积极从事治理互花米草的科学实践活动，并已建立多处试点。因此，保护区建设的诸多保护措施可对红树林湿地生态系统健康维持起到积极作用。

6.7　本　章　小　结

本章以漳江口红树林湿地为例，从压力-状态-响应层面构建红树林湿地生态系统健康评价指标体系，并对影响红树林湿地健康水平的因素进行探讨，为红树林湿地健康评价提供了一种高效可行的研究思路。基于遥感数据与空间分析技术的湿地健康评价不仅可为湿地资源的保护管理提供技术支撑，同时对于区域生态安全的有序维持具有重要的现实意义。

参 考 文 献

[1] Rapport D J，Regier H A，Hutchinson T C. Ecosystem behavior under stress[J]. The American Naturalist，1985，125（5）：617-640.

[2] 武海涛，吕宪国. 中国湿地评价研究进展与展望[J]. 世界林业研究，2005，18（4）：49-53.

[3] 马克明，孔红梅，关文彬，等. 生态系统健康评价：方法与方向[J]. 生态学报，2001，21（12）：2106-2116.

[4] Cherrington E A，Griffin R E，Anderson E R，et al. Use of public Earth observation data for tracking progress in sustainable management of coastal forest ecosystems in Belize，Central America[J]. Remote Sensing of Environment，2020，245：111798.

[5] Friess D A，Aung T T，Huxham M，et al. SDG 14: Life below water—Impacts on mangroves[M]//Katila P，Colfer C J P，de Jong W. Sustainable development goals：Their impacts on forests and people. Cambridge：Cambridge University Press.

[6] Amezaga J，Bathurst J，Iroumé A，et al. SDG 6: Clean water and sanitation—Forest-related targets and their impacts on forests and people[M]//Katila P，Colfer C J P，de Jong W. Sustainable development goals：Their impacts on forests and people. Cambridge：Cambridge University Press.

[7] 郭菊兰，朱耀军，武高洁，等. 红树林湿地健康评价指标体系[J]. 湿地科学与管理，2013（1）：18-22.

[8] 杨盛昌，陆文勋，邹祯，等. 中国红树林湿地：分布，种类组成及其保护[J]. 亚热带植物科学，2017，46（4）：301-310.

[9] 但新球，廖宝文，吴照柏，等. 中国红树林湿地资源，保护现状和主要威胁[J]. 生态环境学报，2016，25（7）：1237-1243.

[10] 范航清，王文卿. 中国红树林保育的若干重要问题[J]. 厦门大学学报（自然科学版），2017，56（3）：323-330.

[11] Jia M M，Wang Z M，Zhang Y Z，et al. Monitoring loss and recovery of mangrove forests during 42 years：The achievements of mangrove conservation in China[J]. International Journal of Applied Earth Observation and Geoinformation，2018，73：535-545.

[12] 卢元平，徐卫华，张志明，等. 中国红树林生态系统保护空缺分析[J]. 生态学报，2019，39（2）：684-691.

[13] Costanza R，Norton B G，Haskell B D. Ecosystem health：New goals for environmental management[M]. Washington，D.C.：Island Press，1992.

[14] 于凌云，林绅辉，焦学尧，等. 粤港澳大湾区红树林湿地面临的生态问题与保护对策[J]. 北京大学学报（自然科学版），2019，4：1-9.

[15] 王玉图，王友绍，李楠，等. 基于 PSR 模型的红树林生态系统健康评价体系——以广东省为例[J]. 生态科学，2010，29（3）：234-241.

[16] 王树功，郑耀辉，彭逸生，等. 珠江口淇澳岛红树林湿地生态系统健康评价[J]. 应用生态学报，2010，21(2)：391-398.

[17] 胡涛，丑庆川，徐华林，等. 深圳湾福田红树林保护区生态系统健康评价[J]. 湿地科学与管理，2015(1)：16-20.

[18] 郑耀辉，王树功，陈桂珠. 滨海红树林湿地生态系统健康的诊断方法和评价指标[J]. 生态学杂志，2010，29(1)：111-116.

[19] 孙永光，赵冬至，郭文永，等. 红树林生态系统遥感监测研究进展[J]. 生态学报，2013，33(15)：4523-4538.

[20] Ishtiaque A，Myint S W，Wang C. Examining the ecosystem health and sustainability of the world's largest mangrove forest using multi-temporal MODIS products[J]. Science of the Total Environment，2016，569：1241-1254.

[21] 尹艺洁，刘世梁，成方妍，等. 基于景观特征的广西典型红树林湿地生态系统健康评价[J]. 安全与环境学报，2017，17(3)：1164-1170.

[22] 郭菊兰，朱耀军，武高洁，等. 海南省清澜港红树林湿地健康评价[J]. 林业科学，2015(10)：17-25.

[23] Liu M Y，Li H Y，Li L，et al. Monitoring the invasion of Spartina alterniflora using multi-source high-resolution imagery in the Zhangjiang Estuary，China[J]. Remote Sensing，2017，9(6)：539.

[24] 钟连秀，路春燕，王宗明，等. 基于 GIS 与 RS 的漳江口红树林湿地生态系统健康评价[J]. 生态学杂志，2019，38(8)：2553-2563.

[25] Sun T T，Lin W P，Chen G S，et al. Wetland ecosystem health assessment through integrating remote sensing and inventory data with an assessment model for the Hangzhou Bay，China[J]. Science of the Total Environment，2016，566：627-640.

[26] 贾慧聪，曹春香，马广仁，等. 青海省三江源地区湿地生态系统健康评价[J]. 湿地科学，2011，9(3)：209-217.

[27] 蒋卫国，李京，李加洪，等. 辽河三角洲湿地生态系统健康评价[J]. 生态学报，2005，25(3)：408-414.

[28] 高吉喜. 可持续发展理论探索：生态承载力理论、方法与应用[M]. 北京：中国环境科学出版社，2001.

[29] 赵串串，张愉笛，张藜，等. 黄河源区玛多县湿地生态健康评价[J]. 安徽农业大学学报，2017，44(1)：108-113.

[30] 申丹，焦琳琳，常禹，等. 黄海和渤海沿海地区生态系统健康评价[J]. 生态学杂志，2015，34(8)：2362-2372.

[31] 王磊，丁晶晶，任义军，等. 江苏盐城淤泥质海岸带湿地生态系统健康评价[J]. 南京林业大学学报(自然科学版)，2011，35(4)：13-17.

[32] 牛明香，王俊，徐宾铎. 基于 PSR 的黄河河口区生态系统健康评价[J]. 生态学报，2017，37(3)：943-952.

[33] 左伟，王桥，王文杰，等. 区域生态安全评价指标与标准研究[J]. 地理学与国土研究，2002，18(1)：67-71.

[34] 易凤佳，黄端，刘建红，等. 汉江流域湿地变化及其生态健康评价[J]. 地球信息科学学报，2017，19(1)：70-79.

[35] 冯倩，刘聚涛，韩柳，等. 鄱阳湖国家湿地公园湿地生态系统健康评价研究[J]. 水生态学杂志，2016，37(4)：48-54.

[36] 徐建华. 现代地理学中的数学方法[M]. 3 版. 北京：高等教育出版社，2017.

[37] 王一涵，周德民，孙永华. RS 和 GIS 支持的洪河地区湿地生态健康评价[J]. 生态学报，2011，31(13)：3590-3600.

[38] 刘明月. 中国滨海湿地互花米草入侵遥感监测及变化分析[D]. 长春：中国科学院大学(中国科学院东北地理与农业生态研究所)，2018.

[39] 傅海峰，陶伊佳，王文卿. 海平面上升对中国红树林影响的几个问题[J]. 生态学杂志，2014，33(10)：2842-2848.

第7章 基于生态大数据的区域生态安全诊断

本章导读

定量评估区域生态安全状况可为实现区域可持续发展的管理和决策提供科学依据。本章利用净初级生产力(net primary productivity，NPP)计算均衡因子与产量因子，并通过区域公顷对全国各省(区、市)以及河南省各地市 2000～2015 年人均生态足迹与生态承载力、生态赤字、生态压力指数进行测算，同时根据测算结果实现各区域生态安全状况的定量评估。研究表明：2000～2015 年，我国人均生态足迹呈北高南低的空间格局，除北京、上海外，大部分省(区、市)的人均生态足迹总体呈增加趋势。人均生态承载力呈现西高东低的空间分布特征，而且由 2000 年的 0.914hm²/人减少到 2015 年的 0.796hm²/人。生态压力指数总体呈持续上升趋势，表明我国生态安全面临较大问题，而西藏处于较为安全状态。我国人口大省河南省人均生态足迹 2010～2015 年略有下降，化石能源用地生态占用最高；人均生态足迹的空间变化呈现出北部、西部高，南部、东部低的特征；河南省人均生态承载力变化较小，人均生态承载力是耕地主导型，其中开封市人均耕地生态承载力最高，三门峡市最低。分析表明河南省生态安全整体处于不可持续状态，人均生态压力指数大，生态安全问题突出，其可持续发展能力亟待提高。

7.1 生态安全概述

一个区域要实现可持续发展，就必须处理好人口、资源与环境之间的关系，在发展经济的同时考虑到环境承载能力，杜绝过度开发，实现资源的永续利用，进而才能实现人与自然的和谐相处。

然而，人口的快速增长以及人类工农业活动的加剧，使得经济社会得到快速发展，但资源约束趋紧，自然资源过度消耗，掠夺式开发时有发生，生态环境问题日益严峻[1,2]。中国正面临土地退化、水土流失、生物多样性锐减、环境污染、全球变暖等一系列生态安全问题，并时刻威胁着人类的生存和生命健康。生态安全是国家安全和社会稳定的重要组成部分，保障国家和区域生态安全是生态保护的首要任务[3]，是关系人民福祉和民族未来的大事。因此，维护生态安全已成为我国社会经济发展过程中亟待解决的问题。

关于生态安全，国内外学者对其概念、研究内容及研究方法开展了大量的研究[3-5]。狭义的生态安全是指生态系统的完整性和健康的整体水平。而广义的生态安全是指在人的生活、健康、安乐、基本权利、生活保障来源、必要资源、社会秩序和人类适应环境变化的能力等方面不受威胁的状态，包括自然生态安全、经济生态安全和社会生态安全，是一个复合的人工生态安全系统。

随着生态安全研究内容及对象的丰富，国内外学者从不同角度提出了生态安全的定量和定性评价方法。生态足迹是基于资源环境承载力的生态安全定量评价模型[6]，其简化了评价因子，是生态安全定量评估中最具活力的方法之一[7]。生态足迹最早由 William Rees 教授于 1992 年提出，由其学生 Wackernagel 完善[8,9]，2000 年生态足迹法引入中国[10]，此后国内学者对生态足迹方法做了大量的研究。有学者研究发现 20 世纪初中国西部 12 省区有 10 省区出现生态赤字[11]；也有学者通过区分生产性生态足迹与消费性生态足迹对传统生态足迹理论进行改进[12]；还有学者从生态学角度运用传统生态足迹法和三维生态足迹法研究贾汪区煤炭资源枯竭城市转型发展的可持续性，结果表明贾汪区的发展受资源约束，仍然以粗放的发展方式为主[13]。同时，由于区域自然环境与社会经济条件的差异，通用的均衡因子和产量因子不能真实地反映区域的实际状况，使得传统生态足迹方法缺陷明显[14]。因此学者根据生态足迹的缺陷相继提出了"国家公顷""省公顷""本地公顷"和基于净初级生产力(net primary productivity，NPP)的生态足迹方法(EF-NPP)对传统生态足迹方法进行改进[15-18]。EF-NPP 被提出以后，杜家强等学者利用 EF-NPP 和传统生态足迹模型进行实证对比研究[19,20]；王红旗等利用 EF-NPP 对内蒙古各盟市的生态足迹和生态承载力进行研究[21]；鲁凤等基于 NPP 计算江苏省均衡因子和产量因子，发现其适用于省、市域等中小尺度[22]。目前，利用 EF-NPP 对区域生态安全的实证研究还相对较少，并且在生态足迹计算中较多使用全球或全国平均产量进行计算。我国幅员辽阔，地形和气候条件复杂，地理环境差异很大，导致各区域生产能力存在较大差别，利用全球或全国平均产量不能有效反映区域真实的生产能力，进而影响生态安全评价结果。

针对我国自然和社会经济环境差异较大，各区域之间发展严重不均衡等问题，本章利用 NPP 数据测算生态足迹和生态承载力，来反映区域的供求关系，并构建生态压力指数评价区域的生态安全状况。相关研究有助于了解我国各省(区、市)在快速发展过程中的生态安全状况，实现区域生态安全的科学评价，促进区域社会、经济与生态的协调发展，有利于从宏观上把握区域动态，为环境管理和决策提供科学依据。同时，以河南省为例，探讨中小尺度的生态安全。河南省地处我国中部地区，秦岭淮河气候分界线贯穿其中，导致其南北自然环境具有较大的差异。同时，作为我国第一产粮大省的河南，在保障国家粮食安全中占据着十分重要的地位。

7.2　相关研究方法

本章以 2000 年、2005 年、2010 年、2015 年四个时期的土地利用数据定量评估我国各区域生态安全状况。考虑到相邻年份的土地利用差别较小，因此根据年份相近原则做如下处理：2000 年土地利用数据对应 2000～2002 年 NPP 数据，2005 年土地利用数据对应 2003～2007 年 NPP 数据，2010 年土地利用数据对应 2008～2012 年 NPP 数据，2015 年土地利用数据对应 2013～2015 年 NPP 数据。

利用 ArcGIS 对 MOD17A3-NPP 数据进行投影转换、重采样(1km)、去除无效值等处理；结合全国省级矢量数据，获得各省 NPP 数据，乘以比例系数得到真实的各省域 NPP

数据，然后将土地利用分类数据与 NPP 进行叠加运算，得到 2000～2015 年全国生产性土地的 NPP 统计数据（表 7-1）。

表 7-1　中国 2000～2015 年不同土地利用类型 NPP　　　　　　　［单位：gC/(m²·a)］

年份	耕地	林地	草地	水域
2000	369.4	536.1	156.4	116.3
2005	407.7	560.2	170.6	128.5
2010	401.4	551.2	170.9	130.2
2015	434.7	581.8	178.2	140.8
平均	403.3	557.3	169.0	129.0

生态足迹计算包括生物资源消费量和能源消费量两类数据，由于部分省份生物资源消费量数据存在一定的缺失，因此利用生物资源生产量替代其消费量。生物资源与能源数据共包含 30 个消费项目，由于各消费项目存在于不同的土地类型中，根据耕地、林地、草地、水体、建设用地、化石能源用地 6 类生物生产性土地进行划分，将各消费项目划分到相应的用地类型之中进行计算（表 7-2）。

表 7-2　生态足迹模型生物资源与能源消费账户

账户类型	土地利用类型	消费项目
生物资源账户	耕地	谷物、豆类、薯类、油料、棉花、麻类、烟叶、蔬菜、猪肉、瓜果类、甜菜、禽蛋、禽肉
	林地	水果、茶叶、木材
	草地	牛肉、羊肉、牛毛、奶类
	水体	水产品
化石能源账户	化石能源用地	原煤、焦炭、原油、柴油、汽油、燃料油、煤油、天然气
	建设用地	电力

生态足迹模型计算过程中，为了使不同土地利用类型的计算结果可以直接进行比较，需要将不同土地利用类型转化到同一生产力之下，转化中使用的因子称为均衡因子。计算公式如下：

$$r_j = \frac{\mathrm{NPP}_j}{\overline{\mathrm{NPP}}} \tag{7-1}$$

式中，r_j 为均衡因子；NPP_j 为 j 类生物生产性土地的 NPP 值；$\overline{\mathrm{NPP}}$ 为各类土地的年平均 NPP 值。

由于均衡因子的变化程度较小，本章利用 2000～2015 年各土地利用类型 NPP 的均值计算各土地利用类型均衡因子：耕地为 1.28、林地为 1.77、草地为 0.54、水体为 0.41。此外，本章中建设用地的均衡因子与产量因子用耕地替代，化石能源用地的均衡因子用林地替代[14]。

自然条件的差异导致区域生物生产性土地具有不同的生产力，为了使不同利用类型土地的生物产品之间相加，需利用产量因子对其进行转化。产量因子的计算公式如下：

$$y_j = \frac{\text{NPP}_j}{\overline{\text{NPP}_j}} \tag{7-2}$$

式中，y_j 为产量因子；NPP_j 为 j 类生物生产性土地的 NPP 值；$\overline{\text{NPP}_j}$ 为 j 类土地的国家年平均 NPP 值。

7.2.1　生态足迹

基于净初级生产力 NPP 的生态足迹是以"国家公顷(nhm^2)"为单位，计算模型涉及耕地、草地、林地、建设用地、水体和化石能源用地 6 种土地利用类型的生物生产面积，计算公式如下：

$$\text{EF} = N \times \text{ef} = N \times \sum_{j=1}^{6} \left[r_j \times \sum_{i=1}^{n} \left(\frac{c_i}{p_i} \right) \right] \tag{7-3}$$

式中，EF 为区域生态足迹，hm^2；ef 为人均生态足迹，$\text{hm}^2/人$；r_j 为均衡因子；j 为生物生产性土地类型；i 为消费项目类型；c_i 为第 i 种消费品的人均年消费量，$\text{kg}/人$，p_i 为第 i 种消费品的全国平均生产能力，hm^2/kg；N 为区域总人口数。

7.2.2　生态承载力

生态承载力是指一定区域内能够提供给人类生产生活所需要的生物生产性土地面积[23]，可以表征区域的生态供给能力。根据世界环境与发展委员会(WCED)报告，至少有 12%的生态容量需被保存以保护生物多样性，因此在计算生态承载力时应扣除 12%的生物多样性保护面积。区域生态承载力计算公式为

$$\text{EC} = (1-0.12) \times N \times \text{ec} = (1-0.12) \times N \times \sum_{j=1}^{n} \left(a_j \times r_j \times y_j \right) \tag{7-4}$$

式中，EC 为区域生态承载力，hm^2；ec 为人均生态承载力，$\text{hm}^2/人$；a_j 为人均占有 j 类生物生产性土地面积，hm^2；r_j 为均衡因子；y_j 为产量因子；j 为生物生产性土地类型；N 为区域总人口数。

7.2.3　生态赤字/盈余

生态赤字/生态盈余是生态足迹与生态承载力之间的差值，可以反映一个地区的可持续发展状况[11,24]，公式为

$$\text{ed} = \text{ec} - \text{ef} \tag{7-5}$$

式中，ed <0 时表示为生态赤字，说明生态环境已超载，反之则为生态盈余；ef 为人均生态足迹；ec 为人均生态承载力。

7.2.4 生态压力指数

生态压力指数是指生态足迹与生态承载力的比率，反映生态环境的承压程度[25]。公式为

$$T = ef / ec \qquad (7\text{-}6)$$

式中，T 为人均生态压力指数；ef 为人均生态足迹；ec 为人均生态承载力。生态压力指数等级划分标准[25]见表 7-3。

表 7-3 生态压力指数等级划分

生态压力指数	<0.5	0.50~0.80	0.81~1.00	1.01~1.50	1.51~2.00	>2.00
生态安全程度	很安全	较安全	轻度不安全	中度不安全	高度不安全	严重不安全

7.3 全国尺度生态安全格局分析

7.3.1 生态足迹分析

通过对 2000~2015 年人均生态足迹的空间特征分析发现全国 31 省(区、市)人均生态足迹呈现出北高南低的空间变化特征，而且北方变化程度较南方大(图 7-1)。人均生态足迹较高的地区集中分布于华北、东北和西北地区，内蒙古、新疆、山西、宁夏人均生态足迹一直处于较高水平且在 2000~2015 年持续快速增长。宁夏从 2000 年的 2.525hm²/人增加到 2015 年的 12.360hm²/人，增长达 3.9 倍，位居全国最高。北京、上海两市人均生态足迹呈下降趋势，表明其生态可持续性增强。北京、上海作为我国经济最发达的地区，技术水平及人口素质的提高使其资源利用效率得到提高，进而减少其人均生态足迹。西藏人均生态足迹低且变化幅度小。

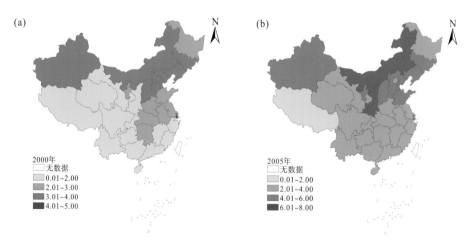

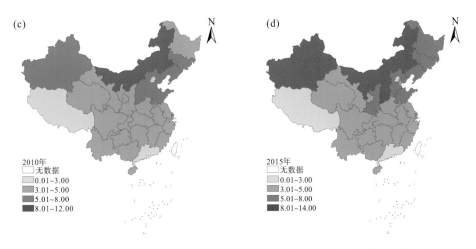

图 7-1　我国 31 省(区、市)2000～2015 年人均生态足迹空间变化(hm²/人)

2000～2015 年全国 31 省(区、市)人均生态足迹主要由化石能源用地和耕地构成,林地和建设用地相对较少。人均化石能源用地生态足迹占比逐渐增加,主要由快速的经济发展对化石能源消费量的需求增加引起;人均耕地生态足迹占比逐渐减少,则是因为近年来

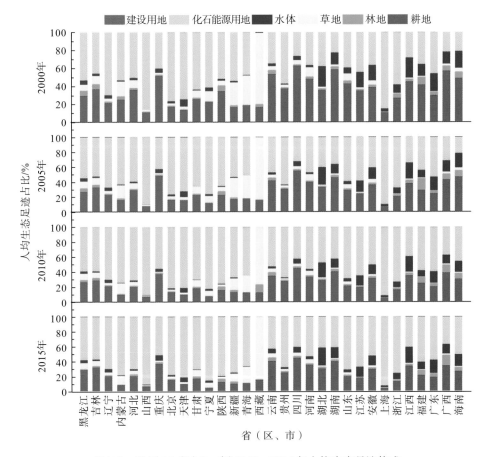

图 7-2　我国 31 省(区、市)2000～2015 年人均生态足迹构成

人口迅速增加以及经济的快速发展，城市面积不断扩张，大量耕地被建筑用地占用，使得耕地生态足迹逐渐下降。各省(区、市)人均建设用地生态足迹占比一直较低，主要是因为建设用地的消费项目是电力，说明中国各省(区、市)能源消费以化石能源消费为主，能源消费结构严重失衡。南方各省(区、市)的人均水体生态足迹占比较高，主要由于其受自然条件的影响，水产养殖业规模大，过度开发给水域环境带来了较大的压力。西藏、青海、新疆等地畜牧业发达，当地居民的生活习惯导致其对畜牧产品需求量大，使得其人均草地生态足迹占比较高。此外，广西人均林地生态足迹占比增加最快；青海人均建设用地生态足迹占比全国最高，这主要是由于青海处于黄河上游，水电资源丰富(图 7-2)。

7.3.2 生态承载力分析

2000～2015 年我国人均生态承载力呈现西高东低的空间特征(图 7-3)。全国人均生态承载力从 2000 年的 0.914hm²/人减少到 2015 年的 0.796hm²/人，人均生态承载力呈下降趋势的省(区、市)占比 64.5%。西藏、云南、广西、新疆、重庆、浙江、广东、山西人均生态承载力在 2000～2015 年持续下降，其他各省(区、市)呈波动状态，其中西藏人均生态承载力最高且下降明显(图 7-4)。

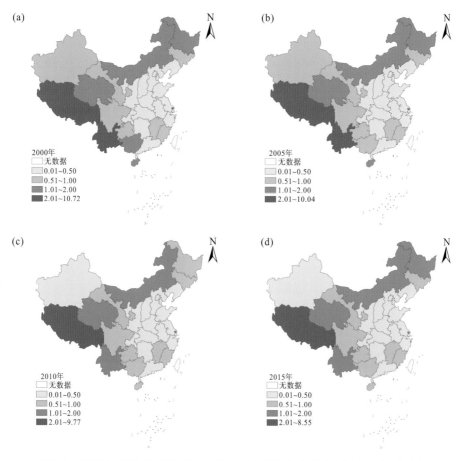

图 7-3 我国 31 省(区、市)2000～2015 年人均生态承载力空间变化(hm²/人)

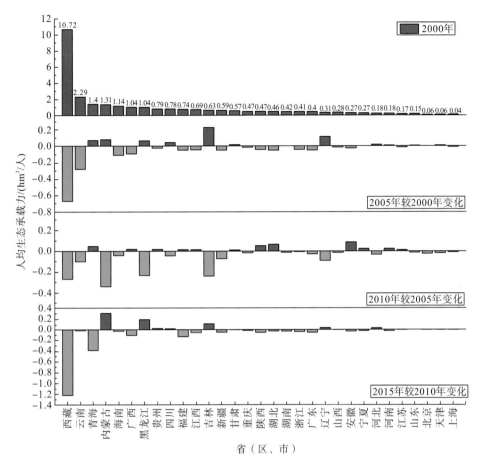

图 7-4　我国 31 省(区、市)2000~2015 年人均生态承载力变化

西藏地区人口少、人均占有土地面积大，并且经济发展相对落后，对生态环境的破坏程度较小，使得其人均生态承载力较高。此外，青藏铁路的建设对其生态环境的影响，以及开通后西藏与其他省份的经济联系加强，资源开发力度加大，造成其生态承载力持续下降。研究表明，耕地与林地是影响生态承载力的重要因素[26]，北京、天津、上海经济发达、人口密度大、建筑用地面积大，使得其耕地与林地面积分布较小，可能是导致其生态承载力较低的主要原因(图 7-4)。

全国各省(区、市)林地与耕地人均生态承载力占比最高，其次为草地与建设用地，人均水体生态承载力占比最小。我国南方、东北及西藏由于林地资源丰富，人均林地生态承载力占比较高，其中湖南省占比最高，达 92%，上海市最低，仅为 2.2%左右。华北平原、黄淮海平原人均耕地生态承载力占比较高，主要由于其地势平坦、耕地面积大、机械化程度高，土地生产力较强。上海、北京、天津、江苏、山东、河南人均建设用地生态承载力占比居全国前列，与其人口数量和人口密度有一定关系。青海人均草地生态承载力占比居全国首位，表明草地对青海生态承载力影响较大，维持草地生态平衡是保障青海生态可持续的关键。2000~2015 年各省(区、市)人均水体生态承载力占比较小，说明水体生态承载力对人均生态承载力的影响相对较小(图 7-5)。

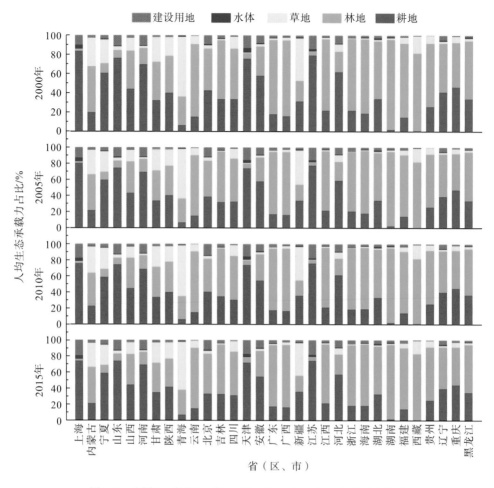

图 7-5　我国 31 省(区、市)2000~2015 年人均生态承载力构成

7.3.3　生态安全分析

2000~2015 年全国 31 省(区、市)生态压力指数呈总体持续上升趋势(图 7-6)。上海、北京、天津、河北、内蒙古及东北三省 2015 年生态压力指数相比 2010 年有所下降，表明其生态安全状况有所好转。上海、北京、天津经济发展程度较高，2010~2015 年第三产业发展迅速有利于其生态安全水平的提高。而河北及东北各省近年来产业结构不断转型，政府限制高耗能、高污染企业的发展在一定程度上有利于降低其生态压力。广西由 2000 年高度不安全转变为 2005~2015 年的严重不安全，其他各省(区、市)在不同年份均处于严重不安全状态，说明各省(区、市)在发展过程中承受较大的生态压力，生态安全问题日趋严重。2000~2015 年上海、天津两地生态压力指数为全国最高，说明其生态系统严重不平衡，严重超出其生态承载力，这主要是由于该地区人口密度大、人均可利用土地面积有限、消费水平高，导致其人均获取的生存资料无法满足本地区的生存需求，从而导致其生态压力较大。西藏则因人均可利用土地面积大、消费水平低，其生态安全程度较高。

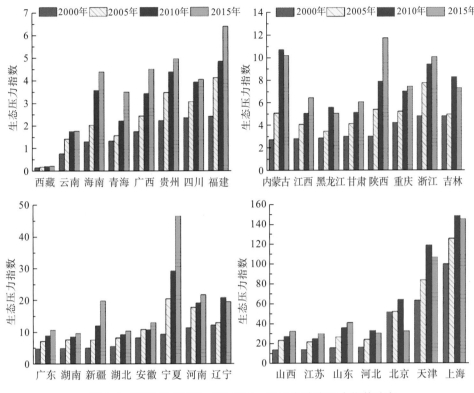

图 7-6　我国 31 省(区、市)2000～2015 年生态压力指数动态

7.4　河南省生态安全格局分析

7.4.1　人均生态足迹分析

通过分析河南省 18 个地市 2010～2015 年的人均生态足迹发现,河南省人均生态足迹略有下降。2010 年和 2015 年河南省各类型土地人均生态足迹依次表现为:化石能源用地＞草地＞耕地＞建设用地＞林地＞水体,表明化石能源用地和草地生态占用严重。河南省化石能源用地人均生态足迹从 2010 年的 $1.727hm^2$ 减少到 2015 年的 $1.527hm^2$,说明河南省以能源资源消耗为依托的产业发展略有放缓,主要是与政府关闭小型高耗能、高污染企业有关。其中电力消耗人均生态足迹较低,表明河南省能源消费以煤炭等化石能源消费为主,能源消费结构严重失衡。而草地人均生态足迹从 2010 年的 $0.636hm^2$ 增加到的 2015 年的 $0.693hm^2$,表明对牛羊肉等畜牧产品的需求量有所增加。

河南省各地市人均生态足迹以化石能源用地和草地构成为主,水体和林地占比较小。2010 年开封市、濮阳市、南阳市、周口市、驻马店市以草地生态足迹构成为主,2015 年相比 2010 年增加了商丘市与信阳市,其他城市均以化石能源用地构成为主(图 7-7)。濮阳市 2010～2015 年草地生态足迹增幅最大,为 19%。在此期间,信阳市耕地生态足迹占比最高,而济源市化石能源用地生态足迹占比最高,达 90%以上,说明煤炭等化石能源是济源市主要能源消费构成。

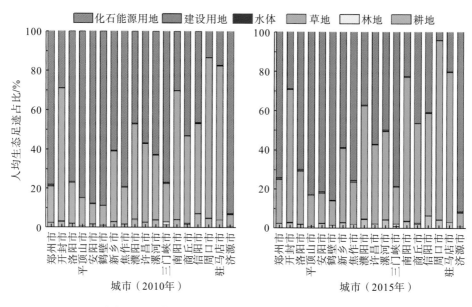

图 7-7　河南省 2010 年与 2015 年人均生态足迹构成

由表 7-4 可知，信阳市、周口市人均生态足迹较低，主要是由于信阳市与周口市第二、三产业发展缓慢，耕地面积较大，是以农业产业发展为主的农产品主产地；济源市、平顶山市人均生态足迹较高，主要原因是济源市能源资源匮乏，对外依存度高，能源消费占比高；而平顶山市作为资源型城市，产业发展以第二产业为主，其能源消费主要依托本地的煤炭资源，导致其人均生态足迹较高。2010～2015 年河南省有 10 个地市人均生态足迹呈减少趋势，8 个地市有所增加。其中焦作市减少最多，为 0.955hm^2。焦作市人均生态足迹降低明显是由于焦作市作为河南省重要的资源型城市，人均生态足迹相对较高，有降低空间；其次焦作市近年来结合自身条件优势，不断进行产业转型，大力发展旅游业，使其对能源资源的消费量降低。整体而言，河南省地市大体呈现出北部、西部人均生态足迹高，南部、东部人均生态足迹低的空间变化特征(图 7-8)，并且地市之间人均生态足迹差异较大。

表 7-4　2010～2015 年河南省各地市人均生态足迹　　　　　　　　　　（单位：hm^2/人）

地市	2010 年	2015 年	地市	2010 年	2015 年
郑州市	1.543	1.621	许昌市	1.704	1.779
开封市	1.503	1.700	漯河市	1.107	0.935
洛阳市	2.736	2.367	三门峡市	3.192	3.895
平顶山市	5.743	5.164	南阳市	1.551	1.528
安阳市	2.908	2.117	商丘市	2.580	2.146
鹤壁市	4.192	3.724	信阳市	0.856	0.880
新乡市	1.504	1.576	周口市	0.993	0.958
焦作市	3.122	2.167	驻马店市	1.340	1.556
濮阳市	1.038	1.137	济源市	6.022	5.821

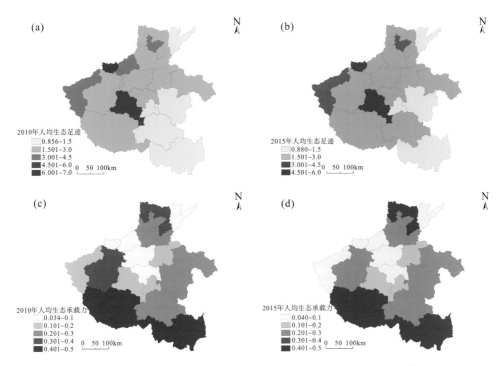

图 7-8　河南省 2010~2015 年人均生态足迹与生态承载力动态(hm²/人)

7.4.2　人均生态承载力分析

《我们共同的未来》书中指出,最终生态承载力应扣除 12%用来保护生物多样性[27]。根据公式计算发现,2010~2015 年河南省人均生态承载力变化较小,2010 年为 0.209hm²/人,2015 年为 0.207hm²/人;2010 年和 2015 年河南省各土地类型人均生态承载力依次表现为:耕地>林地>建设用地>草地>水体。5 类土地的人均生态承载力变化都较小,其中耕地人均生态承载力在各类土地中最高,由 2010 年占比 69.7%上升到 2015 年的 71.2%。河南省各地市人均生态承载力以耕地为主,水体占比较小(图 7-9)。开封市耕地人均生态承载力最高,三门峡市最低。2010~2015 年三门峡市人均生态承载力有所提高,其林地与草地人均生态承载力为全省最高,信阳市水体人均生态承载力占比最高,这主要与信阳市所处的地理位置及其水域面积较大有关。

通过表 7-5 可以发现,南阳市、信阳市、安阳市人均生态承载力较高,濮阳市、焦作市、济源市人均生态承载力较低,主要由于南阳市、信阳市、安阳市人均耕地占有面积大,而濮阳市、焦作市、济源市人均耕地占有面积较小,因此影响其人均生态承载力的变化,也说明河南省人均生态承载力是耕地主导型。2010~2015 年河南省人均生态承载力增加和减少的各有 9 个地市,其中安阳市人均生态承载力增加最多,为 0.027hm²/人,南阳市减少最多,达 0.040hm²/人。总体而言,河南省各地市人均生态承载力呈现出四周高、中部低的空间变化特征。

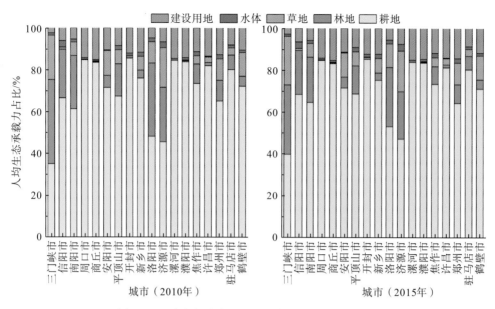

图 7-9　河南省各地市不同土地类型生态承载力构成

表 7-5　2010～2015 年河南省各地市人均生态承载力　　　（单位：hm²/人）

地市	2010 年	2015 年	地市	2010 年	2015 年
郑州市	0.073	0.077	许昌市	0.092	0.088
开封市	0.171	0.182	漯河市	0.147	0.141
洛阳市	0.325	0.299	三门峡市	0.109	0.090
平顶山市	0.149	0.146	南阳市	0.456	0.416
安阳市	0.383	0.410	商丘市	0.226	0.236
鹤壁市	0.270	0.273	信阳市	0.462	0.474
新乡市	0.209	0.218	周口市	0.292	0.286
焦作市	0.048	0.050	驻马店市	0.255	0.253
濮阳市	0.034	0.040	济源市	0.060	0.057

7.4.3　人均生态赤字/盈余与生态压力指数分析

根据式(7-5)计算发现河南省各地市在 2010 年和 2015 年均处于生态赤字状态(表 7-6)，说明河南省生态安全处于不可持续状态。其中济源市、平顶山市人均生态赤字水平较高，信阳市、周口市人均生态赤字水平较低，这主要与城市的产业结构有较大关联。人均生态赤字与人均生态足迹的变化特征具有空间一致性，即北部、西部较高，南部、东部较低，与 2010 年相比，2015 年河南省人均生态赤字程度总体有所提高。河南省正处于高速发展进程中，对于资源的消耗不断增加，而河南省开发历史悠久、人口密度大、土地承载力有限，并且化石能源的生态占用占据主导地位，因此需要根据自身的条件优势不断寻求产业转型发展，提高能源利用效率，利用核能、风力及太阳能发电是降低河南省生态赤字，提高可持续发展能力的有效途径之一。

根据式 (7-6) 计算河南省各地市人均生态压力指数，结果见表 7-6。2010~2015 年河南省各地市人均生态压力指数大且变化较小。2010~2015 年河南省 18 个地市中有 17 个地市的人均生态压力指数大于 2，处于严重不安全状态；只有信阳市人均生态压力指数为 1.855，处于高度不安全状态，说明河南省整体生态不安全程度较高，生态安全状况无明显好转。其中焦作市人均生态压力指数降低幅度最大，这主要是由于焦作市转变产业结构，大力发展旅游业；三门峡市人均生态压力指数增加最多，是由于其 2010~2015 年能源消费增加达 170 万 t 标准煤，而常住人口只增加 2 万人，这使得三门峡市人均生态足迹增加显著，进而影响其人均生态压力指数。人均生态压力指数结果表明河南省各地市生态压力较大，生态安全体系亟须进一步完善，整体的可持续发展能力也有待加强。

生态压力指数反映生态足迹与生态承载力的比例关系，受到人口、城市建设等多方面因素的影响。河南省人均生态承载力是耕地主导型，而耕地面积有限，随着人口增长，对耕地的需求增加和经济快速发展使得城市扩张，对耕地的侵占降低了耕地承载力。此外，河南省能源消费以化石能源为主，化石能源生态足迹对其生态压力指数也存在巨大影响。因此，提高资源利用效率、加强耕地资源保护、科学规划土地利用方式、提倡节约型消费、调整能源消费结构可以在一定程度上缓解河南省的生态压力状况[28,29]。

表 7-6　人均生态赤字/盈余与生态压力指数

城市	人均生态赤字/盈余		人均生态压力指数	
	2010 年	2015 年	2010 年	2015 年
郑州市	−1.470	−1.544	21.018	21.123
开封市	−1.332	−1.517	8.777	9.321
洛阳市	−2.411	−2.067	8.423	7.904
平顶山市	−5.595	−5.018	38.628	35.375
安阳市	−2.525	−1.707	7.589	5.167
鹤壁市	−3.923	−3.451	15.537	13.642
新乡市	−1.295	−1.358	7.187	7.233
焦作市	−3.074	−2.117	64.500	43.261
濮阳市	−1.003	−1.097	30.208	28.738
许昌市	−1.612	−1.691	18.510	20.251
漯河市	−0.960	−0.794	7.552	6.630
三门峡市	−3.083	−3.805	29.189	43.445
南阳市	−1.095	−1.113	3.400	3.677
商丘市	−2.354	−1.910	11.435	9.105
信阳市	−0.395	−0.406	1.855	1.855
周口市	−0.701	−0.673	3.402	3.355
驻马店市	−1.085	−1.303	5.264	6.146
济源市	−5.962	−5.764	101.010	102.027

7.5 讨　论

2018 年，习近平总书记在全国生态环境保护大会上指出：加大力度推进生态文明建设、解决生态环境问题，坚决打好污染防治攻坚战，推动我国生态文明建设迈上新台阶。当前，社会各界都在认真学习领会习近平生态文明思想，深刻把握"绿水青山就是金山银山"的重要发展理念，坚定不移走生态优先、绿色发展新道路，开创美丽中国建设新局面。

近年来，我国开展了一批重大生态保护与建设工程，取得了较为显著的成效[30]。然而，生态安全本身就是一项重大的系统性工程，具有多重特征。一是整体性。局部生态环境的破坏可能引发全局生态问题，甚至会导致整个国家和民族的生存条件受到威胁。二是综合性。影响生态安全的因素有很多，这些因素相互作用、相互影响，使生态安全的维护显得尤为复杂。三是区域性。地域不同、对象不同，生态安全的影响因素和表现形式也会不同。四是动态性。生态安全会随着影响因素的发展变化而在不同时期表现出不同的状态。五是战略性。生态安全关系国计民生，关系经济社会的可持续发展。因此，维护生态安全必须在国家层面注重顶层设计。要针对关键问题，整合现有各类重大工程，构建生态保护、经济发展和民生改善的协调联动机制，发挥人力、物力、资金使用的最大效率，实现生态安全效益的最大化。同时，保障国家生态安全离不开技术支撑。要充分利用技术，构建国家生态安全综合数据库，通过对生态安全现状及动态的分析评估，预测未来国家生态安全情势及时空分布信息。

本章基于生态足迹模型，利用 NPP 计算产量因子与均衡因子，在一定程度上有效缩小了传统生态足迹模型中因区域差异的存在而导致研究结果的差异，并结合已有研究考虑到生态赤字/盈余对于生态安全评价的不足，利用生态压力指数评价区域生态安全状况。受数据获取条件的限制，在测算生态足迹时以生物资源产量数据代替消费量数据。目前，大多数研究主要都是通过这一方法来解决数据获取的不足，并对区域可持续状况进行评价。但这使得计算数值与实际状况可能存在一定的偏差，在下一步的研究中将结合现有研究成果，着重对区域生产性生态足迹与消费性生态足迹进行对比分析，研究区域资源的流动状况，能够更加准确地判断区域生态安全状况，以期为区域生态安全提供更加合理的建议。

7.6 本 章 小 结

本章利用生态足迹模型对中国 2000～2015 年各省(区、市)以及河南省各地市的生态安全状况进行研究发现：2000～2015 年，全国人均生态足迹表明人均生态占用不断增加且呈北高南低的空间分布特征。北京、上海人均生态足迹不断降低，生态可持续性增强；西藏受其经济发展的影响人均生态足迹低且变化幅度小；全国人均生态承载力从 $0.914hm^2$ 减少到 $0.796hm^2$，并呈西高东低的空间特征。人均生态承载占比结果表明植树造林、保护耕地有利于提高区域承载力；全国生态压力指数总体持续上升，除西藏外，其他各省（区、市）面临较为严重的生态安全问题：上海、天津人均可利用土地面积有限、消费水平高，供需矛盾突出、生态压力大。2010～2015 年河南省人均生态足迹略有下降；化石能源用地生态占用最高，其人均生态足迹从 2010 年的 1.727hm²/人减少到 2015 年的 1.527hm²/人，草地从 2010 年的 0.636hm²/人增加到 2015 年的 0.693hm²/人，生态足迹的空间变化呈现出北部、西部人均生态足迹高，南部、东部人均生态足迹低的特征；河南省人均生态承载力变化较小，南阳市、信阳市、安阳市人均生态承载力较高，濮阳市、焦作市、济源市人均生态承载力较低；人均生态承载力是耕地主导型，开封市耕地人均生态承载力最高，三门峡市最低；河南省生态安全处于不可持续状态，人均生态压力指数大，生态安全问题突出，其可持续发展能力亟须提高。

参 考 文 献

[1] 曲格平. 关注生态安全之一：生态环境问题已经成为国家安全的热门话题[J]. 环境保护，2002(5)：3-5.

[2] 肖笃宁，陈文波，郭福良. 论生态安全的基本概念与研究方法[J]. 应用生态学报，2002，13(3)：354-358.

[3] 左伟，王桥，王文杰，等. 区域生态安全评价指标与标准研究[J]. 地理学国土研究，2002，18(1)：67-71.

[4] 陈星，周成虎. 生态安全：国内外研究综述[J]. 地理科学进展，2005，24(6)：8-20.

[5] 彭文君，舒英格. 喀斯特山区县域耕地景观生态安全及演变过程[J]. 生态学报，2018，38(3)：852-865.

[6] 黄宝强，刘青，胡振鹏，等. 生态安全评价研究述评[J]. 长江流域资源与环境，2012，21(S2)：150-156.

[7] 黄莉莉，米锋，孙丰军. 森林生态安全评价初探[J]. 林业经济，2009(12)：64-68.

[8] Rees W E. Ecological footprints and appropriated carrying capacity：What urban economics leaves out[J]. Environment and Urbanization，1992，4(2)：121-130.

[9] Wackernagel M，Rees W. Our ecological footprint：Reducing human impact on the earth[M]. Gabriola Island：New Society Publishers，1998.

[10] 徐中民，张志强，程国栋. 甘肃省 1998 年生态足迹计算与分析[J]. 地理学报，2000，55(5)：607-616.

[11] 张志强，徐中民，程国栋，等. 中国西部 12 省（区市）的生态足迹[J]. 地理学报，2001，56(5)：599-610.

[12] 熊德国，鲜学福，姜永东. 生态足迹理论在区域可持续发展评价中的应用及改进[J]. 地理科学进展，2003，22(6)：618-626.

[13] 朱琳，卞正富，赵华，等. 资源枯竭城市转型生态足迹分析——以徐州市贾汪区为例[J]. 中国土地科学，2013，27(5)：78-84.

[14] 魏黎灵，李岚彬，林月，等. 基于生态足迹法的闽三角城市群生态安全评价[J]. 生态学报，2018，38(12)：4317-4326.

[15] 顾晓薇，王青，刘建兴，等. 基于“国家公顷”计算城市生态足迹的新方法[J]. 东北大学学报（自然科学版），2005，26(4)：397-400.

[16] Venetoulis J，Talberth J. Refining the ecological footprint[J]. Environment，Development and Sustainability，2008，10(4)：441-469.

[17] 张恒义，刘卫东，林育欣，等. 基于改进生态足迹模型的浙江省域生态足迹分析[J]. 生态学报，2009，29(5)：2738-2748.

[18] 张帅，董泽琴，王海鹤，等. 基于“市公顷”模型的某县级市生态足迹分析[J]. 安徽农业科学，2010，38(22)：11867-11870.

[19] 杜加强，舒俭民，张林波. 基于净初级生产力的生态足迹模型及其与传统模型的对比分析[J]. 生态环境学报，2010，19(1)：191-196.

[20] 杜加强，王金生，滕彦国，等. 生态足迹研究现状及基于净初级生产力的计算方法初探[J]. 中国人口资源与环境，2008，18(4)：178-183.

[21] 王红旗，张亚夫，田雅楠，等. 基于NPP的生态足迹法在内蒙古的应用[J]. 干旱区研究，2015，32(4)：784-790.

[22] 鲁凤，陶菲，钞振华，等. 基于净初级生产力的省公顷生态足迹模型参数的计算——以江苏省为例[J]. 地理与地理信息科学，2016，32(2)：83-88.

[23] Dang X H，Liu G B，Xue S，et al. An ecological footprint and emergy based assessment of an ecological restoration program in the Loess Hilly Region of China[J]. Ecological engineering，2013，61：258-267.

[24] 杨屹，加涛. 21世纪以来陕西生态足迹和承载力变化[J]. 生态学报，2015，35(24)：7987-7997.

[25] 赵先贵，马彩虹，高利峰，等. 基于生态压力指数的不同尺度区域生态安全评价[J]. 中国生态农业学报，2007，15(6)：135-138.

[26] 田玲玲，罗静，董莹，等. 湖北省生态足迹和生态承载力时空动态研究[J]. 长江流域资源与环境，2016，25(2)：316-325.

[27] 鹿瑶，李效顺，蒋冬梅，等. 区域生态足迹盈亏测算及其空间特征——以江苏省为例[J]. 生态学报，2018，38(23)：8574-8583.

[28] 王涛，邵田田，李登辉，等. 基于净初级生产力生态足迹的河南省生态安全诊断[J]. 遥感信息，2020，35(4)：133-140.

[29] 韦宇婵，张丽琴. 河南省土地生态安全警情时空演变及障碍因子[J]. 水土保持研究，2020，27(3)：238-246.

[30] Feng Y J，Yang Q Q，Tong X H，et al. Evaluating land ecological security and examining its relationships with driving factors using GIS and generalized additive model[J]. Science of the Total Environment，2018，633：1469-1479.

第8章 基于生态大数据的蔬菜重金属含量研究

本章导读

蔬菜是人类膳食中必不可少的食材，蔬菜品质的好坏将直接影响到人体健康。镉（Cadmium，Cd）是毒性最强的生物非必需的重金属元素之一，具有较强的水溶性，极易被蔬菜所吸收和积累。因此，快速、准确地监测蔬菜中的 Cd 含量对蔬菜食用安全和产业发展有着十分重要的意义。高光谱遥感(hyperspectral remote sensing)技术在精准农业中的快速发展，为准确、无损、动态地诊断和检测农作物重金属含量提供了可行的方法。高光谱遥感数据量大，有较多信息冗余和背景噪声，因此对高光谱遥感数据的有效处理和信息提取是精确监测蔬菜重金属污染状况的重要前提。本章选择了 3 种常见蔬菜，通过 Cd 污染模拟实验，对获取的高光谱数据和蔬菜 Cd 含量进行了分析和模型构建，对生态大数据在蔬菜安全生产中的应用有着重要意义。

8.1 概　　述

蔬菜是日常膳食中必不可少的食材，有均衡人体营养、调节体质和增强免疫力等功效，其食用安全和营养价值直接影响着人类的健康。同时，蔬菜的质量和品质也是影响蔬菜产业发展的重要条件。随着工业化和城市化进程加快，土壤重金属污染也日趋严重，导致重金属污染事件时有发生，因此食品安全和无公害蔬菜的生产逐渐成为人们关注的热点[1]。2014 年全国土壤污染状况调查公报显示，镉(Cd)以 7.0%的点位超标率位居无机污染物榜首，存在较高的环境风险[2]。据报道，中国超过 11 个省 25 个区面临重金属 Cd 污染，污染面积约占耕地总面积的 1/5[3,4]。相对于其他重金属，Cd 具有更高的生物活性，极易被蔬菜吸收并积累在蔬菜的可食用部分，通过食物链对人体健康造成潜在威胁[5,6]。世界卫生组织规定每日最大允许摄入 Cd 的量为 1µg/kg，而人体中 70%的 Cd 来自蔬菜[7,8]。因此，了解蔬菜中 Cd 的含量和分布特点，并建立快速精确的实时监测手段非常重要。

高光谱遥感技术是当前遥感领域的前沿技术，具有很高的光谱分辨率，能够利用其较窄的波段获取目标物体的相关信息，逐渐成为植物生理生化参数研究的新方法[9]。由于重金属污染可导致植物叶片理化指标和内部结构发生变化，改变光在叶片中的反射路径，使植物叶片和冠层反射率随之发生变化，从而为高光谱技术监测植物重金属 Cd 污染状况建立了有效途径[10,11]。通过检测和比较健康和污染蔬菜的光谱特征差异，并建立其与 Cd 污染状况的内在联系，可实现对蔬菜 Cd 污染程度的高效和无损监测。与传统的化学检测方法相比，高光谱技术用于蔬菜 Cd 含量的监测具有成本低、省时、省力等优点，更适合应用于大面积农作物质量状况的实时监测。

8.2　重金属 Cd 胁迫下植物高光谱技术的应用及研究进展

8.2.1　基本原理

　　健康的绿色植物具有典型的反射光谱曲线[12]（图 8-1）。当受到重金属 Cd 胁迫时，植物根部吸收的 Cd^{2+} 可上行进入植物体叶片中，首先在细胞壁积累，并通过离子泵进入细胞，代替其他二价离子参与到细胞代谢过程中，从而影响细胞色素的形成，改变细胞的渗透压，使植物生理代谢紊乱，最终造成叶片的细胞内部结构发生变化[13,14]。植物叶片细胞内色素含量的变化将影响叶片对光的吸收与反射；细胞结构的变化也会改变光在植物体内反射和散射的路径，使叶片反射率发生变化[15,16]。也就是说，Cd 污染会间接地影响植物叶片的光谱反射特征，利用植物反射光谱信息可以反演植物的 Cd 污染程度，这为高光谱遥感技术应用于蔬菜 Cd 含量的监测提供了可能。

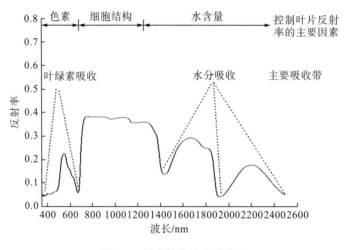

图 8-1　健康植物的光谱特征

8.2.2　高光谱遥感信息提取方法

　　高光谱遥感，即高光谱分辨率遥感，能够利用很多很窄的电磁波段从感兴趣的地物目标获取相关信息。高光谱遥感可利用成像光谱仪纳米级的高分辨率，通过几十甚至几百个波段同时对目标对象成像，获得连续的光谱信息[12]。

　　当植物受到 Cd 污染胁迫时，其正常生长受到影响，叶绿素含量、细胞结构及水含量等生理参数均受到不同程度的影响，导致植物反射光谱随之改变，如出现"红边"位置移动、反射率降低等。研究者可通过光谱敏感指数、光谱分维特征、光谱模型等对 Cd 污染农作物的生理生态表征进行高光谱识别，挖掘其响应规律，为农作物的 Cd 污染诊断提供依据[17-19]。

　　高光谱数据量大，包含信息多，且具有较大的背景噪声[20]。因此，光谱数据的滤噪、分类识别、数据的处理和信息的有效提取成为能否精确监测农作物重金属污染的关键问题[21]。目前,对高光谱遥感数据进行分析和信息提取的主要方法如下。

1. 对原始光谱数据的分析

作物光谱曲线的变化受叶片色素含量、水分、细胞结构等影响。作物受到重金属污染后,其光谱特征发生变化。这些变化可以通过对原始光谱进行简单分析后,利用其主要波谱参数来识别,这些参数包括光谱吸收谷的深度、吸收谷特征面积、吸收峰的波长位置、反射峰高度、归一化吸收深度、反射峰特征面积、归一化反射率高度等。

2. 微分导数光谱分析

原始光谱经过一阶、二阶微分转换为导数光谱,可以消除基线漂移或平缓背景干扰的影响,也可以提供比原始光谱更高分辨率和更清晰的光谱轮廓变换,降低光谱成分对目标的影响,突出目标,从而反映和揭示植物光谱内在特点,有利于植被指数、叶面积指数等植被信息的定量分析,最终反映作物生理组分信息。

原始光谱的一阶导数直接差分法转换公式为

$$\rho'(\lambda_i) = [\rho(\lambda_{i+1}) - \rho(\lambda_{i-1})]/2\Delta\lambda \tag{8-1}$$

式中,λ_i 为每个波段的波长;$\rho(\lambda_i)$、$\rho'(\lambda_i)$ 分别为波长 λ_i 的反射率和一阶微分光谱;$\Delta\lambda$ 为波长 λ_{i-1} 到 λ_i 的间隔。

3. 光谱特征变量分析

光谱特征变量是指能反映光谱曲线变化特征的参数变量,如反射光谱位于 680～750nm 的一阶微分最大值对应的光谱波长称为"红边",这是作物光谱曲线最为明显的特征,其参数形式主要有红边位置、红边振幅、红边面积、红边斜率等。与此相类似的光谱特征变量还有蓝边、黄边及相关参数(表 8-1)。

表 8-1　常用高光谱特征变量

类型	光谱特征变量	定义
基于光谱位置变量	绿峰反射率 R_g	510～560nm 内光谱反射率的最大值
	红边幅值 D_r	680～760nm 内一阶导数光谱中的最大值
	红谷反射率 R_r	650～690nm 内光谱反射率的最小值
	蓝边幅值 D_b	490～530nm 内一阶导数光谱中的最大值
	黄边幅值 D_y	560～640nm 内一阶导数光谱中的最大值
基于光谱面积变量	绿峰面积 SD_g	510～560nm 内原始光谱曲线所包围的面积
	红边面积 SD_r	红边波长范围内一阶导数波段值的总和
	蓝边面积 SD_b	蓝边波长范围内一阶导数波段值的总和
	黄边面积 SD_y	黄边波长范围内一阶导数波段值的总和

4. 光谱匹配方法

此方法多用于地质和岩矿光谱分析。通过计算被测地物光谱与参照光谱之间的差异性来进行匹配，或者利用地物光谱与参考光谱之间的相关系数及其显著性程度，对地物光谱与光谱数据库进行比较，以提高光谱分析精度。

5. 小波变换方法

小波变换方法广泛应用于高光谱数据的预处理、数据压缩、小波系数的模型建立等方面，在处理光谱图像、数据分析技术中具有良好的发展前景。

6. 归一化方法

归一化方法即利用实际光谱波段除以连续波谱上的相应波段得到新光谱曲线。该方法可去除冗余关系不大的吸收光谱波段，只留下用来增强被测作物的光谱吸收特征，从而实现对作物特征的定性和定量分析。如应用最广泛的归一化植被指数（NDVI）即是利用了近红外波段和红光波段反射率归一化计算的结果。

7. 混合光谱分解法

混合光谱分解法主要通过线性混合分解模型和非线性混合分解模型两种方法，实现对光谱数据的分析，以期能够在同一像素内识别不同作物成分所占的比例，或者识别在已知成分中外加的成分信息。

8. 光谱植被指数法

按照功能不同，光谱植被指数大致可分为 3 种类型：用于指示作物某种特定的生物变量植被指数、减少植被受背景干扰而构建的植被指数、综合前两种表达更能准确反映作物生物变量信息的植被指数。

表 8-2 是基于植物生理敏感参数建立的光谱指数。植被指数响应光谱变化的能力比单个波段更为敏感，目前应用比较广泛的植被指数大多由红光波段和近红外波段的光谱通过线性或非线性组合而成。

表 8-2　基于植物生理敏感参数的光谱指数

生理参数类别	参数	定义
叶绿素	叶绿素吸收反射修正指数 MCARI	$[(R_{701}-R_{671})-0.2(R_{701}-R_{549})](R_{701}/R_{671})$
	红边植被胁迫指数 RVSI	$(R_{712}+R_{752})/2-R_{732}$
	蓝边面积 SD_b	490～530nm 内一阶微分总和
	黄边面积 SD_y	550～580nm 内一阶微分总和
水分含量	水分指数 WI	R_{870}/R_{950}
	病态水分胁迫指数 DSWI	$(R_{803}+R_{549})/(R_{1659}+R_{681})$
	叶片含水量植被指数 LWVI	$(R_{1094}-R_{893})/(R_{1094}+R_{983})$
	动态叶片含水量植被指数 VLWVI	$(R_{1094}-R_{1205})/(R_{1094}+R_{1205})$

续表

生理参数类别	参数	定义
细胞结构	光化学反射指数 PRI	$(R_{570}-R_{531})/(R_{570}+R_{531})$
	比值植被指数 RVI	R_{864}/R_{671}
	归一化植被指数 NDVI	$(R_{864}-R_{671})/(R_{864}+R_{671})$
	红边幅值 D_r	680～760nm 内最大一阶微分值
	红边面积 SD_r	680～760nm 内一阶微分总和

注：R_i 表示波长反射率，i 表示某波段中心波长。

9. 机理反演模型

根据植被不同指标的监测，可以分为不同的反演模型，其主要形式有 PROSPECT 模型、LIBERTY 模型、SAIL 模型等。如利用 PROSPECT 辐射传输模型进行模拟，不仅可以反演作物生化参数，还可以反演其生理参数。

10. 多元统计分析方法

该方法包括偏最小二乘回归、主成分分析、多元逐步线性回归、聚类分析、人工神经网络等。这些数据分析方法更侧重于光谱反射绝对值或其变换形式。

8.3　常见蔬菜 Cd 含量的高光谱遥感分析

在农田土壤受到 Cd 污染的情况下，蔬菜通过根系吸收土壤中的 Cd^{2+}，并积累在可食用部位。不同蔬菜对 Cd^{2+} 有不同的吸收富集特征，使其可食用部分受到的影响程度也不同。本章选择了小白菜、辣椒、茎瘤芥 3 种常见蔬菜，通过土壤 Cd 污染模拟实验，获取其叶片高光谱反射率数据和蔬菜叶片及可食用部分的 Cd 含量，探讨光谱指数和小波分维等高光谱数据处理方法在蔬菜可食用部分 Cd 含量研究领域的应用，以实现在蔬菜生长早期阶段即可快速、高效、无损地识别其 Cd 污染程度的目标。

8.3.1　小白菜

小白菜(*Brassica rapa* var. *chinesis*)，十字花科芸薹属植物，是一种十分常见的叶类蔬菜，具有生长速度快、分布广、环境适应能力强等特点。有研究发现，十字花科芸薹属中有多种植物具有重金属超富集的特性，如天蓝遏蓝菜(*Thlaspi caerulescens*)、印度芥菜(*Brassica juncea*)等均具有较强的 Cd 富集能力[22-25]。因此，对小白菜食用安全的监测十分必要。

1. 数据获取

将实验土壤自然风干过筛后，分别加入不同量的重金属 Cd(以 Cd^{2+} 含量计)，混匀待用。实验设置 6 个处理：0mg/kg(CK)、0.5mg/kg(T1)、1mg/kg(T2)、5mg/kg(T3)、

10mg/kg（T4）、20mg/kg（T5），每个处理设 8 个重复。混合好的 Cd 污染土壤装盆，每盆 20kg，稳定 30d。

选取饱满、均匀一致的小白菜种子，播种于经过上述处理的土壤中。种子萌发生长 10d 后进行定植，每盆保留 2 株健壮幼苗。分别在小白菜萌发后的第 15d 和 30d 采集其叶片光谱数据，并测定其 Cd 含量。

光谱数据测量采用美国 ASD FieldSpec3 便携式野外光谱仪，光谱波段为 350～2500nm。其中，350～1000nm 波段采样间隔为 1.4nm，光谱分辨率为 3nm；1000～2500nm 波段采样间隔为 2nm，光谱分辨率为 10nm，视场角为 25°。采用直接差分法计算小白菜反射光谱的一阶微分。

2. Cd 污染对小白菜叶片光谱反射率的影响

不同浓度 Cd 处理下，小白菜萌发 15d 后的叶片光谱反射率发生明显改变(图 8-2)。在可见光区域(350～750nm)，540nm 附近小白菜叶片反射率随着 Cd 污染浓度的增加呈下降趋势；蓝紫光和红橙光两个强吸收谷的反射率有上升趋势，但变化程度不明显。在近红外区域(720～1300nm)，小白菜叶片光谱反射率随着 Cd 污染浓度的增加呈逐渐下降的趋势。但在 1300nm 波段之后，小白菜叶片反射率的变化情况与近红外区域的变化相反，T5 处理组反射率上升。T1、T2 处理组的小白菜叶片反射率在整个光谱中的变化趋势与对照组没有明显差异，说明低浓度 Cd 污染对小白菜叶片光谱特征影响不明显。

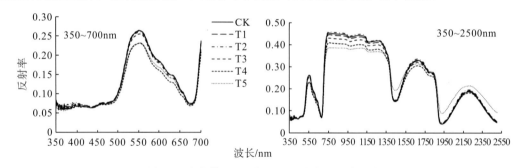

图 8-2　小白菜 Cd 污染 15d 后叶片的光谱曲线

3. 小白菜叶片 Cd 含量与光谱反射率的相关性

原始光谱经过一阶微分转换为导数光谱后，消除了干扰信息，与小白菜叶片 Cd 含量的相关性明显提高(图 8-3)。其中，相关性较好($|r|>0.6$，$P<0.01$)的波段有：559～601nm、826nm、887nm、898nm、899nm、964～968nm、1689nm、1690nm、2272nm 和 2288～2290nm，对应了叶片的光合色素、细胞结构和水分含量等因素控制的光谱范围，说明 Cd 污染对小白菜叶片光谱的影响需要综合多个特征波段的信息来提取。

4. 小白菜叶片 Cd 含量与光谱特征的关系

根据小白菜叶片 Cd 含量与光谱特征的关系，选择能反映植物叶绿素、水分含量和细胞结构潜在变化的光谱参数(表 8-2)，建立各光谱参数与污染 15d 后叶片 Cd 含量的关联(图 8-4)。

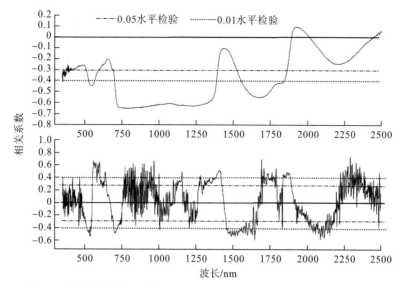

图 8-3　小白菜叶片 Cd 含量与原始光谱和一阶微分光谱的相关性分析

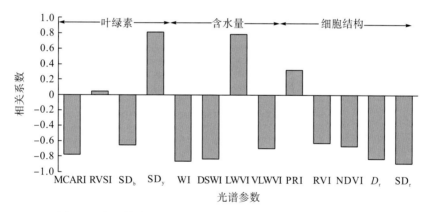

图 8-4　小白菜生理敏感参数与污染 15d 叶片 Cd 含量的相关性

反映叶绿素含量变化的 4 个参数(SD_y、MCARI、SD_b、RVSI)中，SD_y 和 MCARI 表现出较高的敏感性。SD_y 是光谱黄边面积参数，表明 Cd 污染主要影响小白菜叶片光谱黄边(550～580nm)区域。MCARI 为叶绿素吸收反射修正指数，说明 Cd 污染明显影响叶片的叶绿素合成，进而反映出光谱特征的变化。

Cd 胁迫会使植物对水分的吸收减少，进而影响其生理生化过程。反映叶片含水量变化的参数 WI、DSWI、LWVI 和 VLWVI 与 Cd 含量均表现出较好的相关性。其中，叶片细胞水分指数(WI)和病态水分胁迫指数(DSWI)是综合体现植物细胞健康的光谱指数，它们与 Cd 含量的相关系数绝对值均高于 0.8($P<0.01$)，可作为反演小白菜叶片 Cd 含量的敏感参数。

当 Cd 胁迫程度达到一定阈值时，细胞膜与细胞器内膜系统会被破坏，细胞通透性改变，进而使细胞物质和能量转运受阻，生理代谢紊乱，严重胁迫将最终导致细胞死亡。基于红边位置的 2 个参数 D_r、SD_r 可反映植物细胞结构情况，与叶片 Cd 含量之间表现出较好的相关性($|r|>0.8$，$P<0.01$)，也可作为反演小白菜叶片 Cd 含量的敏感参数。

5. 小白菜叶片 Cd 含量反演模型

将 Cd 污染 15d 的小白菜叶片 Cd 含量数据与 MCADI、SD_y、WI、DSWI、D_r 和 SD_r 6 个参数进行回归建模分析，建立了各参数的一元线性、对数、倒数、指数和抛物线的 Cd 含量反演模型。其中，倒数模型表现出更高的拟合精度，可作为小白菜叶片 Cd 含量反演模型(表 8-3)。6 个倒数模型中，SD_r 对应倒数模型的决定系数 R^2 值为 0.811($P<0.01$)，具备较好的 Cd 含量反演潜力；MCADI 倒数模型的 R^2 值最小，反演小白菜叶片 Cd 含量的能力相对较弱。土壤 Cd 污染下，小白菜细胞结构和水分含量的参数模型比叶绿素含量的参数模型具有更强的反演能力。

表 8-3　小白菜生理敏感的光谱参数反演模型

参数	模型($n=30$)	R^2
MCARI	$Y = -64.04 + 43/X$	0.627**
SD_y	$Y = -107.66 - 6.41/X$	0.705**
WI	$Y = -3509.708 + 3580.30/X$	0.747**
DSWI	$Y = -278.78 + 504.38/X$	0.694**
D_r	$Y = -127.50 + 1.96/X$	0.714**
SD_r	$Y = -146.64 + 63.15/X$	0.811**

注：**表示 $P<0.01$。

为了检验 6 个参数模型的敏感性和可靠性，将 Cd 处理 30d 的小白菜叶片光谱参数预测的小白菜叶片 Cd 含量，与实测 Cd 含量值进行线性拟合(图 8-5)。

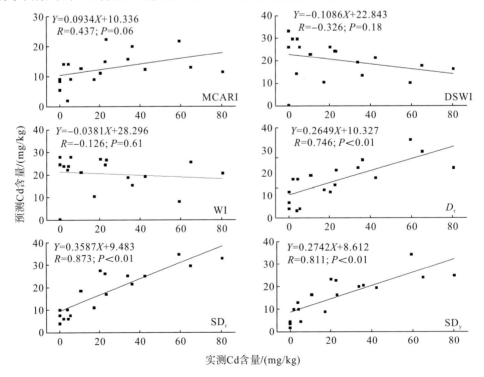

图 8-5　小白菜叶片 Cd 含量实测值与预测值的拟合模型

拟合结果显示，SD_r 和 SD_y 2 个参数对应的倒数模型的反演结果较为理想（$R>0.8$，$P<0.01$），表明这两个模型预测的 Cd 含量数值最接近真实值，可用于估算小白菜叶片的 Cd 含量。

6. 应用潜力

重金属 Cd 在蔬菜内积累量超过 0.2mg/kg（鲜重）时，食用这种蔬菜将存在较大的安全隐患。小白菜对土壤中 Cd 具有较强的吸收和富集能力，对其食用安全需特别关注。

小白菜叶片 Cd 含量与原始光谱反射率的相关性表现不佳，说明高光谱原始反射率混杂了较多无效的背景信息，一阶微分光谱能提取到更多的有效光谱信息。Cd 污染下小白菜叶片高光谱反射率的影响主要体现在可见光、近红外和远红外区域，这与 Cd^{2+} 进入植物体后对光合色素合成、细胞结构的破坏等因素有关，需要综合多波段组合光谱参数来反演。利用 SD_r、SD_y 2 个光谱参数建立的倒数模型具有较好的反演能力，可以基于小白菜生长早期叶片光谱数据对生长后期叶片 Cd 含量进行预测，具有较好的应用潜力。

8.3.2　辣椒

辣椒（*Capsicum annuum* L.），茄科辣椒属草本植物，原产于中拉丁美洲，其凭借较高的药用价值和食用价值，成为全球广为栽培的重要蔬菜[26,27]。在农田土壤受到重金属 Cd 污染时，Cd 被辣椒所吸收，并积累在辣椒的根系、叶片、茎秆和果实中。人们取食这种辣椒果实后，将对人体健康带来伤害。

在辣椒早期生长阶段实现对其食用部分安全性的快速、无损监测，筛选辣椒对 Cd 污染敏感的光谱波段或指数，构建辣椒叶片光谱特征与成熟期果实 Cd 含量的估算模型。

1. 数据获取

实验设置 9 个土壤 Cd 处理浓度：0mg/kg（CK）、0.1mg/kg（T1）、0.2mg/kg（T2）、0.3mg/kg（T3）、1mg/kg（T4）、2mg/kg（T5）、5mg/kg（T6）、10mg/kg（T7）、20mg/kg（T8），每个处理设 4 个重复。混合好的 Cd 污染土壤装盆，每盆 25kg，稳定 30d。实验过程中，分别获取了辣椒幼苗期、花蕾期、开花期和成熟期的叶片光谱信息和叶片及果实的 Cd 含量。

2. 辣椒叶片和果实 Cd 富集特征

不同浓度 Cd 处理对辣椒叶片与果实均有影响（图 8-6）。从整个生长阶段看，辣椒叶片和果实 Cd 含量随着处理浓度的增大而增加。当 Cd 浓度高于 1mg/kg 时，果实 Cd 含量显著增加，T8 处理时可达到 2.76mg/kg。

辣椒成熟期果实 Cd 含量与不同生长期叶片 Cd 含量存在极显著的相关性（$P<0.01$），说明可以用辣椒生长前期叶片 Cd 含量预测成熟期果实 Cd 含量（表 8-4）。

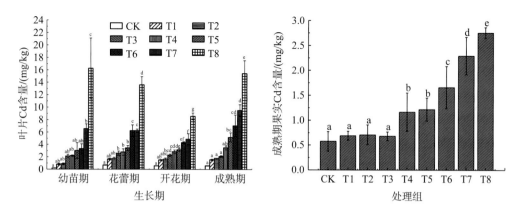

图 8-6　不同 Cd 处理浓度下辣椒叶片与果实 Cd 含量

注：图中不同小写字母表示处理组间的显著性差异（$P<0.05$）；CK（0mg/kg）；T1（0.1mg/kg）；T2（0.2mg/kg）；T3（0.3mg/kg）；

T4（1mg/kg）；T5（2mg/kg）；T6（5mg/kg）；T7（10mg/kg）；T8（20mg/kg）

表 8-4　辣椒叶片与果实 Cd 含量相关性分析

	幼苗期叶片 Cd 含量	花蕾期叶片 Cd 含量	开花期叶片 Cd 含量	成熟期叶片 Cd 含量
成熟期果实 Cd 含量	0.745**	0.889**	0.914**	0.896**

注：** 表示 $P<0.01$。

3. 辣椒高光谱响应特征和敏感波段

辣椒在不同浓度 Cd 胁迫下，4 个生长期的叶片光谱响应不同，对 Cd 污染均有较好的响应（图 8-7）。幼苗期叶片光谱反射率差异不明显；花蕾期叶片光谱反射率随着 Cd 处理浓度的增加而增大，主要体现在近红外、中红外波段；随着 Cd 处理浓度的增大，开花期和成熟期近红外波段光谱反射率呈减小趋势。

辣椒不同生长时期叶片一阶导数光谱与 Cd 含量的相关性均较好，其中开花期叶片一阶导数光谱数据对 Cd 污染的响应最为敏感（图 8-8）。372nm、374nm、402nm、478nm 等可见光波段和 1028nm 近红外波段一阶导数光谱数据与开花期叶片 Cd 含量的相关系数均在 0.8 左右，可作为辣椒叶片 Cd 污染的敏感波段。

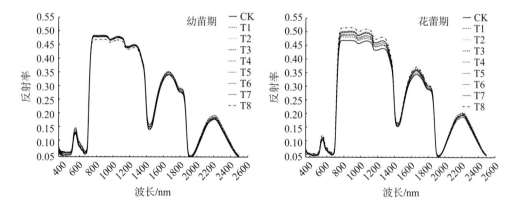

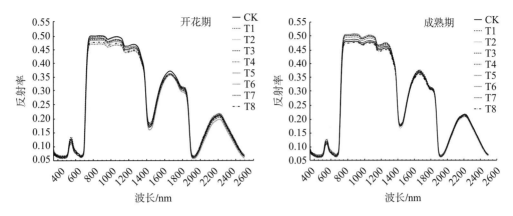

图 8-7　Cd 胁迫下辣椒叶片光谱反射率

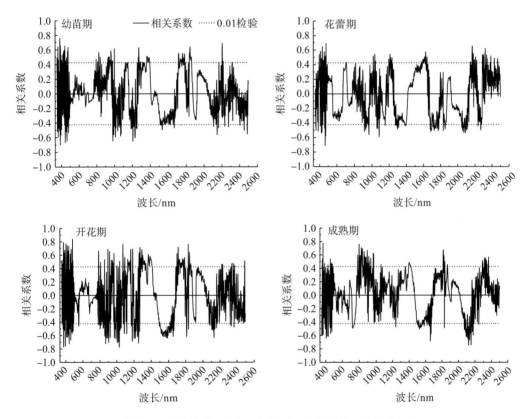

图 8-8　辣椒叶片 Cd 含量与光谱一阶导数的相关性分析

不同生长期辣椒叶片 Cd 含量与光谱指数表现出不同的相关性。与幼苗期、开花期和成熟期相比，花蕾期叶片光谱指数对 Cd 具有较好的响应能力，3 个光谱指数(D_r、SD_r、RVSI)与叶片 Cd 含量达到了极显著水平($P < 0.01$)，具有较高的预测叶片 Cd 含量的潜力(表 8-5)。

表 8-5　辣椒叶片光谱指数与镉含量相关性分析

指数	相关系数(r)				指数	相关系数(r)			
	幼苗期	花蕾期	开花期	成熟期		幼苗期	花蕾期	开花期	成熟期
R_g	−0.108	0.393*	−0.170	−0.019	MCARI	0.076	0.313	−0.147	0.157
D_r	0.006	0.610**	−0.168	−0.028	RVSI	0.145	−0.525**	0.094	0.188
R_r	−0.182	0.398*	−0.191	−0.112	WI	−0.342*	0.329	0.156	−0.389*
D_b	−0.057	0.330*	−0.125	0.033	DSWI	−0.092	0.398*	−0.253	−0.195
D_y	0.059	−0.308	0.136	−0.037	LWVI	0.311	−0.132	−0.313	0.138
SD_g	−0.121	0.403*	−0.167	−0.011	VLWVI	−0.283	0.198	−0.352*	−0.156
SD_r	−0.328	0.585**	−0.355*	−0.409*	PRI	0.067	0.121	−0.371*	−0.183
SD_b	−0.045	0.324	−0.122	0.032	RVI	0.108	−0.188	0.159	0.024
SD_y	−0.046	0.318	0.139	0.039	NDVI	0.123	−0.187	0.117	0.026

注：**表示 $P<0.01$，*表示 $P<0.05$。

4. 辣椒果实 Cd 含量估算模型

采用交叉验证（cross validation，CV）法建立和检验辣椒叶片光谱数据与成熟期果实 Cd 含量的估算模型。将样本数据随机分为 3 组，每组数量相等，选取其中 2 组作为建模数据集，剩余 1 组作为验证数据集，循环 3 次，最后选取验证均方根误差（RMSE）最小的拟合模型建模[28]。

利用建模数据集，根据辣椒叶片 Cd 含量与果实 Cd 含量的关系以及敏感波段或指数与叶片 Cd 含量的关系，建立辣椒成熟期果实 Cd 含量与花蕾期敏感光谱指数及开花期敏感光谱波段的一元线性及非线性反演模型（表 8-6）。

表 8-6　基于单个高光谱参数的辣椒果实 Cd 含量估算模型评价

变量	类型	辣椒果实 Cd 含量(y)与光谱指数或波段(x)模型	训练样本(n=24)		验证样本(n=12)	
			R^2	F 值	R^2	RMSE
D_r	线性	$y=-7.486+829.431x$	0.358**	12.289	0.429*	0.6480
	立方	$y=13.449-397691.766x^2+27238288.9x^3$	0.416**	7.482	0.414*	0.7303
SD_r	线性	$y=-14.298+36.034x$	0.560**	27.951	0.180	0.7976
	立方	$y=37.165-655.230x^2+1069.927x^3$	0.672**	21.544	0.167	0.9488
RVSI	线性	$y=-10.617-222.587x$	0.417**	15.737	0.198	0.7944
	立方	$y=54.966-60713.118x^2-782857.999x^3$	0.618**	16.962	0.231	1.0509
R_{372}	线性	$y=1.870+1439.292x$	0.712**	54.297	0.650**	0.4480
	立方	$y=1.460+3019.573x+6592669.230x^2+4377516177x^3$	0.875**	48.450	0.481*	0.5802
R_{374}	线性	$y=0.753-1383.372x$	0.792**	50.556	0.544**	0.4965
	立方	$y=0.809+1467.722x+8387155.090x^2+5201106727x^3$	0.863**	27.261	0.834**	0.3097
R_{402}	线性	$y=1.405+4892.019x$	0.649**	56.905	0.750**	0.3733
	立方	$y=1.399+4331.52x-638206.53x^2+1.326221E10x^3$	0.616**	17.639	0.726**	0.3969

续表

变量	类型	辣椒果实 Cd 含量(y)与光谱指数或波段(x)模型	训练样本(n=24)		验证样本(n=12)	
			R^2	F 值	R^2	RMSE
R_{478}	线性	$y = 1.210+10890.773x$	0.829**	68.187	0.912**	0.2503
	立方	$y = 1.136+12483.251x+74096953.8x^2-7.771119\mathrm{E}11x^3$	0.832**	21.583	0.890**	0.2483
R_{1028}	线性	$y = 3.526-17135.054x$	0.720**	53.573	0.654**	0.4953
	立方	$y = 5.560-51536.786x+135896556x^2$	0.747**	29.885	0.668**	0.4824

注：**表示 $P<0.01$，*表示 $P<0.05$。R_{372} 表示波长 372nm 反射率，余同。

　　由表 8-6 可知，基于花蕾期敏感光谱指数或开花期敏感波段建立的预测成熟期果实 Cd 含量的非线性模型均优于线性模型。其中，基于开花期敏感波段（372nm、374nm、402nm、478nm、1028nm）建立的线性、非线性模型拟合精度高于花蕾期光谱指数模型。基于开花期敏感光谱波段的非线性模型能较好地预测辣椒成熟期果实 Cd 含量（图 8-9）。

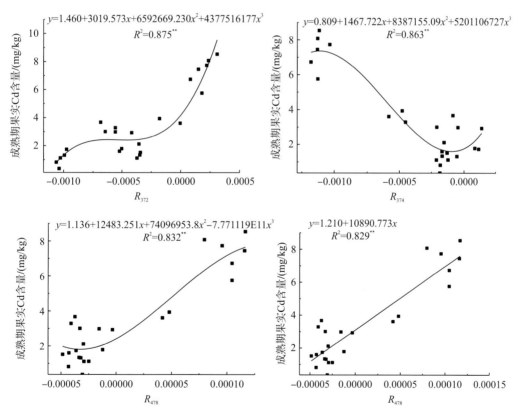

图 8-9　辣椒果实 Cd 含量与高光谱变量的拟合结果

注：R_{372} 表示波长 372 nm 反射率，余同；**表示 $P<0.01$

　　多元回归模型综合了多个波段的信息，其建立的反演模型拟合 R^2 值达到 0.909（$P<0.01$），明显优于单一波段和敏感光谱指数建立的模型（表 8-7），可较好地预测辣椒果实 Cd 含量。

表 8-7　基于高光谱参数的辣椒果实 Cd 含量多元估算模型评价

辣椒果实 Cd 含量(y)敏感光谱波段模型	训练样本(n=24)	验证样本(n=12)	
	R^2	R^2	RMSE
$y = 1.403 - 76.068R_{372} - 959.607R_{374} + 2364.559R_{402} + 691.959R_{478} - 3715.895R_{1028}$	0.909**	0.858**	0.3008

注：**表示 $P < 0.01$。

整体而言，基于辣椒开花期敏感波段建立的预测辣椒成熟期果实 Cd 含量的模型反演精度优于花蕾期敏感参数建立的模型。其中，利用辣椒开花期敏感光谱波段建立的辣椒成熟期果实 Cd 含量的多元回归模型反演效果最佳，是预测辣椒果实 Cd 含量的最优模型。基于开花期敏感光谱波段 374nm 建立的立方曲线模型，能较好地估算成熟期辣椒果实 Cd 含量，也具有较高的预测潜力。

8.3.3　茎瘤芥

茎瘤芥（*Brassica juncea* var. *tumida*），十字花科芸薹属蔬菜，俗称青菜头。以茎瘤芥瘤茎为原料制作的"涪陵榨菜"是三峡库区特色食品，深受大众的喜爱。据调查，茎瘤芥在三峡库区的主要种植地重庆长寿、涪陵、丰都、忠县、万州等地区存在土壤 Cd 含量超标的现象，其生产存在潜在的生态风险[29-31]。若能在茎瘤芥生长早期阶段快速预测其成熟期瘤茎 Cd 含量，对茎瘤芥生产及食用安全均有重要的意义。

为有效地从光谱信号中提取信息，采用离散小波变换（discrete wavelet transform，DWT）对茎瘤芥光谱反射率的一阶微分光谱信号进行细化，小波变换过程采用的变换函数为

$$C = \text{wavedec}(x, J, '\text{wname}') \tag{8-2}$$

式中，x 为输入光谱数据；J 为分解尺度或分解层数；C 为由分解得到的小波系数向量。wname 为所采用的小波变换函数名称。即使用小波基函数 $'\text{wname}'$ 对信号 x 进行 J 层分解。

其中，Daubechies 系列函数的 2～8 小波基具有较好的正交性和不对称性，可用于蔬菜光谱反射率的小波变换[32]。基于 MATLAB 软件选择反映光谱细节信息的高频组分进行信息的提取，对其进行 1～5 层分解，选择能有效提取重金属 Cd 胁迫下的光谱弱信息做进一步分析。

1. 数据获取

实验设置 9 个土壤 Cd 处理浓度：0mg/kg(CK)、0.1mg/kg(T1)、0.2mg/kg(T2)、0.3mg/kg(T3)、1mg/kg(T4)、2mg/kg(T5)、5mg/kg(T6)、10mg/kg(T7)、20mg/kg(T8)，每个处理设 4 个重复。其中，0mg/kg、0.1mg/kg、0.2mg/kg、0.3mg/kg 为低 Cd 浓度处理组，1mg/kg、2mg/kg、5mg/kg、10mg/kg、20mg/kg 为高 Cd 浓度处理组。混合好的 Cd 污染土壤装盆，每盆 25kg，稳定 30d。实验过程中，分别获取了茎瘤芥幼苗期、膨大前期、膨大期和成熟期的叶片光谱信息和叶片、瘤茎 Cd 含量。

2. 茎瘤芥叶片和瘤茎镉富集特征

图 8-10 为不同浓度 Cd 胁迫下茎瘤芥叶片和瘤茎的 Cd 含量。随着土壤 Cd 处理浓度的增加，茎瘤芥叶片和瘤茎的 Cd 含量均随之增加。在低 Cd 浓度下，瘤茎 Cd 含量没有显著差异（$P>0.05$）；当 Cd 浓度达到及超过 1mg/kg 时，瘤茎 Cd 含量显著增加，在 20mg/kg Cd 处理时达到 18.65mg/kg。

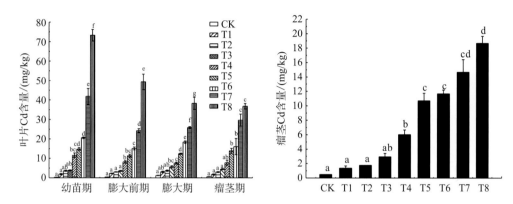

图 8-10　不同浓度 Cd 胁迫下茎瘤芥叶片和瘤茎的 Cd 含量

注：不同小写字母表示差异显著（$P<0.05$）；CK（0mg/kg）；T1（0.1mg/kg）；T2（0.2mg/kg）；T3（0.3mg/kg）；T4（1mg/kg）；

T5（2mg/kg）；T6（5mg/kg）；T7（10mg/kg）；T8（20mg/kg）

对瘤茎 Cd 含量与不同生长期茎瘤芥叶片 Cd 含量进行相关性分析，发现膨大期叶片 Cd 含量与瘤茎 Cd 含量极显著相关（$r>0.9$，$P<0.01$），因此可基于茎瘤芥膨大期叶片 Cd 含量反演瘤茎的 Cd 积累量。

3. 茎瘤芥高光谱响应特征

对茎瘤芥叶片反射光谱数据进行一阶微分光谱的预处理后，选择能反映光谱细节信息的高频组分进行信息提取，对其进行 Daubechies 系列函数的 2~8 小波基 1~5 层分解。结果表明 d5 层曲线光滑，能较好地提取光谱信息，选择其光谱高频信息分维系数进行进一步分析（图 8-11）。

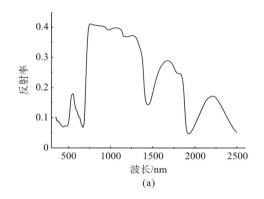

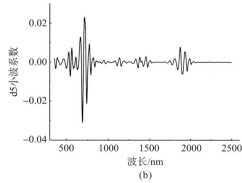

(a)　　　　　　　　　　　　　　(b)

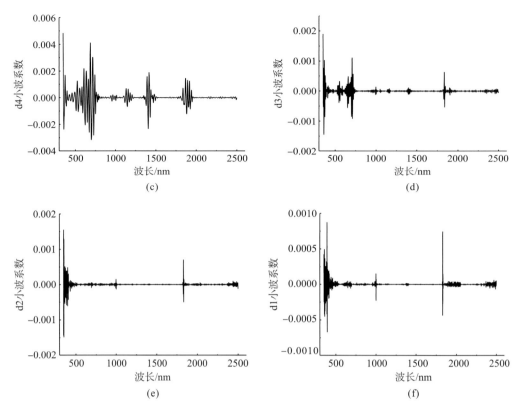

图 8-11　光谱反射率 d1～d5 层分解的高频曲线

(a) 原始光谱数据；(b) d5 层分解信号；(c) d4 层分解信号；(d) d3 层分解信号；

(e) d2 层分解信号；(f) d1 层分解信号

图 8-12 为 Cd 胁迫下茎瘤芥各生长期的叶片光谱反射率。由图可知，不同生长期的茎瘤芥叶片光谱反射率对 Cd 响应的强弱均有差异，膨大前期各处理组对 Cd 的光谱响应最明显，从膨大期开始，处理组间的差异逐渐变小，瘤茎期明显减小；在同一生长期内，不同 Cd 浓度下的叶片光谱反射率均有明显的差异，尤其是在受色素影响的绿峰(510～560nm)和受细胞结构影响的近红外区(760～1300nm)、受叶片含水量影响的中红外区(1550～1800nm)。

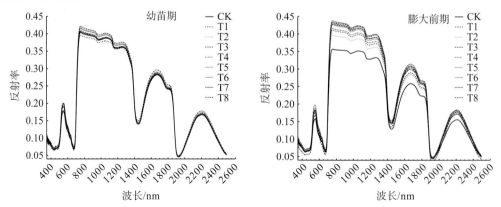

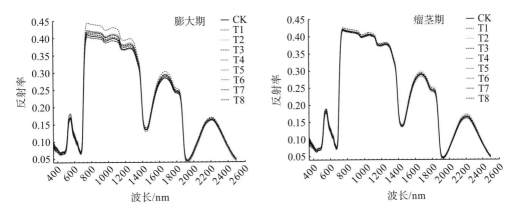

图 8-12　Cd 胁迫下茎瘤芥各生长期的叶片光谱反射率

4. 茎瘤芥 Cd 含量的估算模型

茎瘤芥膨大前期叶片光谱反射率的分维系数与叶片 Cd 含量的相关分析表明，4 个低 Cd 浓度处理组的分维数和 Cd 含量之间表现出极显著负相关关系($r<-0.9$，$P<0.01$)。其中，相关性最强的是 db5($r=-0.957$，$P<0.01$)。说明茎瘤芥膨大前期 db2～db8 小波分维系数与低 Cd 浓度处理组叶片 Cd 含量有较好的相关性，可以作为基础建立瘤茎 Cd 含量预测模型(表 8-8)。结果显示，基于茎瘤芥膨大前期 db2～db8 小波分维系数建立的瘤茎 Cd 含量预测模型以指数模型拟合效果最佳。

表 8-8　低浓度处理下茎瘤芥 Cd 含量的估算模型

小波基(db)	光谱(x)与叶 Cd(y_1)模型	叶 Cd(y_1)与瘤茎 Cd(y)模型	光谱(x)与瘤茎 Cd(y)模型	R^2
db2	$y_1=199.126e^{-4.260x}$		$\ln y=101.953e^{-4.260x}-0.919$	0.919^{**}
db3	$y_1=201.903e^{-3.746x}$		$\ln y=103.374e^{-3.746x}-0.919$	0.888^{**}
db4	$y_1=777.666e^{-4.279x}$		$\ln y=398.165e^{-4.278x}-0.919$	0.925^{**}
db5	$y_1=1252.556e^{-4.307x}$	$y=0.3999e^{0.512y_1}$	$\ln y=641.309e^{-4.307x}-0.919$	0.944^{**}
db6	$y_1=559.284e^{-3.882x}$		$\ln y=286.353e^{-3.882x}-0.919$	0.928^{**}
db7	$y_1=790.1836e^{-4.043x}$		$\ln y=404.574e^{-4.043x}-0.919$	0.911^{**}
db8	$y_1=958.129e^{-3.901x}$		$\ln y=490.562e^{-3.901x}-0.919$	0.903^{**}

注：** 表示 $P<0.01$。

将各模型预测值与实测瘤茎 Cd 含量值进行精度验证，基于小波基 db4 所建立的模型反演效果最优，是反演茎瘤芥食用部分 Cd 含量的最优模型；其次为基于 db5 所建立的模型，在反演瘤茎 Cd 含量中也有较大的应用潜力(图 8-13)。

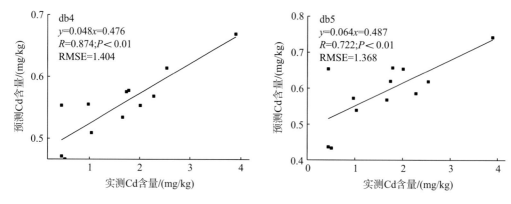

图 8-13　茎瘤芥瘤茎 Cd 含量预测值与实测值散点图

8.4　讨　　论

当农田土壤受到 Cd 污染时，蔬菜通过根系吸收土壤中的 Cd^{2+} 并转运到地上部分。Cd 在蔬菜体内的转移、积累直接影响蔬菜品质和食用安全。研究结果表明，小白菜、辣椒、茎瘤芥等常见蔬菜对 Cd 均有一定的富集作用，其食用部分的 Cd 积累量在土壤低浓度 Cd 污染条件下即可能超过蔬菜的食用限量值 0.05mg/kg[33]，具有明显的食品安全隐患。

当蔬菜受到 Cd 污染时，其叶片色素含量、水分含量、细胞结构等发生改变，可直接反映到其光谱特征。高光谱遥感能快速捕捉植物面临 Cd 胁迫时光谱反射率的变化信息，实现快速、无损地监测蔬菜的 Cd 污染状况。在利用高光谱数据监测蔬菜 Cd 污染状况时，对有效光谱信息的提取十分重要[34,35]。

导数光谱技术能有效消除背景噪声的干扰，提取到对蔬菜叶片 Cd 含量敏感的光谱指数或波段[36]。选择敏感波段信息及基于植物叶片叶绿素、水含量、细胞结构等综合信息构建的高光谱指数，构建了小白菜叶片和辣椒果实 Cd 含量的反演模型，在蔬菜生产的早期阶段即可对收获期蔬菜品质进行预测，在食品安全管理中具有较好的应用潜力。

与光谱指数法相比，光谱分维能更好地综合反映蔬菜在 Cd 污染下的健康状况。在茎瘤芥瘤茎 Cd 含量的光谱预测模型构建中，利用茎瘤芥膨大前期不同尺度分维数信息，可有效提取到低 Cd 污染下茎瘤芥的光谱信息，体现了小波分维对弱光谱信息具有较强的提取能力。

综上所述，不同蔬菜对 Cd 的富集和迁移能力不同，Cd 污染下光谱曲线的响应能力也有差异。但利用光谱反射率及其相关参数可以有效检测出蔬菜叶片中 Cd 含量，并根据蔬菜叶片与可食用部分 Cd 含量的分配规律，建立高光谱数据与实测可食用部分 Cd 含量的预测模型。对于在不同生长期变化较稳定的参数比较适合用于不同时期目标物 Cd 含量的监测。在土壤重金属污染浓度梯度大的区域，蔬菜 Cd 含量的监测适合采用基于光谱参数建立的预测模型；而小波分维更适合于精细化的光谱信息提取，基于分维信息构建的预测模型适合用于土壤重金属污染低浓度区域的蔬菜安全监测。

8.5　本章小结

　　本章以 3 种常见蔬菜小白菜、辣椒和茎瘤芥为例，阐述了基于 ASD FieldSpec 3 光谱仪获取高光谱数据的信息提取方法，在此基础上构建了蔬菜可食用部分 Cd 含量的遥感反演模型。与原始光谱相比，导数光谱能有效消除背景噪声的干扰，提取到更多有效信息。基于光谱指数法和小波分维信息构建的预测模型，可在蔬菜生产的早期阶段对收获期蔬菜品质进行预测，对提早掌握蔬菜食用品质、保证蔬菜产业的健康发展有重要应用价值。

参 考 文 献

[1] Cheraghi M，Lorestani B，Yousefi N. Effect of waste water on heavy metal accumulation in Hamedan Province vegetables[J]. International Journal of Botany，2009，5(2)：190-193.

[2] 环境保护部，国土资源部. 全国土壤污染状况调查公报[J]. 环境教育，2014(6)：8-10.

[3] Rafiq M T，Aziz R，Yang X，et al. Cadmium phytoavailability to rice (*Oryza sativa* L.) grown in representative Chinese soils. A model to improve soil environmental quality guidelines for food safety[J]. Ecotoxicology and Environmental Safety，2014，103(1)：101-107.

[4] Tang X，Li Q，Wu M，et al. Review of remediation practices regarding cadmium-enriched farmland soil with particular reference to China[J]. Journal of Environmental Management，2016，181：646-662.

[5] Chang C Y，Yu H Y，Chen J J，et al. Accumulation of heavy metals in leaf vegetables from agricultural soils and associated potential health risks in the Pearl River Delta，South China[J]. Environmental Monitoring and Assessment，2014，186(3)：1547-1560.

[6] Pan X D，Wu P G，Jiang X G. Levels and potential health risk of heavy metals in marketed vegetables in Zhejiang，China[J]. Scientific Reports，2016，6：20317.

[7] Clemens S，Aarts M G，Thomine S，et al. Plant science：The key to preventing slow cadmium poisoning[J]. Trends in Plant Science，2013，18(2)：92-99.

[8] 孙光闻，朱祝军，方学智，等. 镉对小白菜光合作用和叶绿素荧光参数的影响[J]. 植物营养与肥料学报，2005，11(5)：700-703.

[9] Dian Y Y，Le Y，Fang S H，et al. Influence of spectral bandwidth and position on chlorophyll content retrieval at leaf and canopy levels[J]. Journal of the Indian Society of Remote Sensing，2016，44(4)：583-593.

[10] Lux A，Martinka M，Vaculík M，et al. Root responses to cadmium in the rhizosphere：A review[J]. Journal of Experimental Botany，2011，62(1)：21-37.

[11] 艾金泉，陈文惠，陈丽娟，等. 冠层水平互花米草叶片光合色素含量的高光谱遥感估算模型[J]. 生态学报，2015，35(4)：1175-1186.

[12] 童庆禧. 高光谱遥感[M]. 北京：高等教育出版社，2006.

[13] 关丽，刘湘南. 镉污染胁迫下水稻生理生态表征高光谱识别模型[J]. 生态环境学报，2009，18(2)：488-493.

[14] Liu M L，Liu X N，Wu L，et al. Wavelet-based detection of crop zinc stress assessment using hyperspectral reflectance[J].

Computers and Geosciences，2011，37(9)：1254-1263.

[15] 关丽，刘湘南. 水稻镉污染胁迫遥感诊断方法与试验[J]. 农业工程学报，2009，25(6)：168-173.

[16] Liu Y L，Chen H，Wu G F，et al. Feasibility of estimating heavy metal concentrations in *Phragmites australis* using laboratory-based hyperspectral data—A case study along Le'an River，China[J]. International Journal of Applied Earth Observation and Geoinformation，2010，12：166-170.

[17] 冯伟，朱艳，田永超. 基于高光谱遥感的小麦叶片氮积累量[J]. 生态学报，2008，28(1)：23-32.

[18] 金铭，刘湘楠，李铁瑛. 基于冠层多维光谱的水稻镉污染胁迫诊断模型研究[J]. 中国环境科学，2011，31(1)：137-143.

[19] 王平，刘湘南，黄方. 受污染胁迫玉米叶绿素含量微小变化的高光谱反演模型[J]. 光谱学与光谱分析，2010，30(1)：197-201.

[20] Benz U C，Hofmann P，Willhauck G，et al. Multi-resolution，object-oriented fuzzy analysis of remote sensing data for GIS-ready information[J]. ISPRS Journal of Photogrammetry and Remote Sensing，2004，58(3)：239-258.

[21] Bioucas-Dias J M，Plaza A，Camps-Valls G，et al. Hyperspectral remote sensing data analysis and future challenges[J]. IEEE Geoscience and Remote Sensing Magazine，2013，1(2)：6-36.

[22] Ebbs S D，Lasat M M，Brady D J，et al. Phytremediation of cadmium and zinc from a contaminated soil[J]. Journal of Environmental Quality，1997，26(5)：1424-1430.

[23] 韩璐，魏鬼，官子楸，等. Zn/Cd 超富集植物天蓝遏蓝菜(*Thlaspi cserulescens*)中 TcCaM2 基因的克隆及在酵母中的重金属耐受性分析[J]. 中国科学研究生院学报，2007，24(4)：465-472 .

[24] 郭艳杰，李博文，杨华. 印度芥菜对土壤 Cd，Pb 的吸收富集效应及修复潜力研究[J]. 水土保持学报，2009，23(4)：130-135.

[25] 李文学，陈同斌. 超富集植物吸收富集重金属的生理和分子生物学机制[J]. 应用生态学报，2003，14(4)：627-631.

[26] Aguilar-Meléndez A，Morrell P L，Roose M L，et al. Genetic diversity and structure in semiwild and domesticated chiles (*Capsicum annuum*；*Solanaceae*) from Mexico[J]. American Journal of Botany，2009，96(6)：1190-1202.

[27] Kim S，Park M，Yeom S I，et al. Genome sequence of the hot pepper provides insights into the evolution of pungency in Capsicum species[J]. Nature Genetics，2014，46(3)：270-278.

[28] 宫兆宁，赵雅莉，赵文吉，等. 基于光谱指数的植物叶片叶绿素含量的估算模型[J]. 生态学报，2014，34(20)：5736-5745.

[29] 刘丽琼，魏世强，江韬. 三峡库区消落带土壤重金属分布特征及潜在风险评价[J]. 中国环境科学，2011，31(7)：1204-1211.

[30] 叶琛，李思悦，张全发. 三峡库区消落区表层土壤重金属污染评价及源解析[J]. 中国生态农业学报，2011，19(1)：146-149.

[31] 王业春，雷波，杨三明，等. 三峡库区消落带不同水位高程土壤重金属含量及污染评价[J]. 环境科学，2012，33(2)：612-617.

[32] 刘美玲，刘湘南，李婷，等. 水稻锌污染胁迫的光谱奇异性分析[J]. 农业工程学报，2010，26(3)：191-197.

[33] 中华人民共和国卫生部. 食品中污染物限量：GB 2762-2012[S]. 北京：中国标准出版社，2012.

[34] Liu M L，Liu X N，Ding W C，et al. Monitoring stress levels on rice with heavy metal pollution from hyperspectral reflectance data using wavelet-fractal analysis[J]. International Journal of Applied Earth Observation and Geoinformation，2011，13(2)：246-255.

[35] Liao Q H，Wang J H，Yang G J，et al. Comparison of spectral indices and wavelet transform for estimating chlorophyll content of maize from hyperspectral reflectance[J]. Journal of Applied Remote Sensing，2013，7(1)：073575.

[36] 汪国平，杨可明，张婉婉，等. 玉米叶片光谱弱差信息的重金属污染定性分析[J]. 环境工程学报，2016，10(8)：4601-4606.

第9章 基于生态大数据的干旱评价
及其对粮食产量的影响

本章导读

土壤水是联系地表水和地下水的纽带，是水文和气象中的关键变量，对降水入渗和地表蒸发具有重要调控作用。同时，土壤水也是农作物、林草等植物耗水的主要来源，过高或过低的土壤水分均可能影响作物的正常生长，甚至会导致洪涝或干旱等灾害，影响农业生产，甚至危害粮食安全。土壤水占陆地水体的比例很小，但是对于陆地植被生长发育具有十分重要的意义。东北地区独特的地理条件使其成为我国重要的商品粮基地，该地区农作物生长发育以雨养为主，受自然降水和蒸发等因素的影响显著，因此量化土壤水分的时空变化特征对于指导农业生产及发展精准农业都尤为重要。本章基于微波遥感观测的土壤水分数据计算土壤水分亏缺指数，并对东北地区干旱程度进行分级评价。结合东北地区主要种植作物产量，评价干旱对粮食安全的影响，以期为农业干旱预警监测提供参考依据。

9.1 概　　述

干旱是世界范围内普遍发生的一种复杂的自然现象，波及范围广，持续时间长，是农业生产和人类生活中最严重的自然灾害之一[1]。近几十年，随着全球气候变暖以及人口增加、环境恶化等问题日益加剧，干旱的影响逐渐升级。由于依赖于农作物不同生长阶段的水资源和土壤水分储备，干旱最直接的危害就是对农业生产带来严重灾难[2,3]。近年来，我国干旱发生范围和干旱强度都呈现出明显的增加趋势，农业干旱成为制约我国农业发展和粮食安全的重要因素。而粮食安全是国家安全的重要基础，因此受到各级政府和学界的广泛关注。东北地区是我国重要商品粮生产基地，也是世界三大黄金玉米带之一。玉米的农业生产以"雨养"为主，地域和年际降水差异较大，生产过程中极易遭受干旱灾害。因此，研究东北地区的干旱时空分布特征以及干旱对玉米产量的影响具有重要意义，对于国家粮食安全和政策制定都具有指导意义。

干旱程度可以通过标准化降水指数(standardized precipitation index，SPI)、Palmer 干旱指数(Palmer drought severity index，PDSI)、Z 指数(Z-index)、归一化植被指数(normalized difference vegetation index，NDVI)、温度植被指数(temperature vegetation dryness index，TVDI)和土壤含水量指标等进行监测[4,5]。基于气象站数据进行农业干旱监测，空间连续性较差，在气候变化日益加剧的环境中，其监测农业干旱的精度受到制约。而利用遥感数据可以实时快速地获取地表信息，且具有空间连续性，可以用来监测大区域的干旱状况。常用的数据源包括了光学遥感和微波遥感。基于光学遥感反射率计算的干旱指数受天气影响严重，且监测干旱具有时间滞后性，具有一定局限性。基于微波遥感土壤水分监测农业干旱，不受天气条件影响，响应及时，能够服务于干旱预警预报研究。因此，基于微波遥感土壤水分含量构建的干旱指标成为国内外学者进行农业干旱监测的重要指标之一。

土壤水分是研究植物水分胁迫、监测农业干旱的基本因子，土壤水分含量过低时，作物得不到所需水分，作物生长就受到干旱胁迫[6,7]。表层土壤水分可以影响降水在土壤中的渗透和土壤表面水分的蒸发，也影响着陆地表面和大气之间水和能量的交换，进而影响全球天气系统[8]。微波遥感能够穿透植被，并对土壤具有一定的穿透能力，可以实现对表层土壤水分的观测。自 20 世纪 70 年代开始，全球发射了一系列主、被动微波卫星或传感器监测土壤水分变化。其中，欧洲航天局（European Space Agency，ESA）的气候变化倡议（Climate Change Initiative，CCI）土壤水分数据是多源微波遥感融合的产品，时间序列长达 38 年（1978~2015 年），能够研究土壤水分的时空变化规律，为干旱预警监测提供数据支撑。

9.2　微波遥感观测土壤水分进展

9.2.1　遥感估算原理及全球产品介绍

微波遥感是通过微波传感器获取地面各种地物反射或辐射的微波能量，并利用其波谱特性进行区分研究，从而实现对地物的识别和监测。电磁波在物体内部的传播特性由物质的介电特性决定，因而必将影响到物体表面的反射或辐射特性。微波遥感监测土壤水分的物理基础是土壤的介电特征和它与土壤的含水量有密切关系，可分为主动和被动微波遥感两种。微波遥感观测具有全天时、全天候、多极化、对下垫面有一定程度的穿透性等特点，并且微波波段的电磁波对土壤水分的反应显著，使得微波遥感所观测地表的散射、辐射特征与土壤水分参数密切相关，其在遥感监测土壤水分方面比其他波段更有优势，被认为是目前土壤水分遥感探测最具发展潜力的探测手段[9]。

被动微波遥感是利用微波辐射计测量地表以微波形式所辐射的热辐射能，相当于波长 0.1~300mm 的电磁波，在此波长范围内所测得的辐射强度，基本上是地表温度与地表发射率的乘积，即为目标物体的亮度温度。主动微波遥感通过测量后向散射系数，建立土壤水分等地表参数与后向散射系数的关系模型来反演土壤水分。后向散射系数主要由土壤介电常数和地表粗糙度参数决定，土壤水分决定土壤的介电常数，影响雷达的回波信号。在相同地表条件下，不同的土壤水分含量对应的雷达后向散射系数不同，在消除地表粗糙度对雷达的影响后，可以利用后向散射系数来反演土壤水分[10]。

随着传感器硬件技术的不断发展，近几十年来国内外发射了多颗星载微波辐射计。最早是 1978 年搭载在美国雨云卫星上的扫描多通道微波辐射计 SMMR，其空间分辨率为 150km，频率为 6.6GHz、10.7GHz、18GHz、21GHz 和 37GHz。SMMR 数据用于监测土壤水分、季节洪水以及植被长势。微波成像辐射计 SSM/I 于 1987 年搭载美国国防气象卫星计划 DMSP 系列卫星升空，频率为 19.3GHz、22.3GHz、37GHz 和 85.5GHz。TRMM 微波成像仪 TMI 于 1997 年由热带降水观测任务卫星 TRMM 搭载升空，频率为 10.65GHz、19.35GHz、21.3GHz、37GHz 和 85.5GHz。2002 年，美国的 EOS-Aqua 卫星发射，其搭载的微波辐射计 AMSR-E 成为第一个提供土壤水分业务产品的微波传感器，其分辨率为 25km，频率为 6.9GHz、10.7GHz、18.7GHz、23.8GHz、36.5GHz 和 89GHz。我国风云三号卫星(FY-3)上搭载的微波成像仪从 2010 年开始提供全球土壤水分产品，空间分辨率为 25km，频率为 10.65GHz、18.7GHz、36.5GHz、23.8GHz 和 89GHz。L 波段被认为是获取地表土壤水分的最佳波段，与 X 和 C 波段相比，它穿透植被的能力更强，并能获取一定深度的土壤水分信息。2011 年，欧洲航天局发射了 SMOS(Soil Moisture and Ocean Salinity) 卫星，搭载了首个采用合成孔径技术的 L 波段微波辐射计，主要观测全球土壤水分和海洋盐度。2015 年，美国发射了 SMAP(Soil Moisture Active and Passive)卫星，同时搭载了主动和被动微波传感器，一方面利用了雷达高空间分辨率的优势，另一方面利用了被动微波遥感反演土壤水分精度更高的优势[9]。

20 世纪 90 年代以来，搭载先进雷达传感器的卫星(ERS-1、JERS-1、ERS-2、RADARSAT-1、ENVISAT-1、ALOS、RADARSAT-2、ALOS-2、Sentinel-1)相继升空，针对不同传感器的模型和算法得以发展和改进。2014 年 ALOS-2 卫星发射升空，其搭载的 L 波段合成孔径雷达系统相较于上一代 ALOS 卫星分辨率更高、覆盖范围更广、重访周期更短、成像模式更为丰富。2014 年、2016 年 Sentinel-1A 和 Sentinel-1B 卫星分别发射升空，可提供近实时 C 波段 SAR 数据，可以应用于土壤水分的监测研究。此外，利用多频率、多极化、多角度、可变工作模式的雷达数据在很大程度上可以提高监测土壤水分含量的准确性和可靠性[11]。

随着国内外传感器技术以及微波遥感地表参数反演算法的不断发展，获取更高精度和更高分辨率的全球土壤水分信息将成为可能，也将为研究地球系统科学提供重要的数据支撑。当前主流微波土壤水分产品见表 9-1。

表 9-1 主流微波土壤水分产品

名称	机构	波段	范围	空间分辨率	有效时长	工作方式
SMAP	NASA	L	全球	36km	2015 年 3 月 31 日至今	被动
				9km	2015 年 4 月 13 日～2015 年 7 月 7 日	主、被动
				3km	2015 年 4 月 13 日～2015 年 7 月 7 日	主动
CCI	ESA	L/C/X	全球	0.25°	1978～2015 年	被动
					1991～2015 年	主动
					1978～2015 年	主、被动
SMOS	ESA	L	全球	25km	2009 年至今	被动
Aquarius	NASA	L	全球	1°	2011～2015 年	主动
ASCAT	ESA	C	区域	12.5km	2012 年至今	主动
AMSR2	JAXA	X/Ka	全球	0.25°	2012 年至今	被动
AMSR-E	NASA	X/C	全球	25km	2002～2011 年	被动
	JAXA	X/Ka		0.25°		

9.2.2　微波遥感反演土壤水分算法研究进展

被动微波遥感是一种无源遥感，以测量电磁波谱微波波段的热辐射为基础，辐射计接收到的能量是来自地物目标自身的辐射，这是因为根据黑体辐射定律，任何物体都具有热辐射。黑体是一种理想的辐射体，它的吸收率为 $\alpha=1$。普通物体的热辐射比黑体要小，且辐射强度与辐射方向和极化相关。在方向 Ω 上观测到物体 p 极化的辐射单位强度为 I，则可用一个称之为亮度温度的量 T 表示物体辐射的等效温度。被动微波遥感中，辐射计所观测的即为亮度温度[9]。

土壤的介电常数会随含水量的增加而增加，这是主动式的合成孔径雷达 SAR 数据反演土壤水分的理论基础。土壤介电常数的变化会导致相应的雷达回波产生显著差异，据此建立雷达后向散射信息与土壤水分之间的关系。基于土壤介电常数与土壤水分、土壤质地等因素之间的关系，构建了土壤介电常数与土壤水分之间的定量转换关系，从而为构建雷达后向散射信息与土壤水分之间的量化模型提供了基础。

1. 被动微波遥感土壤水分反演算法

利用被动微波遥感来估算土壤水分的算法研究开展得比较早，早期的算法都可归结为经验算法或统计算法，它们一般仅具有局地应用价值。随着微波遥感理论特别是微波遥感正向模型的发展，理论算法已成为目前微波遥感土壤水分反演算法的主流。

利用不同的微波遥感正向模型和不同的观测数据，有多种算法应用于被动微波遥感土壤水分反演，常见的土壤水分反演算法大致可以分为以下几类。

1) 基于统计的反演方法

利用被动微波遥感反演土壤水分的统计方法包括两种，一种是基于多种大量观测值进行分类；另一种是建立土壤水分和微波发射率、植被微波指数组合的统计关系，通过微波发射率和植被微波指数的组合修正土壤粗糙度和植被的影响，从而获得土壤水分含量[12]。

2) 基于正向模型的反演算法

遥感正向模型是指描述在遥感过程中从电磁波传播所经媒质中提取的特征参数和传感器所接收信号之间关系的模型，在被动微波遥感中，这个正向遥感过程是指随机粗糙地表的微波辐射在经过植被、大气等介质到被传感器接收的整个过程。正向模型的输入是地表的各个参数，输出则为传感器所观测的辐射特性，所谓的反演过程就是通过输出参数求得输入参数[13]。

3) 数据同化方法

数据同化方法已经用于地表土壤水分反演研究中，所谓的"同化"，在这里就是把各种时空上不规则的零散分布的遥感观测数据融合到基于物理规律模式中的方法，这种基于物理规律的模式包括地表、植被、大气三层介质的传输模型以及辐射传输方程等。

2. 主动微波遥感土壤水分反演算法

20 世纪 50 年代开始出现的合成孔径雷达(synthetic aperture radar，SAR)是目前常用于测量土壤水分的主动微波传感器。SAR 可以达到 5cm 左右的地表深度，其全天时、全天候和测量范围广阔的特点使其能够为大面积土壤水分监测提供可用数据。与被动微波相比，SAR 具有更高的空间分辨率(1m～1km)，可以获取较大尺度更为精细的土壤水分含量信息，广泛地应用于中小尺度的土壤水分反演。

利用 SAR 数据反演土壤表层水分的方法主要包括：基于电磁波散射理论的物理模型、利用实测数据发展的经验模型以及结合理论模型和实测数据的半经验方法。

1) 土壤水分理论反演模型

常用的理论模型包括小扰动模型、几何光学模型、物理光学模型、积分方程模型(integral equation model，IEM)。在理论模型中，IEM 由于其较广的适用范围和反演精度，被广泛应用于模拟裸露地表或植被稀疏区的后向散射系数[14]。例如，基于 IEM，利用多极化多频率 SAR 数据获得了精确的土壤表面水分信息；基于 IEM 利用宽幅 ASAR 数据对青藏高原土壤表面水分进行反演研究[15]。为提高 IEM 模拟 SAR 后向散射系数的准确性，提出了 IEM 的半经验校准模型，校准模型使用有效相关长度代替实验测量的相关长度，其中，有效相关长度取决于地表均方根高度和 SAR 参数(入射角和极化方式)[16]。理论模型表达复杂，通常难以实现解析法求解土壤表面参数，因此基于理论模型的查表法在土壤表面水分反演中具有较强的实用性。基于理论模型模拟数据集，结合代价函数最小化准则利用多极化、多角度 SAR 数据进行土壤水分反演分析，在不需要表面粗糙度等先验信息的条件下，能较为准确地估算土壤表面水分信息。

2) 土壤水分半经验模型

半经验模型一般仅使用均方根高度表征土壤的粗糙度，半经验模型的模拟精度与卫星的雷达参数以及实验区的地面条件都有着紧密的联系。半经验模型可以直接用于地表参数的反演，而且在不同地区具有一定的适用性。典型的半经验模型包括：Oh 模型、Dubois 模型和 Shi 模型，以及基于这些模型发展起来的校准模型[17-19]。

目前，半经验模型应用于不同区域地表参数的反演时，仍需要根据研究区观测数据提前对模型进行校准。

3) 土壤水分反演经验模型

经验模型一般基于雷达后向散射信息与土壤水分之间的定量关系而建立，由于其易用性在土壤水分反演研究中具有广泛的应用。该方法需要有效的现场实测数据作为先验信息，模型的构建依赖于特定的研究区，缺乏相应的理论基础，因此模型的推广性和适用性有限；但是该方法操作简单，涉及的参数较少，针对特定的研究区域可以获得较好的反演效果，具有一定的实用性。典型的经验模型涉及线性回归、贝叶斯统计方法、神经网络和支持向量回归模型，以及基于时序 SAR 数据发展的变化检测方法[20,21]。

4) 植被覆盖区土壤水分反演

植被对雷达后向散射信息具有直接的影响，包括植被对地表散射信息的衰减效应以及植被散射贡献。针对植被覆盖对 SAR 数据反演土壤水分的影响，发展了水云模型[22]、密歇根微波植被散射模型[23]和比值植被模型[24]用于去除植被的影响，获取表征土壤表面散射特性的雷达后向散射信息，进而用于估算土壤表面含水量。

9.3 农业干旱监测方法

干旱是一种复杂的过程，20 世纪 80 年代世界气象组织（World Meteorological Organization，WMO）将干旱定义为一种持续的、异常的降水短缺。随着对干旱认识的不断深入，需要从水资源供需平衡的角度来认识干旱，即干旱是供水不能满足正常需水的一种地表水分平衡状态，不同的供需关系会产生不同类型的干旱。一些学者将干旱划分为气象干旱、农业干旱、水文干旱和社会经济干旱。其中，农业干旱是指生长季作物生长发育受到水分亏缺抑制，进而导致明显减产甚至绝收的现象，常以土壤含水量和植物生长状态为特征[25]。干旱对农业的损害，是仅次于洪水灾害的主要自然灾害之一[26]。干旱作为一种频发的自然灾害，已经严重威胁到我国粮食主产区的农业安全。对于干旱的发生，既有全球变化大背景的影响，也有区域气候波动的影响，以及一些人类活动与自然过程的耦合影响。因此，研究干旱时空演化规律不仅对认识干旱发生机理具有重要的科学意义，而且有助于监测和预警旱灾。

随着遥感技术的发展，将其用于干旱监测已经在国内外取得了一系列实质性进展，监测方法大致可以分为：基于植被指数的方法、基于植被指数和温度的方法以及基于土壤水分的方法等[27]。

9.3.1 基于植被指数的干旱监测

植被在可见光波段和近红外波段的强吸收与强反射光谱特征是植被指数法用于作物长势监测和土壤水分状况评估的基础。目前国内外学者已经研究出多种植被指数，如简单植被指数、比值植被指数、归一化植被指数、条件植被指数、条件温度指数、距平植被指数、条件植被温度指数等。其中，归一化植被指数（NDVI）是应用最广泛的植被指数之一，干旱会造成植被长势等方面的变化，导致植被指数时序变化异常，因此一些学者利用时间序列的归一化植被指数来监测干旱。由于干旱年份植被生长会受到抑制，NDVI 会比正常年份偏低，因此可用监测年份 NDVI 与研究期内多年平均的 NDVI 差值进行干旱监测。研究表明 NDVI 与降水量存在一定的相关性，因此可以利用 NDVI 评估区域的干旱状况，但NDVI 对降水的响应存在一定滞后性[25]。

9.3.2 基于植被指数和温度的干旱监测

地表温度和植被指数同蒸散发和土壤水分的关系一直以来受到广泛的关注。植被生长状态和土壤含水量的关系极为密切，又十分复杂。土壤含水量的高低影响植被的生长状态，而植被的生长状态又在一定程度上影响遥感技术对地表温度的探测，条件植被温度指数（vegetation temperature condition index，VTCI）是将两者结合起来实现对干旱的遥感监测。Carlson 等[28]发现当研究区域的植被覆盖度和土壤水分条件变化范围较大时，温度和 NDVI形成的散点图呈三角形；Moran 等[29]发现对灌溉农田而言，植被覆盖度与地气温差形成的散点图呈梯形,通过已知的气象条件确定梯形的四个顶点,梯形内任一点的缺水状况采用水分亏缺指数(WDI)定义,由该点的地气温差与最大最小的地气温差决定,同时根据能量平衡原理采用 WDI 计算实际蒸散发[28,29]。

不同的土地覆盖类型、不同的地表水分状况、温度和植被指数空间呈现出不同的规律,并且植被指数在植被覆盖度较大时会饱和。因此,该方法的适用性需要根据研究区特性以及植被生长时期进行选择性使用。

9.3.3　基于土壤水分的干旱监测

目前利用遥感手段监测土壤水分的方法有很多,其中热惯量法和微波遥感法应用较为普遍。土壤热惯量反映了土壤的热特性,是阻止其温度变化幅度的一种性质,随着热红外遥感获取陆地表面温度算法的逐渐成熟,热红外遥感获取土壤热惯量的研究引起了相关学者的重视。热惯量大的土壤含水量高,日较差小;热惯量小的土壤含水量低,日较差大。但热惯量模型所需要的参数较多,主要包括影响陆地表面辐射能量平衡的所有参数,其中有些参数是近地表气温、陆地表面温度、空气湿度、风速以及表面粗糙度等的函数,所以获取地表热惯量并不具有很好的操作性[30]。

微波遥感波长较长,具有全天候、全天时、穿透能力强的特点,不受云层、大气的影响。微波传感器利用接收到的地表亮度温度或反射的后向散射系数与土壤介电常数建立关系,进行土壤水分的反演。相比于植被指数监测干旱的滞后性,土壤水分对干旱的监测更为及时,同时微波遥感能够避免光学传感器受云雨等天气条件干扰的弱势。Champagne 等直接利用微波遥感土壤水分产品,建立土壤水分异常指数,用于监测农田土壤的干旱情况[31]。

9.4　东北地区干旱监测及其对粮食产量的影响分析

东北三省的玉米在其生长发育过程中经常受到干旱、洪涝和低温冷害等多种灾害的威胁。20 世纪 80 年代以来,东北地区干旱发生频率增加,受灾面积增大,是造成粮食减产的主要原因[32]。赵先丽等对辽宁省 1988~2007 年主要农业气象灾害受灾面积和粮食总产量的关联度进行动态分析,发现辽宁干旱受灾面积呈上升趋势,对辽宁农业粮食生产造成的影响最大[33]。也有研究表明长时间范围内(1948~2010 年)整个东北地区农作物根区 0~200cm 土壤水分呈现降低趋势,该研究结合东北地区气象数据计算作物需水量并定量评价了东北地区玉米种植范围的适宜性区域,为土壤水分评估及其对玉米产量研究提供了参考[34,35]。

9.4.1　研究区及数据源

1. 研究区介绍

东北地区地处我国中高纬度带(118.83°~135.09°E,38.72°~54.56°N),包括黑龙江省、吉林省和辽宁省三省,从北向南地跨寒温带、中温带及暖温带。东北地区总面积约 80 万 km²,谷类作物种植面积占该地区总面积的 50%以上,是我国最大的商品粮输出基地,其中玉米种植面积约占全国玉米种植面积的一半,产量约占全国总产量的 40%。该区域年降水量为 400～800mm,约 80%的降水量集中在 6～8 月,对农作物生长十分重要[11]。东北地区农业生产以"雨养"为主,降水量地域间差异很大,年际波动也较大,农作物生长季的干旱将会严重制约粮食生产。同时,该地区未来农作物生长季干旱趋势预估的研究还很缺乏,亟需加强对东北地区的干旱监测和预警研究[15]。本书重点关注农田区域,因此将东北地区土地利用类型进行合并归类,如图 9-1 所示,其中土地利用数据来源于中科院资源环境科学数据中心。

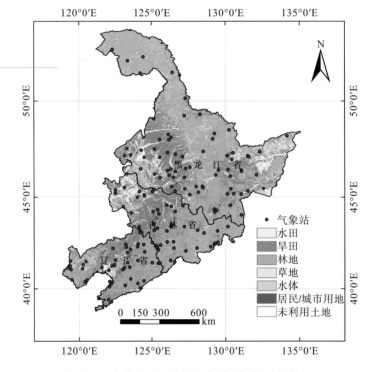

图 9-1　东北三省土地利用类型及气象站点分布

2. 数据源

1)ESA CCI 土壤水分产品

欧洲航天局综合多种主被动微波传感器(包括 SMMR、SSM/I、TMI、AMSR-E、Windsat、ERS 和 METOP 等)形成了一套 1978～2014 年的土壤水分融合产品。研究中使用的数据版本为 V02.2,时间范围是 1979～2014 年,该数据产品针对各传感器反演得到各自土壤水分,主被动土壤水分均重采样至相同的空间格网和时间尺度,然后分别进行融合得到融合后的主动土壤水分数据和被动土壤水分数据,最终将主被动土壤水分数据融合得到 ESA CCI 土壤水分产品[36]。数据的时间分辨率为日,空间分辨率为 0.25°×0.25°,单位为 m³/m³。该数据集保留各种来源的土壤水分数据的动态变化,包括季节和年际变化。

由于其具有高空间分辨率的优势，作为融合产品具有更高的精度，进而一定程度上能够及时监测到土壤水分的状态，对农业干旱的监测和预警具有重要意义。数据下载地址：https://www.esa-soilmoisture-cci.org/node/145。

2）世界土壤数据集

世界土壤数据库（Harmonized World Soil Database，HWSD）由联合国粮农组织（Food and Agriculture Organization of the United Nations，FAO）等机构于 2009 年 3 月发布，网格大小为 30″×30″（约 1km×1km）。数据库提供了各个网点的土壤类型（FAO-74、85、90）、土壤理化性状（0～100cm）（16 个指标）等信息[19,20]。我国土壤质地分类标准兼顾了我国南北土壤特点。如北方土中含有 1～0.05mm 砂粒较多，因此砂土组将 1～0.05mm 砂粒含量作为划分依据；黏土组主要考虑南方土壤情况，以小于 0.001mm 细黏粒含量划分；壤土组的主要划分依据为 0.05～0.001mm 组粉粒含量。数据下载地址：http://webarchive.iiasa.ac.at/Research/LUC/ External-World-soil-database/HTML/HWSD_ Data. html?sb=4。

3）气象站数据

数据集为中国基本、基准和一般地面气象观测站观测的包括气压、气温、降水、风等要素的日气候标准值数据（中国地面累年值月值数据集）。由各省上报的全国地面月报信息化文件，基于《气候资料统计整编方法(1981—2010)(发布版)》，进行整编统计而得。气象数据时间区间为 1981～2010 年，时间分辨率为月，研究中使用的 1981～2010 年气象数据包含于土壤水分数据时间区间内，选择此完整数据集可以确保数据质量，且时间区间的差异不会对分析研究产生影响。研究中将气象数据中 160 个站点 1981～2010 年的降水和气温与土壤水分亏缺指数（soil water deficit index，SWDI）分别进行相关性分析，用以验证基于土壤水分产品的 SWDI 的可靠性。数据下载地址：http://data.cma.cn/data/。

4）作物产量数据

中国经济与社会发展统计数据库是目前国内最大的连续更新的以统计年鉴为主体的统计资料数据库，其中的农业数据包含各省(区、市)多年农作物种植面积(hm²)与产量(kg)。本书使用黑龙江省、吉林省和辽宁省三省的玉米产量数据，时间范围为 1979～2014 年。数据下载地址：http://data.cnki.net/Yearbook。

9.4.2　基于土壤水分的东北地区干旱程度评价

本书基于长时间序列的土壤水分数据，计算了该时间范围的干旱指数，并根据指数结果以及东北地区土壤和农田的实际情况对东北地区干旱等级进行划分。基于干旱指数等级，对东北地区土壤水分对玉米单产的影响进行定性分析和定量评价。

1. 土壤水分亏缺指数

土壤水分亏缺指数（SWDI），是基于长时间序列土壤水分数据发展的用于表征农业干旱的指标。相比基于气象数据的干旱指数，如 SPI、PDSI，SWDI 具有更好的空间连续性，对大范围农业干旱的描述更加方便、准确。相比基于植被指数数据的干旱指标，如 NDVI、植被干旱响应指数（vegetation drought response index，VegDRI），SWDI 对干旱的响应更加及时。此外，基于光学遥感的干旱指数，受天气影响较大。因此，引入 SWDI 进行研究分析，计算方法如下：

$$SWDI = \frac{\theta - \theta_{FC}}{\theta_{FC} - \theta_{WP}}$$ (9-1)

式中，θ 表示土壤水分含量，cm³/cm³；θ_{FC} 表示田间持水量，cm³/cm³；Q_{WP} 表示凋萎湿度，cm³/cm³。当 SWDI 为正时，土壤中含有过量水；当其等于零时，土壤含水量为田间持水量；结合东北地区的土壤质地，SWDI 为负值且小于-0.5 时表示发生农业干旱。此外，SWDI 与该点的作物类型和干旱发生前的可用土壤水分之间也存在一定关系[37-39]。

田间持水量和凋萎湿度均是土壤的物理性质，它们的大小与土壤的结构、质地(砂土含量、黏土含量)和有机质含量以及土地利用状况等因素有关，计算中采用式(9-2)和式(9-3)分别计算田间持水量和凋萎湿度[25,26]。

$$\theta_{FC} = 0.186 + \left(-0.00127 \times sand\right) + \left(0.00327 \times clay\right)$$ (9-2)

$$\theta_{WP} = 0.113 + \left(-0.00121 \times sand\right) + \left(0.00327 \times clay\right)$$ (9-3)

式中，sand 和 clay 分别表示砂土百分比含量和黏土百分比含量(质量百分比)。经式(9-2)和式(9-3)计算得到的田间持水量和凋萎湿度均为质量含水量，而欧洲航天局土壤水分产品为体积含水量，因此需利用土壤容重将质量含水量转化为体积含水量，公式如下：

$$\theta_v = m_g \times \rho_b$$ (9-4)

式中，θ_v 表示体积含水量，cm³/cm³；m_g 表示质量含水量，g/g；ρ_b 表示土壤容重，g/cm³。

2. 干旱等级划分

结合东北地区土壤质地与玉米的生长条件等因素，并基于农业干旱等级国家标准，确定以土壤水分亏缺指数为干旱指标的东北三省农业干旱分级标准，将东北地区农业干旱划分为重旱、中旱、轻旱和无旱四个等级(表 9-2)。

表 9-2　基于 SWDI 的干旱分级

SWDI 值	干旱程度	干旱影响程度
SWDI＞-0.5	无旱	地表正常或湿润
-1.0＜SWDI≤-0.5	轻旱	地表蒸发量较小，近地表空气干燥
-2.0＜SWDI≤-1.0	中旱	土壤表面干燥，地表植物叶片有萎蔫现象
SWDI≤-2.0	重旱	土壤出现厚干土层，植物萎蔫、叶片干枯

3. 干旱指数的精度评估

1) SWDI 与降水量之间的关系

为评估 SWDI 的精度和可靠性，将降水量与 SWDI 进行相关性分析。自然降水是雨养农田水分的主要来源，是影响干旱的首要因素，特别是对地下水位深、无灌溉条件的地区而言，降水是唯一的水分来源。降水直接导致土壤含水量的变化，即直接影响 SWDI 数值，降水量与土壤水分呈明显的正相关关系，且基于土壤水分计算的干旱指数与降水量也存在较强的相关性。

　　研究中所用土壤水分产品为面尺度数据，而气象数据为点尺度数据(160 个)，为平衡降水数据的点尺度与 SWDI 的面尺度，采取分段平均方式，即将降水数据与对应的干旱指数进行空间的归一化处理，每 20 个数据进行平均，以此类推，至 160 个气象站数据整理后得到 8 个分段平均数据。基于东北三省气象站月平均降水数据，分析降水量与干旱指数的相关关系如图 9-2 所示。玉米生长季 5~9 月，东北地区月平均降水量与干旱指数的决定系数 R^2 最低为 0.55，最高达 0.93，显著性检验 P 值均小于 0.01，各月降水数据与干旱指数存在显著的线性相关关系。

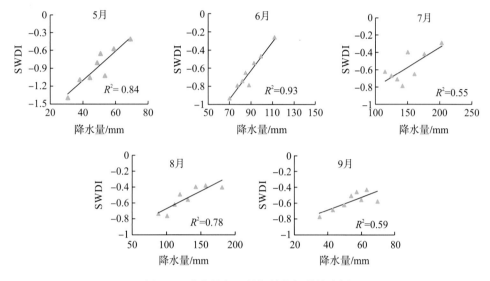

图 9-2　降水量与干旱指数的相关性分析

　　通过分析降水数据和干旱指数的相关性，验证了土壤水分产品的可靠性，为后续分析干旱指数与农作物含量的关系奠定了基础。

　　2) SWDI 与气温之间的关系

　　温度是影响作物的重要气象因子，温度升高加快了田间蒸散和作物蒸腾作用，在一定程度上能够证明 SWDI 与温度相互影响，进而可以建立温度与干旱指数的相关关系。东北三省南北纬度跨度大，随着纬度升高，温度呈现一定程度降低，建立温度与干旱指数的关系时，需去除由于纬度变化对温度产生的影响。通过将不同纬度的气象站温度绘制成趋势图的方法，将此变化趋势予以去除，进而建立去除纬度影响后的温度(Temp$_{Detrend}$)与 SWDI 的关系。

　　本书将东北三省不同纬度气象站点温度进行统计回归，得出线性方程，对各个站点温度进行去趋势分析。基于东北三省气象站月平均温度数据，分析 Temp$_{Detrend}$ 与 SWDI 的相关关系，如图 9-3 所示。5 月、6 月和 7 月温度与干旱指数呈现明显的负相关性，表明植被低矮与稀疏时期，随着温度升高，干旱程度逐渐加重。随着时间的推移，温度与干旱指数的负相关关系逐渐减弱，于 8 月降至最低，相关性基本为零，并于 9 月转变为正相关。温度与土壤水分间的相互影响关系较复杂，随着环境条件的变化，温度与干旱指数间的关系也变得复杂化。

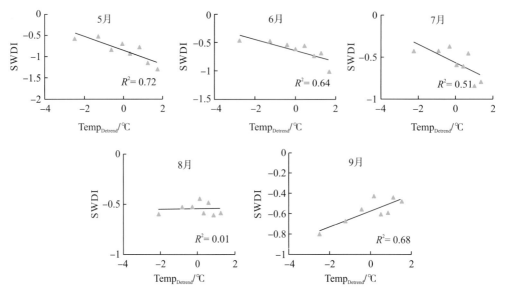

图 9-3 温度与干旱指数的相关性分析

温度与干旱指数的相关性随时间推移逐渐降低，最后甚至呈现正相关关系。东北地区玉米种植时间集中在 4 月下旬至 5 月上旬。因此，5 月卫星反演的土壤水分主要为裸土时期土壤状态。随着植物生长发育，6 月和 7 月作物逐渐成型，因此相比于 5 月，温度与 SWDI 的相关关系逐渐降低，但整体仍呈现较好的相关性。8 月是玉米植株高度明显增加的月份，降水量充沛的 8 月与东北地区玉米生长高峰时期较为一致，玉米植株高度的快速变化也伴随着植被生物量与含水量等因素的变化。同时，气象站温度传感器高度一般为 1.5～2.0m，此高度可能会被玉米遮挡，无论传感器是否安装在玉米田内，均会受到周边较高（2.0～3.0m）玉米作物的影响。其次，8 月和 9 月植物生物量和植被含水量达到峰值，微波虽具有较好的穿透能力，但是仍会受到茂密农作物的影响，导致土壤水分反演精度变低。当温度升高时，蒸腾作用增强，导致土壤水分数据降低，也即干旱指数增加。

4. 东北地区干旱程度的时空特征

东北地区种植制度为一年一季，每年农作物生长季为 5～9 月，因此选择黑龙江省、吉林省、辽宁省三省 5～9 月的干旱情况进行空间特征分析，如图 9-4 所示。

东北三省整体干旱情况呈现东北向西南逐渐加重趋势，这与张淑杰等、杨晓静等的研究结果一致[40,41]。9 月黑龙江省北部出现较为严重的干旱，这与该地所处纬度有关，较早出现土壤冻结现象以及较早的冬季降雪。黑龙江省西南部、吉林省西部、辽宁省西南部在生长季的各个月份均存在不同程度的干旱情况，5 月的干旱严重程度与范围明显高于 6～9月。此外，黑龙江省河流、湿地较多，多个月份均呈现较湿润状态。吉林省自东向西干旱程度逐渐加重，西部地区多为盐碱地，蓄水储水能力弱，东部地区和东南部地区河流较多且森林山区较多，整体表现为较湿润状态。辽宁省发生干旱的区域主要集中在西南地区，且作物生长季的各个月份辽宁省西南部均呈现较为干旱的状态,比中部和东部沿海地区有更高的干旱发生频率。

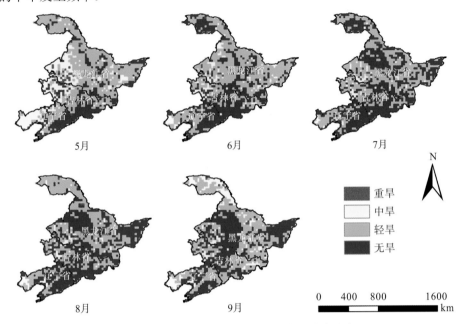

图 9-4　东北三省多年平均干旱程度的时空分布

9.4.3　干旱程度与粮食产量的关系

1. 玉米单产去趋势分析

随着农业技术和玉米新品种的推广,东北地区粮食作物产量随时间(年份)推移有明显的上升趋势,如图 9-5 所示。

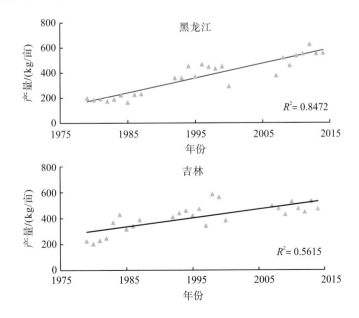

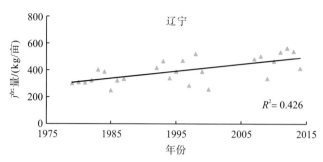

图 9-5　东北三省玉米亩产散点图及变化趋势

注：1 亩≈666.7m²

分析长时间序列东北三省玉米产量与 SWDI 的关系时，需将由环境与技术等因素导致的产量增加趋势予以去除。依据图 9-5 中玉米单产随年份的逐年增加趋势拟合线性关系式，认为此线性增加趋势由农业技术和科技发展占主导因素，因此通过将每年的实际亩产与在图中拟合的线性关系式的单产进行作差，得到消除由于技术等因素导致产量增加的因素，在此基础上分析去除趋势的产量与 SWDI 的相关关系。

2. 干旱像元百分比与玉米亩产的相关性分析

结合黑龙江省、吉林省和辽宁省三省的 1979～2014 年的玉米亩产数据，分析长时间序列下的各省中旱程度以上(即 SWDI≤−1.0)的像元百分比与玉米去趋势亩产量的关系，如图 9-6 所示。

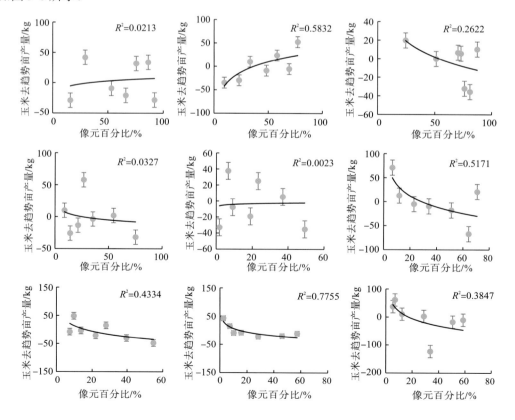

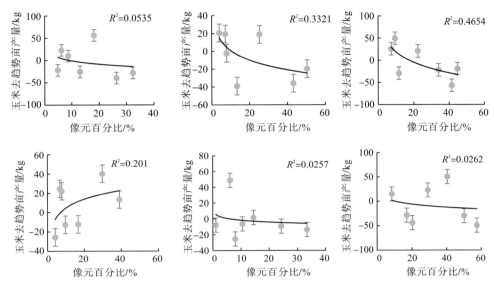

图 9-6 各省中旱以上干旱像元百分比与玉米去趋势亩产量的关系

图 9-6 中,左列分别为黑龙江省 5~9 月的干旱像元百分比与玉米亩产的关系图,中间列分别为吉林省 5~9 月干旱像元百分比与玉米亩产的关系图,右列分别为辽宁省 5~9 月干旱像元百分比与玉米亩产关系图。7 月至 8 月上旬是玉米需水关键期,因此根据土壤水分缺失情况,分别计算黑龙江省、吉林省、辽宁省三省的 SWDI≤-1,即在数值上呈现中旱以上程度的像元个数百分比。

采用上述去趋势的方法得到去除趋势影响的玉米产量。基于去除趋势后的玉米亩产与干旱指数,计算各省中旱程度以上的像元个数所占百分比与去除趋势后玉米亩产的相关关系,如表 9-3 所示。

表 9-3 中旱重旱像元百分比与玉米亩产相关性

省份	5 月	6 月	7 月	8 月	9 月
黑龙江省	-0.14*	-0.18*	-0.66**	-0.23*	0.45**
吉林省	0.76**	-0.05	-0.88**	-0.58**	-0.16*
辽宁省	-0.51**	-0.72**	-0.62**	-0.68**	-0.16*

注: *表示通过 95%显著性检验,**表示通过 99%显著性检验。

7 月是东北三省雨量充足月份,同时也是玉米需水关键期,干旱像元个数百分比与去趋势玉米亩产呈现显著负相关关系,吉林省为东北三省玉米种植面积最大的省份,相关系数达到-0.88。黑龙江省西部和北部地区森林覆盖面积大,土壤水分产品的精度在一定程度上受森林覆盖的影响,影响土壤水分产品精度的同时,也在一定程度上影响 SWDI 的稳定性,因此相关性也较弱,相关系数为-0.66。辽宁省为东北三省玉米种植面积最小的省份,因此受到种植范围、空间异质性以及其他气候环境因素的影响,导致其成为三省中相关性较弱的省份,相关系数为-0.62。虽然不同省份 7 月的干旱指数与玉米亩产相关性略有差异，但是整体仍能很好地反映玉米生长关键需水期干旱情况对产量的影响。针对吉林省5月和黑龙江省9月的正相关关系，虽然干旱像元占比较大，但是结合土地利用数据可知，大部分干旱区域均为非农田区域，吉林西部草地干旱像元占比较大，黑龙江北部森林像元占比较大，这也是出现仅有的两个正值的主要原因。

9.5　本章小结

本章阐述了微波遥感监测土壤水分的主要原理以及农业干旱监测的主要方法，而后以微波遥感土壤水分产品监测农业干旱为例，基于长时间序列的土壤水分数据开展东北地区农业干旱事件对于玉米产量的影响研究。本书利用土壤水分数据计算干旱指数[土壤水分亏缺指数(SWDI)]，分析干旱程度的空间分布特征。总体而言，ESA CCI 土壤水分产品与气象数据(降水、气温)综合分析验证结果表明土壤水分产品具有可靠性，建立的干旱指数与玉米亩产具有良好的相关关系，微波遥感土壤水分产品(CCI 土壤水分产品)能够用于定量评估干旱对玉米产量的影响。

本章对东北地区干旱等级的划分，主要依赖于土壤质地、植被类型等因素，并结合农业干旱等级国家标准进行确定，因此在满足本书研究的同时可能存在一定程度的局限性。温度与干旱指数的相关性在整个玉米生长季变化较大，主要是由于植被生物量在5～9月逐渐增加，并于9月达到峰值，导致土壤水分的测量与温度数据均出现一定程度的偏差，因此造成二者相关性由较强的负相关逐渐变为正相关。干旱指数与玉米亩产只在7月表现出较好的相关性，主要是由于整个7月是玉米关键需水期，而其他月份虽然对最终产量有影响，但是相比7月较弱。随着研究的不断深入，将逐步对影响作物产量的多种因素进行考虑和分析，包括病虫害、洪涝灾害以及遥感土壤水分产品的不确定性等，都是造成二者相关性较差的潜在因素。

参 考 文 献

[1] Wilhite D A，Glantz M H. Understanding the drought phenomenon：The role of definitions[J]. Water International，1985，10(1)：111-120.

[2] Su Z B，Yacob A，Wen J，et al. Assessing relative soil moisture with remote sensing data：Theory，experimental validation，and application to drought monitoring over the North China Plain[J]. Physics and Chemistry of the Earth，2003，28(1/3)：89-101.

[3] 李雷，郑兴明，赵凯，等. 基于 CCI 土壤水分产品的干旱指数精度评价及其对东北地区粮食产量的影响[J]. 遥感技术与应用，2020，35(1)：111-119.

[4] Narasimhan B，Srinivasan R. Development and evaluation of soil moisture deficit index (SMDI) and evapotranspiration deficit index (ETDI) for agricultural drought monitoring[J]. Agricultural and Forest Meteorology，2005，133(1)：69-88.

[5] Wu J J，Zhou L，Liu M. Establishing and assessing the integrated surface drought index (ISDI) for agricultural drought monitoring in mid-eastern China[J]. International Journal of Applied Earth Observation and Geoinformation，2013，23(1)：397-410.

[6] Escorihuela M J，Quintana-Seguí P. Comparison of remote sensing and simulated soil moisture datasets in Mediterranean

landscapes[J]. Remote Sensing of Environment，2016，180(1)：99-114.

[7] Al-Yaari A，Wigneron J P，Kerr Y. Testing regression equations to derive long-term global soil moisture datasets from passive microwave observations[J]. Remote Sensing of Environment，2016，180(1)：453-464.

[8] Martin J，Markus R，Philippe C，et al. Recent decline in the global land evapotranspiration trend due to limited moisture supply[J]. Nature，2010，467(7318)：951-954.

[9] 房世波，朱永超，王蕾，等. 卫星遥感土壤水分及干旱监测[M]. 北京：气象出版社，2020.

[10] 黄资贠. 基于多源遥感数据的干旱/半干旱地区表层土壤水反演方法研究[D]. 广州：华南农业大学，2016.

[11] 林利斌. 多源遥感数据反演植被覆盖地表土壤水分方法研究[D]. 南京：南京信息工程大学，2018.

[12] Schmugge T. Remote sensing applications in hydrology[J]. Developments in Water Science，1987，25(2)：383-388.

[13] Njoku E G，Li L. Retrieval of land surface parameters using passive microwave measurements at 6-18 GHz[J]. IEEE Transactions on Geoscience and Remote Sensing，1999，37(1)：79-93.

[14] Zreda M，Desilets D，Ferré T P A，et al. Measuring soil moisture content non-invasively at intermediate spatial scale using cosmic-ray neutrons[J/OL]. Geophysical Research Letters，2008，35(21). https://doi.org/10.1029/2008GL035655.

[15] Bindlish R，Barros A P. Parameterization of vegetation backscatter in radar-based, soil moisture estimation[J]. Remote Sensing of Environment，2001，76(1)：130-137.

[16] Schwartz B F，Schreiber M E，Yan T. Quantifying field-scale soil moisture using electrical resistivity imaging[J]. Journal of Hydrology，2008，362(3/4)：234-246.

[17] Oh Y，Sarabandi K，Ulaby F T. An empirical model and an inversion technique for radar scattering from bare soil surface[J]. IEEE Transactions on Geoscience and Remote Sensing，1992，30(2)：370-381.

[18] Dubois P C，van Zyl J，Engman T. Measuring soil moisture with imaging radars[J]. IEEE Transactions on Geoscience and Remote Sensing，1995，33(4)：915-926.

[19] Shi J，Jiang L，Zhang L，et al. Physically based estimation of bare-surface soil moisture with the passive radiometers[J]. IEEE Transactions on Geoscience and Remote Sensing，2006，44(11)：3145-3153.

[20] Notarnicola C，Angiulli M，Posa F. Soil moisture retrieval from remotely sensed data：neural network approach versus Bayesian method[J]. IEEE Transactions on Geoscience and Remote Sensing，2008，46(2)：547-557.

[21] Kseneman M，Gleich D，Potocnik B. Soil-moisture estimation from TerraSAR-X data using neural networks[J]. Machine Vision and Applications，2012，23(5)：937-952.

[22] Attema E P W，Ulaby F T. Vegetation modeled as a water cloud[J]. Radio Science，1978，13(2)：357-364.

[23] Ulaby F T，Sarabandi K，McDonald K，et al. Michigan microwave canopy scattering model[J]. International Journal of Remote Sensing，1990，11(7)：1223-1253.

[24] Joseph A T，Velde R V D，O'Neill P E，et al. Effects of corn on C- and L-band radar backscatter：A correction method for soil moisture retrieval[J]. Remote Sensing of Environment，2010，114(11)：2417-2430.

[25] 杜灵通. 基于多源空间信息的干旱监测模型构建及其应用研究[D]. 南京：南京大学，2013.

[26] 易永红. 植被参数与蒸发的遥感反演方法及区域干旱评估应用研究[D]. 北京：清华大学，2008.

[27] 齐文栋. 基于长时间序列 GLASSLAI 距平监测东北农业干旱[D]. 北京：中国地质大学(北京)，2014.

[28] Carlson T N，Gillies R R，Perry E M. A method to make use of thermal infrared temperature and NDVI measurements to infer surface soil water content and fractional vegetation cover[J]. Remote Sensing Reviews，1994，9(1/2)：161-173.

[29] Moran M S，Clarke T R，Inoue Y，et al. Estimating crop water deficit using the relation between surface-air temperature and

spectral vegetation index[J]. Remote Sensing of Environment，1994，49（3）：246-263.

[30] 齐述华. 干旱监测遥感模型和中国干旱时空分析[D]. 北京：中国科学院研究生院（中国科学院遥感应用研究所），2004.

[31] Champagne C，McNairn H，Berg A A. Monitoring agricultural soil moisture extremes in Canada using passive microwave remote sensing[J]. Remote Sensing of Environment，2011，115（10）：2434-2444.

[32] 高晓容，王春乙，张继权，等. 近 50 年东北玉米生育阶段需水量及旱涝时空变化[J]. 农业工程学报,2012,28（12）:101-109.

[33] 赵先丽，张玉书，纪瑞鹏，等. 辽宁主要农业灾害时空分布特征[J]. 干旱地区农业研究，2013，31（5）：130-135.

[34] 李雷. 东北地区玉米种植范围的水分适宜性研究[D]. 长春：吉林大学，2018.

[35] 郑兴明. 东北地区土壤湿度被动微波遥感高精度反演方法研究[D]. 长春：中国科学院研究生院（中国科学院东北地理与农业生态研究所），2012.

[36] Wagner W，Dorigo W，de Jeu R. Fusion of active and passive microwave observations to create an essential climate variable data record on soil moisture[J]. ISPRS Annals of the Photogrammetry，Remote Sensing and Spatial Information Sciences，2012，1（7）：315-321.

[37] Martínez-Fernández J，González-Zamora A，Sánchez N. Satellite soil moisture for agricultural drought monitoring：Assessment of the SMOS derived soil water deficit index[J]. Remote Sensing of Environment，2016，177（1）：277-286.

[38] 闫娜娜. 基于遥感指数的旱情监测方法研究[D]. 北京：中国科学院研究生院（中国科学院遥感应用研究所），2005.

[39] 郑兴明，赵凯，李晓峰，等. 利用微波遥感土壤水分产品监测东北地区春涝范围和程度[J]. 地理科学,2015,35（3）:334-339.

[40] 张淑杰，张玉书，纪瑞鹏，等. 东北地区玉米干旱时空特征分析[J]. 干旱地区农业研究，2011，29（1）：231-236.

[41] 杨晓静，徐宗学，左德鹏，等，东北三省近 55a 旱涝时空演变特征[J]. 自然灾害学报，2016，25（4）：9-11.

第10章　基于生态大数据的植被总初级
生产力估算及最新进展

本章导读

日光诱导叶绿素荧光作为光能在叶片上光合作用的伴生产物，包含了丰富的光合信息，被认为是可以快速、无损表征植物光合作用的"指示器"。叶绿素荧光在研究植物胁迫、病虫害监测、估算植被总初级生产力(gross primary production，GPP)等方面发挥着独特的作用。陆地植被 GPP 是研究全球气候、碳循环变化、生态系统结构和功能等的重要内容。准确、及时地掌握 GPP 的时空分布特征，有利于深入理解生物圈与大气圈之间的相互作用，可为开展减缓全球气候变化的生态过程管理提出相应建议和对策。相比植被指数，叶绿素荧光对植被光合作用的敏感程度更高，已被证实可以更直接有效地监测 GPP，显著优于传统的 GPP 估算方法。本章深入探讨了叶绿素荧光在遥感估算 GPP 领域的基本原理、方法、不确定性及最新进展，并对其面临的挑战和未来趋势进行了分析。

10.1　概　　述

叶绿素荧光诱导现象于 1931 年首次被 Kautsky 用肉眼观察并记录，其发现叶绿素荧光强度与 CO_2 的固定有关，叶绿素荧光随之逐渐成为一种与植物光合作用研究良好结合的新技术。植物叶片进行光合作用后的部分光能会以荧光的形式发射出去，表现在红边反射区域[1]，由于光合作用整个过程的紧密连接性，日光诱导叶绿素荧光(solar-induced chlorophyll fluorescence，SIF)可贯穿光合作用的整个光反应阶段。SIF 是植物内部叶绿素吸收太阳能量后发出的一种长波信号[2]，其作为光能在叶片上光合作用的伴生产物，包含了大量光合信息，被认为是可以快速、无损表征植物光合作用的"指示器"[3]。因此，测定 SIF 可以直接反映叶片的光合作用效率以及光能利用效率。同时，SIF 在研究水分胁迫、氮素胁迫等与生态系统息息相关的问题上，也发挥着重要而独特的作用[4]。

GPP 是指单位时间内植被通过光合作用所固定的光合产物量或有机碳总量,也称为总初级生产力[5]。它可以表现出一定时期内经植被自身的组织活动或贮藏物质活动而蓄积的有机物质的数量，进而反映植被的固碳能力[6]。GPP 可被用来对生态系统内植被的健康状态以及大气、水等资源的利用状况进行评估，是陆地生态系统碳收支平衡的重要组成部分。由此可见，GPP 直接关系生态系统的稳定性[7]，其影响因素复杂，包括植被长势、土壤性状、太阳辐射、大气 CO_2 浓度与温/湿度等，对 GPP 的估算也相应地存在诸多不确定性。

而 SIF 因其扎实的理论基础，已被广泛应用于植被的光合作用研究，利用 SIF 遥感估算 GPP 成为一种逐步兴起的新型 GPP 估算模型。相比于利用植被指数或需要借助较多辅助数据的生态模型估算 GPP，应用 SIF 进行遥感估算更为精确。当前遥感反演 SIF 算法主要基于夫琅禾费暗线提取 (Fraunhofer line discrimination，FLD) 原理，再进一步借助 SIF-GPP 模型对 GPP 进行估算[8]。利用 SIF-GPP 模型，可以有效地判断在不同植被类型、不同太阳辐射强度、不同冠层结构等条件下，生态系统内 GPP 的时空分布和变化特征。现有的多种 SIF 产品已被成功应用于 GPP 的估算，能在多种尺度下准确模拟 GPP，为研究陆地生态系统碳循环提供了新的有效方法。

10.2　叶绿素荧光遥感反演进展

10.2.1　SIF 主要获取方法及优势

SIF 数据可以通过一系列具有高光谱分辨率的星载卫星传感器遥感观测、通量塔搭载高光谱仪测定等方法获取。

在遥感尺度上，荧光遥感可以分为主动式和被动式。其中，主动式荧光遥感多依赖于叶片"点"测量，需要从 400km 的空间平台激发植物产生荧光，并不现实，因此主动式荧光遥感不适合大尺度测量[9]。被动式荧光遥感则依赖于日光诱导的叶绿素荧光，可以较好地在大范围内对生态系统进行无损监测[10]，获得较为高质量的 SIF 数据。

最早具有 SIF 观测能力的卫星传感器是欧洲航天局搭载在大型环境监测卫星 ENVISAT 上的 SCIAMACHY 传感器，Köhler 等利用该传感器提供的数据，基于数据驱动算法反演出了 2002～2012 年较高精度的 SIF 数据集[11]。日本于 2009 年 1 月发射了全球首颗温室气体观测卫星 (GOSAT)，利用 TANSO-FTS 超光谱数据可以提取对植被光合作用相当敏感的 SIF 信息，其强度可以直接用来评价陆地植被 GPP[12]。欧洲航天局搭载在卫星 MetOp-A 上的 GOME-2 传感器获取的 SIF740 数据，空间分辨率为 40km×40km，包括了日尺度的 L2 与月尺度空间分辨为 0.5°×0.5°的 L3 产品。基于遥感数据，SIF 模型已逐渐扩展到全球尺度，以获取全球产品。例如 NASA 的 OCO-2 传感器实现了全球尺度 SIF 的反演，该传感器空间分辨率为 1.3km×2.25km，提高了基于 SIF 数据相应研究的精度，该传感器每 16 天可采集到大约 800 万个全球 CO_2 精确测量数据，但其空间连续性较差，在全球范围内采样受限。2016 年 12 月我国成功发射 CO_2 监测卫星 (TanSat)，搭载高光谱二氧化碳探测仪 (ACGS)，刘良云等应用探测数据反演了首幅全球 SIF 产品[13]。2017 年，携带对流层臭氧检测仪 TROPOMI 的 Sentinel(哨兵)-5P 卫星发射，用于监测大气中的微量气体以及云和气溶胶信息。TROPOMI 提供了全球 2018 年 3～10 月，空间分辨率为 0.2°×0.2°的 SIF740 日产品。相比 GOME-2 数据，TROPOMI 提高了空间分辨率；相比 OCO-2 数据，TROPOMI 可以提供全球连续覆盖的高质量 SIF 数据集，提高了空间连续性，允许我们更好地在生态尺度上研究光合作用和 SIF[14]。

在站点尺度上，可以利用通量观测塔协同 SIF 自动观测系统同步测定 SIF 数据，例如 AUTOSIF-2-8 系统，可以实时计算 SIF 及反射率。该自动观测系统国内外均有相对成熟的产品，已经有一些研究成果，但是观测数据处理需要专业人员参与，尚无条件支撑工程化推广，因此目前还只是在部分通量观测站点开展测量工作。

SIF 包含了入射辐射和植被特性的信息，当前大多数 SIF 的研究集中于从叶片尺度到景观尺度[15]。SIF 是基于植物释放的能量，而不是反射的能量，它是光合作用光反应过程中重新释放的微弱信号[16]。相较于反射率，SIF 有其自身优势，首先它是一个比反射率更具有生理相关性的信号，而且它直接来自植被，代表一种更精细的生理信号，并且具有昼夜动态[17]；其次，由于土壤等背景不会产生 SIF 信号，所以 SIF 受背景因素的影响较小，但基于反射信号获取的植被指数等会受到背景因素干扰，而背景因素无法反映植被的真实情况，进而导致误差[18]。

早期 SIF 在研究植物种类区分、植物胁迫、病虫害监测等方面发挥着重要作用，近几年由于其数据质量及时空分辨率的提高，SIF 的应用范围更加广泛，已经成为环境遥感研究中一个极其重要的参数。当前，SIF 因其对光合作用的高度敏感性，已被证实可以用来直接估算陆地生态系统 GPP，并且具有更加灵敏、快速等优点，因此将 SIF 与 GPP 融合研究已经成为目前碳循环遥感的热门领域。

SIF 遥感数据具有较多的优势，例如 SIF 遥感数据包含了丰富的光合信息，与植被的生理因素等息息相关，可以反映植被与光合作用的内在联系[19]；SIF 相比归一化植被指数（NDVI）或增强型植被指数（EVI）这些对植被生理功能和光能利用效率（LUE）动态变化并不敏感的指数，与植被的生理过程耦合程度更高[20]；同时，与遥感植被指数相比，SIF 更善于捕捉不同生物群落 GPP 的季节变化，尤其是在生长季的开始与结束时间[21]；最后，SIF 对包括太阳辐射、水分等影响植物生长的因素反应灵敏，可以快速反映外部生长环境的变化[22]。

表 10-1 反映了三种基础的表征植被 GPP 的数据特性，突出了 SIF 数据的优势。

表 10-1　测定植被 GPP 的基础数据特征

数据	数据获取手段	反演模型特征	与光合作用相关性	适用性	精度
SIF 数据	温室气体卫星传感器、地面 SIF 自动观测系统获取	作为生理信号，快速而直接	相关性较强，与植被生理过程高度耦合	全球和区域均适用	精度高
植被指数数据	MODIS 等光学卫星获取	无法直接反演，需要利用间接数据	无法反映瞬时光合作用，会有延时效应	对某些生态系统会存在误判	部分产品精度较差
通量站点观测数据	FLUXNET 通量塔获取	预测能力差	相关性较强，直接反映光合作用固碳情况	区域性强	精度较高

10.2.2　SIF 遥感反演算法进展

SIF 一般在植物的红光-近红外波段进行反演。Frankenberg 等基于 GOSAT 传感器的数据，在 769.9~770.25nm 这一窄波段首次反演出全球的 SIF 信息[12]。Joiner 等基于 GOME-2 传感器数据，采用迭代最小二乘法拟合技术，在 740nm 这一波段（SIF 发射峰值）左右进行 SIF 的反演；对于 OCO-2 传感器数据则利用 NASA 为其提取荧光数据专门开发的 IMAP-DOAS 算法，在 757nm 左右提取 SIF[23]。

搭载反演 SIF 传感器的卫星主要在晴天上午或者中午测定 SIF，例如搭载 GOME-2 传感器的 MetOp-A 卫星的过境时间约为 9：30，我国碳卫星（TANSAT）的过境时间约为 13：30。

目前，遥感提取 SIF 的方法主要包括基于反射率的反演算法、基于大气辐射传输方程的反演算法和数据驱动算法。

1. 基于反射率的反演算法

通常情况下，可分别利用短波通截止滤光片和长波通截止滤光片进行 SIF 的提取，采用长波通滤光片测得的反射率差值光谱和采用短波通滤光片测得的反射率光谱均可等效于荧光光谱[24]。

基于反射率反演的方法，可以得到荧光强度的反射率。但该方法获得的反射率并不是一个明确的物理量，因此不如其他两种反演算法使用广泛[25]。

2. 基于大气辐射传输方程的反演算法

基于大气辐射传输方程反演主要是利用夫琅禾费暗线来提取 SIF。夫琅禾费暗线是太阳光谱经过太阳大气和地球大气的吸收作用到达地面后，出现的宽度为 0.1~10nm 的暗线[26]。在其他波段中，SIF 信号明显低于其他植被反射光，但在夫琅禾费吸收暗线波段中，荧光信号相对凸显。利用 SIF 对夫琅禾费暗线的"井"填充效果，对比填充前后的暗线深度，可以反演得到 SIF。通过比较太阳入射辐照度光谱和植被冠层反射辐照度光谱中某个夫琅禾费暗线与其相邻谱区的相对强度，即可探测出 SIF 强度[8]。

基于大气辐射传输方程的 SIF 反演算法目前多利用地面观测数据进行反演，其中较为常用的方法包括标准 FLD 算法、iFLD 算法、3FLD 算法和 SFM 算法。

标准 FLD 算法假设夫琅禾费暗线很窄且暗线处的 SIF 和反射值均不变，利用 SIF 的填充作用，考虑夫琅禾费暗线及其内外两个足够邻近的光谱波段的太阳辐照度光谱强度和植被冠层反射辐亮度即可进行测定。吸收线内植被冠层的 SIF 强度（F）为

$$F = \frac{L_{in} \times E_{out} - L_{out} \times E_{in}}{E_{out} - E_{in}} \tag{10-1}$$

式中，E_{in} 与 E_{out} 分别表示夫琅禾费暗线和相邻谱区的太阳辐照度光谱强度；L_{in} 与 L_{out} 分别代表夫琅禾费暗线和相邻谱区的植被冠层反射的辐亮度光谱强度[24]。

这种算法经典且简便，但是其假设条件往往不成立，暗线处的 SIF 和植被反射率会发生变化，而不是完全相同的，尤其是在 O_2-A 和 O_2-B 两个氧气吸收波段，二者会存在较大的差异[27]。标准 FLD 算法模型存在很大的不确定性，因此在其基础上出现了一系列改进算法，如 iFLD、3FLD 等。

Alonso 等发现了暗线处的 SIF 和植被反射率并不是保持不变的，假设其不变的标准 FLD 方法往往会导致最终结果出现问题[27]，进一步提出了改进的 iFLD 算法。其团队对暗线内外的 SIF 和植被反射率设定了线性方程来表示，并用两个校正系数来表示二者的不同，即

$$R_{out} = \alpha_r \times R_{in} \tag{10-2}$$

$$F_{\text{out}} = \alpha_F \times F_{\text{in}} \tag{10-3}$$

式中，R_{in} 和 R_{out} 分别为暗线内外波段的反射率；F_{in} 和 F_{out} 分别为暗线内外的荧光强度；α_F 和 α_r 分别为暗线内外反射率和荧光强度的比值。

经过三次样条函数插值计算后可以观察到，由于夫琅禾费暗线的存在，表观反射率的曲线在暗线处明显出现一个峰值，同时，表观反射率与真实反射率的曲线形状一致，因此可用插值后的表观反射率代替真实反射率来求 α_F 与 α_r，即

$$\alpha_r = \frac{R_{\text{out}}^*}{R_{\text{in}}^-} \tag{10-4}$$

$$\alpha_F = \alpha_r \times \frac{E_{\text{out}}}{E_{\text{in}}^-} \tag{10-5}$$

式中，R_{out}^* 为夫琅禾费吸收线外的表观反射率；R_{in}^- 为经插值后得到的吸收线内的表观反射率；E_{in}^- 为插值后得到的吸收线内的太阳辐照度。则夫琅禾费吸收线内的荧光强度为

$$F_{\text{in}} = \frac{L_{\text{in}} \times E_{\text{out}} \times \alpha_r - L_{\text{out}} \times E_{\text{in}}}{\alpha_r \times E_{\text{out}} - \alpha_F \times E_{\text{in}}} \tag{10-6}$$

该算法基于高光谱数据，在结果上体现了高光谱的特殊性。iFLD 算法在原有标准 FLD 算法上更加精确，其得到的反射率与实际的反射率形状一致。但该算法针对存在噪声的模拟数据和实测的高光谱数据而言，稳定性较差[25]，3FLD 模型更加精确且稳定。

为了克服实际情况中夫琅禾费暗线内外两侧波段的反射率和 SIF 值不一致的情况，有学者提出利用夫琅禾费暗线内部一个波段和吸收线临近两侧的 2 个波段，共 3 个波段通过平均来减小反射率随着荧光波长的变化[28]。该方法假定 SIF 和反射率在很窄的波段范围内线性变化，用暗线临近两侧两个波段入射辐亮度的加权平均值和反射辐亮度的加权平均值，分别代替吸收线左侧的太阳入射辐亮度和吸收线左侧的反射辐亮度[29]。

最终可以得到夫琅禾费暗线内侧的荧光强度。

$$\omega_{\text{left}} = \frac{\lambda_{\text{in}} - \lambda_{\text{left}}}{\lambda_{\text{right}} - \lambda_{\text{left}}} \tag{10-7}$$

$$\omega_{\text{right}} = \frac{\lambda_{\text{right}} - \lambda_{\text{in}}}{\lambda_{\text{right}} - \lambda_{\text{left}}} \tag{10-8}$$

$$F = \frac{L_{\text{in}} \times \left(\omega_{\text{left}} \times E_{\text{left}} + \omega_{\text{right}} \times E_{\text{right}} \right) - \left(\omega_{\text{left}} \times L_{\text{left}} + \omega_{\text{right}} \times L_{\text{right}} \right) \times E_{\text{in}}}{\left(\omega_{\text{left}} \times E_{\text{left}} + \omega_{\text{right}} \times E_{\text{right}} \right) - E_{\text{in}}} \tag{10-9}$$

式中，ω_{left} 和 ω_{right} 分别代表暗线临近两侧两个波段所占的权重。

3FLD 能够更为准确地反演 SIF，它比 iFLD 算法更加稳定、精确，尤其是当叶绿素含量处于 $10\sim80\mu g/cm^2$ 时，3FLD 相比前两者，反演精度是最高的[30]。但因其假设荧光和反射率均线性变化的条件并不一定满足，因此也会存在误差[31]。

在任何噪声干扰的情况下，SFM 算法的精确性均高于 FLD 算法[32]。相比 FLD 算法仅利用夫琅禾费暗线内外少数波段，基于地面测量数据的 SFM 的算法思想是在夫琅禾费暗线附近一个较宽的窗口范围内，基于 SIF 与反射谱线的自然光谱特性，假设荧光值与反

射率均可通过一定的数学函数进行最小二乘拟合,进而进行 SIF 的反演[33]:通过模拟 FLEX 的数据,SFM 算法首次被引入卫星尺度,Coligati 等继续基于 FLEX 模拟数据应用多种 SFM 算法进行了 SIF 的反演,并评价了不同算法的反演精度[34]。

因抗噪能力强,SFM 算法被欧洲航天局选为 FLEX 的备选算法,2016 年升级成为标准算法[35]。但是 SFM 算法同时需要进行十分严格的大气订正、散射校正等,对大气辐射传输模拟的精度要求高,因此尚未基于真实卫星数据进行测试。目前,基于大气辐射传输方程的反演算法在星载尺度上使用较少,卫星主要使用数据驱动算法进行 SIF 的反演。

3. 数据驱动算法

数据驱动算法是目前大多数 SIF 产品的生产算法,尤其是星载尺度,它综合利用太阳暗线和地球暗线,很大程度上提高了 SIF 反演的效率。数据驱动算法主要包括基于 SVD (singular vector decomposition) 和基于 PCA (principle component analysis) 的 SIF 反演算法,利用 734~758nm 或 720~758nm 的拟合窗口,并在 740nm 处推算 SIF[11]。SVD 算法实质上仍是运用夫琅禾费暗线的"井"填充效果,它利用统计的方法同时提取了太阳暗线和地球暗线的变化特征[33],先后被用来基于 GOSAT 卫星和 OCO-2 传感器实现 SIF 的反演。PCA 算法利用统计的方法提取了地球大气特征,简化了大气辐射传输模型,使分离大气吸收、表面反射率和荧光发射的光谱特征成为可能[23]。SVD 算法与 PCA 算法在本质上相同,均是基于统计的反演算法,但二者提取特征向量的具体算法不同。

Jonier 等还开发了一种新的方法来估计红光光谱区域的 SIF[36],即利用相对 SIF 自由的 O_2-γ 波段来约束大气在 O_2-B 带内的吸收作用,使得 SIF 受 O_2-B 波段内散射的影响减弱,提高了反演精度。

10.3 常用的 GPP 估算方法

当前获取 GPP 的方法很多,可以利用不同的数据和模型进行估算,结果也存在一定的差异。站点尺度 GPP 实测主要利用涡度相关法,建立在遥感数据基础上则发展了光能利用率模型、生态过程模型以及动态全球植被模型。这些算法都有自身的优越性,例如涡度相关算法可实现百米尺度直接连续观测、光能利用率模型计算过程简单、生态过程模型贴合光合作用过程、动态全球植被模型先进且直观等。但它们也存在缺陷,例如地面观测涡度通量需要借助一定的方法尺度外推;光能利用率模型会受到环境胁迫、不同植被功能型、输入数据不确定性等因素的影响而存在误差;生态过程模型的数据难以获取,计算过程复杂;动态全球植被模型在对陆地生态系统进行估算时,植物性状差异对环境的响应存在不确定性[37](表 10-2)。

表 10-2　常用的 GPP 估算方法

	涡度相关算法	光能利用率模型	生态过程模型	动态全球植被模型
优点	百米尺度观测、精度较高	模型参数少、计算简单	贴近光合作用过程	大尺度、直观
缺点	站点依赖性强、空间代表性受限制	不同植被类型精度差异较大	参数较难获取、模型复杂	由于植物性状对环境的响应不同而存在不确定性、精度低

10.3.1　涡度相关算法

涡度相关算法是通过连续观测大气圈和生物圈之间的碳交换通量,即风速脉动和待测物理量脉动的协方差来获得交换物质的湍流通量。湍流通量中包括碳通量交换,可以间接计算得到 GPP 值。基于涡度相关技术建立的全球通量观测网络 FLUXNET 可以为区域尺度模型发展与验证提供基础数据支持[38]。

涡度相关技术能够直接连续地对陆地生物圈和大气圈之间的净碳交换通量进行测定,广泛应用于全球碳循环研究中。但因其站点依赖性强,无法很好地代表全球尺度,特别是在热带地区,所以区域内站点分布的代表性很重要[39],该方法在一定程度上受到系统建设和维护成本高的制约。

10.3.2　基于遥感资料的光能利用率模型

光能利用率模型的基本原理是,当植被所处环境中的水分和土壤肥力均充足时,植被的生产能力只与其吸收的太阳辐射能量有关[40]。随着遥感技术的发展,光能利用率能适用于多种空间尺度的 GPP 估算[41],成为目前开展区域乃至全球尺度 GPP 评估的主要方法。

基于遥感资料驱动的光能利用率模型原理相对清楚,所需参数较少,计算过程简单。但是光能利用率模型依赖于各植被类型的最大光能利用率,部分植被类型偏差较大。

10.3.3　生态过程模型估测

生态过程模型为预测陆地生态系统生产力、碳循环等变化提供了有力的模型支撑[42]。该模型可以模拟植被的光合作用、呼吸和蒸腾作用等,它模拟出植被到土壤、土壤到大气整个生态系统的物质传输和能量交换过程,便于研究陆地生态系统与大气之间的关系,可用来估算 GPP。

该模型可以通过大叶模型、多层模型等逐渐扩展到估算植被冠层尺度的 GPP 模型,耦合光合作用过程,系统完备[43]。但是此类模型需要大量难以获取的环境参数,并且模型结构相对复杂。

10.3.4　动态全球植被模型

动态全球植被模型是通过描述植物生理、物候等过程，来模拟气候对生态系统影响的模型。如今，动态全球植被模型已经被广泛用于模拟整个生态系统的各种生产力，对于研究生态系统碳循环平衡等过程有着重要的意义。动态全球植被模型可以在全球大尺度范围模拟生态系统 GPP，对相近物种归一化处理，再进一步计算，较为简便[44]。但该模型结果由于植物性状对环境的响应不同而存在不确定性，且其参数也无法表达植被的真实状态，模拟精度较低。

10.4　基于 SIF 估算 GPP 的不确定性与挑战

10.4.1　基于 SIF 估算 GPP 的模型

传统的 GPP 估算模型由于数据的多源性或者模型本身的复杂性等，总会存在滞后以及精度较低等多种问题。SIF 估算 GPP 的模型也有自身的缺点，因为其主要依赖叶绿素这一参量进行计算，对冠层整体结构、植被生化参数和时间采样等方面考虑较少，会影响反演精度。但 SIF 与植物光合作用的高度依赖性，使得它在估算 GPP 中更加高效准确[45]。

相关研究表明 SIF 在叶片[31]、植株[46]、冠层[47]和生态系统尺度[12]上均因其对光合作用过程中光反应阶段的敏感性，而与 GPP 存在显著的相关关系。

目前，SIF 估算 GPP 的研究，主要基于经验模型和 SCOPE 过程模型两种思路。其中经验模型相比其他 GPP 反演模型更简便、直接，模型过程清晰[45]。而 SCOPE 过程模型主要利用传感器所测得的数据进行反演，现今已将其用于耦合全球生态植被的动态模型，作为 FLUXNET 团队利用通量站数据估测辐射传输过程的主要模型工具之一。

1. 经验模型

应用经验模型，基于 SIF 数据估算植被 GPP，具有简单、机理清晰、准确等特点[48]。

Guanter 等提出，SIF 中包含了光能利用率、植物实际吸收的光合有效辐射等信息，进一步可以构建估算 t 时刻 SIF 的反演模型[49]：

$$\mathrm{SIF}(t,\lambda) = \mathrm{PAR}(t) \times f_{\mathrm{PAR}} \times \mathrm{LUE}_F(t,\lambda) \times f_{\mathrm{esc}}(\lambda) \tag{10-10}$$

式中，λ 表示光谱波长；$\mathrm{PAR}(t)$ 是 t 时刻入射的光合有效辐射；f_{PAR} 是植物冠层吸收的光合有效辐射的比例；$\mathrm{LUE}_F(t,\lambda)$ 为冠层吸收的光合有效辐射在波长 λ 处以荧光形式发射的比例(荧光量子产量)；$f_{\mathrm{esc}}(\lambda)$ 为叶绿素发射的荧光可以逃逸出冠层的概率，受到冠层结构、土壤背景、叶片相对于太阳入射角度的方向等影响[50]。$f_{\mathrm{esc}}(\lambda)$ 在同一物种间也存在巨大的差异，例如会受到作物生长期的影响[51]。近红光波段的 SIF 逃逸概率主要受冠层散射影响，而红光波段的 SIF 逃逸概率同时还与叶片内的重吸收有关[52]。量算逃逸概率需要太阳-观测几何、冠层结构参数以及叶片光学特性三种类型的信息[53]。

一天中 t 时刻的 GPP 为

$$\mathrm{GPP}(t) = \mathrm{LUE}_p(t) \times \mathrm{APAR} = \mathrm{LUE}_p(t) \times f_{\mathrm{PAR}} \times \mathrm{PAR}(t) \tag{10-11}$$

式中，APAR 是植物实际所吸收的光合有效辐射。

利用 PAR、f_{PAR} 与 GPP 和 SIF 的关系，综合式 (10-10) 和式 (10-11) 可以将 GPP(t) 与 SIF 建立关系：

$$\mathrm{GPP}(t) = \mathrm{SIF}(t,\lambda) \times \frac{\mathrm{LUE}_p(t)}{\mathrm{LUE}_F(t,\lambda)} \times \frac{1}{f_{\mathrm{esc}}(\lambda)} \tag{10-12}$$

经验模型的模拟过程简单而直接，并且针对冠层结构不同的植被，其斜率存在差异，可以反映出植被冠层结构影响下 GPP 的不同。也有研究表明，单线性模型不如双线性模型准确[54]，利用线性经验模型进行 GPP 的反演研究仍在不断完善。

但该模型仅描述了一天中某个时刻的瞬时 GPP，求取日均 GPP 还需要进一步计算。Zhang 等经过实验和计算发现，瞬时 GPP 和日均 GPP 可以建立截距为 0 的线性回归方程[55]，即

$$\mathrm{GPP}(\mathrm{daily}) = \mathrm{SIF}(t_0,\lambda) \times \frac{\mathrm{LUE}_p(t_0)}{\mathrm{LUE}_F(t_0,\lambda)} \times \frac{1}{f_{\mathrm{esc}}(\lambda)} \times \gamma_{\mathrm{GPP}} \tag{10-13}$$

式中，γ_{GPP} 用以校正瞬时 GPP 与日均 GPP 的时间不一致，如果一个站点的 γ_{GPP} 随时间变化很小，则表明瞬时 GPP 可以在时间尺度上表示日均 GPP。同样，如果 γ_{GPP} 在各个站点之间的差异很小，则表明瞬时 GPP 可以代表跨站点的日均 GPP。

2. SCOPE 过程模型

SCOPE 过程模型是基于 PROSAIL 和 FLUSPECT 的辐射传输模型。在 SCOPE 的原始版本中，荧光采用 PROSPECT 模型，该模型可以模拟叶片在 400~2500nm 内的反射率和透射率，并将它们作为叶片结构参数和生物化学参数的函数[56]。后来，在 SCOPE 1.53 版本中，引入了 FLUSPECT 模型作为扩展，计算叶片的反射率和荧光光谱。FLUSPECT 模型基于 Kubelka-Munk 方程，利用 PROSPECT 模型输出的叶片反射率和荧光数据，计算叶片被照亮部分后向荧光和阴影侧前向荧光的光谱[30]。但 PROSAIL 和 FLUSPECT 模型仅适用于垂直分布的均一冠层 (玉米等农作物)，在复杂冠层结构 (针叶林等) 中精度不足。Yang 等发现在复杂冠层结构的落叶阔叶林中，由于强光条件下的光饱和效应，SIF 与 GPP 的关系呈现非线性，即利用瞬时观测参数获取的 SIF-GPP 关系的斜率在上午比下午更陡[57]。Liu 等则发现在玉米和麦田这种垂直分布的均一冠层中，SIF 与 GPP 在一天中均保持较为平稳的线性关系[58]。

利用 SCOPE 模型模拟 GPP 存在精度问题。SCOPE 模型除了利用遥感数据外，还需要利用气象数据 (气温、气压、湿度等)、植被指数 (LAI 等)、最大羧化能力 (V_{cmax}) 等辅助数据。V_{cmax}、LAI、叶绿素 a+b 含量 (C_{ab})、叶片倾角分布因子 (LIDF$_a$) 是 SCOPE 模型估算 GPP 中影响最大的参数[30]。但 LAI 和 C_{ab} 参数的精度有限，LAI 的系统误差会导致反演结果不准确，C_{ab} 有限的精度会导致最终估算的误差。V_{cmax} 控制着固碳过程，是光合能力的关键控制参数。利用 SIF 结合 SCOPE 模型进行反演，为 V_{cmax} 的大小确定和季节性测量提供了一个新的指标，可进一步显著改善 GPP 和光能利用效率的模拟效果。Zhang 等

基于 GOME-2 的 SIF 数据，利用 SCOPE 模型反演 V_{cmax}，发现 V_{cmax} 和 SIF 高度线性相关，后又与美国 6 个作物通量塔站点生成的 GPP 数据进行对比分析，证明了测定精度的提高[16]，但目前该方法仅在站点和区域尺度适用。

SCOPE 模型是一维的生物物理模型，它将光辐射和热辐射的辐射传输过程与叶片的生化过程耦合起来，可以通过计算多层冠层内辐射传输随太阳天顶角和叶片方向的变化，模拟不同观测方向的 SIF[58]。该模型利用 C_3 和 C_4 两种植被功能型的光合作用模型，计算植物叶片的光合作用效率及其吸收的太阳辐射所转化为荧光的比例，被广泛用于 SIF 反演 GPP 的定量研究[30]。SCOPE 模型的创新点主要在于它将叶片尺度的 SIF 模型和叶片生化模型结合起来计算植被冠层顶部的 SIF[59]。

10.4.2　基于 SIF 估算 GPP 的不确定性

SIF 从光系统、叶片、冠层，再穿过复杂的大气层被传感器接收的过程中，受到很多因素的影响，导致 SIF 与 GPP 原本直接的关系遭到破坏。因此，SIF 估算 GPP 存在不确定性，在一定范围内解析这些不确定性的来源至关重要。

传感器是不确定性的重要来源之一。首先，SIF 卫星遥感易受传感器退化的影响，SIF 是植物自身发出的辐射，对太阳辐照度非常敏感。因此，必须对太阳辐照度进行精确的绝对校准，而传感器退化会导致校准精度降低。在所有卫星仪器中，由于温度变化、机械磨损、颗粒附着镜片等，传感器的退化或多或少会发生。有研究指出，监测到的亚马孙森林区域 SIF 的减少，很可能是由 GOME-2 传感器退化引起的[60]。另外，SIF 卫星遥感受到时空分辨率和噪声的限制。传感器应用的 SIF 反演算法受传感器性能的影响[61]，也存在着较多的不确定因素，例如拟合窗口等，制约着估算 GPP 的精度。

瞬时 SIF 与日均 GPP 尚不明确的关系，也是不确定性的来源之一。卫星测定 SIF 通常不是连续的，所以如何利用瞬时反演的 SIF 数据来代表每日在空间和时间上的总固碳量，是我们需要解决的问题，目前大部分研究仅集中在有限的站点。Zhang 等在 5 个纬度范围较广的草原站点进行瞬时 SIF 和日均 GPP 的模拟，发现正午过境的卫星所测得的 SIF 与日均 GPP 的线性关系更突出[55]。

冠层结构是 SIF 估算 GPP 不确定性的另一个主要来源。SIF 与 GPP 的线性关系在很大程度上受到冠层结构、叶片生化、观测条件的影响[62]。SIF 与冠层光合作用之间的关系随着植物功能类型和环境变量的不同而变化。Yang 等根据机载平台收集的数据，发现不同作物类型之间，超过 76%的 SIF 变化与冠层结构和植物生理生化的变化有关[63]。

研究表明，在一种或者多种作物占主导地位的作物密集地区，确定不同自然生态系统中的 SIF-GPP 关系，使用单一的作物定标函数可能是不合适的，至少应该推导出 C_3 和 C_4 植物的不同关系[18]。C_3 和 C_4 的光合作用途径不同，在全球变化反馈方面存在很大的差异，是碳模型中两种重要的植物功能类型，而 SIF 与 GPP 的关系高度依赖于植物功能类型。Yang 等发现，C_4 植物 SIF-GPP 关系的斜率比 C_3 植物更高[62]，这与基于多个时间尺度实地和星载测量的发现一致[20,64]。Liu 等研究表明，C_3 和 C_4 植物的 SIF 与 GPP 均表现出较好的线性相关性，C_3 植物的 GPP 日变化在正午有一个最低值，而日变化的 SIF 信号由单峰曲线组成，在正午时 SIF 较高。C$_4$ 植物没有明显的正午低值，与 SIF 数据吻合得较好[64]。郝勇 等基于我国中纬度地区半干旱草原的数据进行分析，证实了草地生态系统的 SIF 与 GPP 之间的关系可以用简单的线性模型来表征，但是其相关性程度低于森林和农田生态系统[65]。因此，根据不同的植物功能类型，确定相应的 SIF-GPP 关系是很重要的。

在不同植物生长阶段对 SIF-GPP 关系的研究是有限的，尤其是针对具有更高潜在生产力和环境适应能力的 C$_4$ 植物。研究玉米田发现，SIF 与 GPP 的关系在植物的不同生长阶段、不同时间尺度下会发生变化。在每天和 8 天的时间尺度下，SIF 与 GPP 在整个生长季存在很强的线性关系，而在半小时尺度下，二者呈曲线关系[51]。这说明时间分辨率降低的时候，植被的生理状态、冠层结构、环境条件和观测角这些因素的影响也随之降低。SIF 与 GPP 的关系同样受环境影响，多云天气下，在 SIF 值保持恒定的同时，SIF 与 GPP 关系的斜率比晴天更大。

环境胁迫会影响 SIF 估算 GPP 过程中的 LUE(荧光量子产量)等参数。植物在不同生长阶段对环境条件的响应不同，环境胁迫下 SIF 与冠层光合作用的关系会发生改变，例如在严重的热胁迫条件下，SIF 无法正常追踪常绿林的光合作用[66]；Yang 等发现，干旱胁迫条件下，草原生态系统的 SIF 与 GPP 的走势会出现差异[67]；加强对各种影响植被生长的环境胁迫的研究，可为 SIF 更好地反演 GPP 创造条件。同时，SIF 信号可以作为植被胁迫状态的指标[68]，在多种植物环境胁迫中得以应用[69,70]。

基于 SIF 估算 GPP 的过程中有几个重要参数，同样影响着 SIF 与冠层光合作用之间的关系。LUE 是一个非常重要的参数，它连接生态系统对光的吸收过程和光合作用对碳的固定过程，当 LUE 信息很少时，SIF 无法正常反映冠层的光合作用。LUE 是不断变化的，并且这种变化是随着植物功能类型、物候阶段和环境条件等因素变化的[71]。LUE 的变化是在短时间尺度发生的，由于 SIF 观测中固有的噪声，LUE 的变化不易检测，所以在基于 SIF 估算 GPP 时，要考虑 LUE 的不确定性。f_{esc} 为叶绿素发射的荧光可以逃逸出冠层的概率，f_{esc} 的量化对 SIF 的反演和 SIF-GPP 的关系确定十分重要，还需进一步研究[51]。目前，只有少数研究考虑了 f_{esc} 与 SIF 的关系，f_{esc} 之前被视为常数[72]或通过先验假设进行计算，这些假设会进一步导致误差。f_{esc} 的不同会导致 SIF 存在±30%的差异，它在解释全球范围内 SIF 的空间格局中至关重要[51]。

10.4.3　机遇与挑战

1. 最新研究进展

近年来，随着应用需求的不断扩大以及遥感技术手段的进步等，国内外学者对 SIF 模型不断进行改进和完善，估算精度也在不断提高。在传感器层次，哨兵-5P 卫星携带先进的对流层臭氧监测仪(TROPOMI)于 2017 年 10 月发射，覆盖多个谱段，它可以同时反演红光和近红外 SIF 两个波段。TROPOMI 空间分辨率为 7km×7km，相比类似的 GOME-2 传感器，空间分辨率大大提升，新的传感器目前性能较好，受仪器退化的影响小，降低了反演的不确定性。TROPOMI 提供经过云过滤和全局网格化的，空间分辨率为 0.2°的 SIF

数据集，尽管 TROPOMI SIF 受制于较短的时间跨度，但仍是目前潜力较大的 SIF 产品。FLEX 是第一个专门为 SIF 测量设计的卫星任务，以增进对全球植被光合作用季节变化的了解、指出荧光观测的潜在应用等为首要任务，可以同时或接近同时测量反射率和 SIF。FLEX 将产生分辨率为 300m×300m 的图像，旨在监测不同空间尺度的植被[73]。计划发射的 TEMPO 可以提供北美地区每小时的 SIF 值，MTG-S 卫星上搭载的 Sentinel-4 光谱仪与地球静止碳循环观测站(GeoCARB)仪器分别监测欧洲和美洲，可以每天多次获取 SIF 数据。有学者将 SIF 模型与一个新兴的物候指数 PI 结合来提高模型整体精度，并捕捉冠层的光合作用季节周期，为森林中多种植被的生长期开始时间提供了可靠预测[74]。Wei 等研究 OCO-2 和 GOME-2 所测得的 SIF 数据之间空间足迹、天顶角、环境标量等因素，提高 SIF 与 GPP 的相关性[75]。来自光学遥感数据的光化学反射指数(photochemical reflectance index，PRI)可以与 SIF 进行组合改进 GPP 的估算精度，以更好地解释 SIF 和 GPP 之间的关系，这也是 FLEX 任务的下一目标[76]。Wen 等建立了一个框架，以协调不同卫星传感器反演的 SIF，有助于阐明长期尺度下 SIF 与 GPP 的关系[77]。

　　SIF 模型在时间和空间尺度上都进行了延伸发展。SIF 遥感估算 GPP 模型易受采样时间的影响，因此在多种时间尺度上研究 SIF 与 GPP 的关系成为一大难点[28]。Paul-Limoges 等利用涡动协方差通量方法研究了不同时间尺度(分钟到年)和不同环境条件下 SIF 与 GPP 的关系，为针对特定生态系统 GPP 的研究提供理论支持[78]。Miao 等在对大豆进行观测后发现，SIF 与 GPP 在光照条件稳定的晴天呈现较强的线性相关，而在阴天呈渐近线关系[68]。SIF 与 GPP 关系的相关研究推进了基于 SIF 数据的植被物候监测，并运用在多种植被类型中，之前研究较少的常绿林也逐步得到发展，从小时到周尺度，常绿林的 SIF 与 GPP 相关性较强[79]。SIF 遥感估算 GPP 模型的应用已经不止局限于低海拔地区，有学者将该模型应用到了青藏高原，结合回归模型定量研究 SIF 与 GPP 年际变化的关系，为高山生态系统的气候变化影响评价提供支持[80]。

　　冠层结构一直是 SIF 反演中的一个重要问题，利用反射率数据量化 SIF 冠层的散射，提供了一种新的方法来解析冠层结构和光合调节对 SIF 的影响。最近有相关研究为证实冠层散射和反射率的关系提供了证据，Liu 等发现 SIF 测量的双向效应类似于反射效应[58]，Yang 等则推导出一个详细的 SIF 冠层散射与反射率的关系[81]，为区分冠层结构变化对 SIF 的影响做出了贡献。估算从光系统到冠层级的荧光逃逸概率是极为重要的，同时，由于红波段的 SIF 包含更多来自光系统Ⅱ(PSⅡ)的信息，且 PSⅡ是大多数光合作用进行的地方，Liu 等强调了使用红波段的 SIF 估算 GPP 的重要性[82]。一种简单、准确估算荧光逃逸概率的方法最近被开发出来，即利用植被的近红外反射率 NIR_v 与 f_{PAR} 的比值近似描述 f_{esc}，可有效消除土壤反射率的影响，可以利用广泛的光学遥感数据进行计算[53]。Zhang 等使用光谱不变理论，分析来自 OCO-2 卫星及多个站点的地面观测 SIF 数据，以减少冠层结构的影响，并反演得出经过结构校正的冠层 SIF_{total}，可以代表冠层光合作用中叶片的综合荧光发射值[83]。

　　有关 LUE 的研究被提到重要位置，近年来从 GOME-2 仪器中提取 SIF 的新方法被开发出来，虽然存在噪声，但是可以提供 LUE 的重要附加信息。同时，新的高时空分辨率的观测技术，例如 OCO-2 传感器、地球静止碳循环观测站（GeoCARB）等有助于更好地检索 LUE 的变化，提高利用 SIF 反演 GPP 的精度。

机器学习方法被广泛应用。由于 FLUXNET 数据在时间和空间域[84]中的代表性，相关学者开展了 FLUXCOM 机器学习项目[15]，将基于 FLUXNET 的数据扩展到全球范围，生成 FluxCOM GPP 的月度产品。近年来，有学者利用机器学习的方法，可以每半小时生成一张 2001～2014 年的全球光合作用、净生态系统交换和能量通量图，机器学习算法可降低全球光合作用估算的不确定性[84]。最新研究利用机器学习方法重建 GOME-2 SIF 数据，达到与 MODIS 相一致的时间和空间分辨率[85]。

融合 SIF 产品得到发展，对 SIF 进行再分析后提高了质量。Zhang 等基于卫星在晴空条件下观测到的瞬时 SIF 来训练和验证神经网络，填补了由于 OCO-2 长重访周期造成的数据在 OCO-2 条带与时间间隔之间存在的空间差异，使得该关系不受云相关伪影的影响。再分析后进一步生成了两个 CSIF 产品，包括晴空瞬时 SIF 和全天 SIF，生成 CSIF 数据集，该数据集在空间和时间上是连续的[86]。Gentine 和 Alemohammad 开发了一种机器学习方法，生成叶绿素吸收的生态系统光合有效辐射产品，并与 MODIS 提供的光合有效辐射相乘，得到基于 MODIS 的重建 SIF（RSIF）。RSIF 在很大程度上改进了 GOME-2 SIF 产品，表现出比原始 SIF 更高的季节和年际相关性，尤其是在干旱和寒冷地区[87]。Li 和 Xiao 基于数据驱动的方法开发了一个新的全球“OCO-2”SIF 数据（GOSIF），具有高空间和时间分辨率[88]。GOSIF 具有更好的空间分辨率、全局连续覆盖和更长的记录，对于评估陆地光合作用和生态系统功能非常有潜力。

SIF 可以较好地反映陆地生态系统的光合作用，并与其他生态模型进行耦合。有学者据此将 SIF 遥感估算 GPP 模型与 NCAR CLAM4 地表模型耦合，将耦合模型所得结果与通量塔实测数据进行对比分析后，证实 SIF 为地表模型的一个关键参数[89]。Parazoo 等利用 SIF 分离陆地到大气的碳交换过程，将 SIF 模型与 GEOS-Chem 模型进行耦合，来研究亚马孙南部的季节碳平衡，为相关研究提供了新思路[90]。全球的干旱问题日趋严重，有研究耦合 SIF 模型与 SM-TWS 模型，研究美国的植被-水分格局演变[91]，为评估干旱对植被-水分关系的影响提供了新的思路。SIF 模型与这些陆地或生态系统模型的耦合，证实了 SIF 模型的重要性。不断发展传感器技术，提高反演 SIF 模型的精度，对于研究全球变化背景下生态系统碳循环有着深刻的意义。

2. 问题与挑战

SIF 遥感估算 GPP 有其独特的优越性，但与其他的 GPP 估算模型一样，该模型也存在很多问题和不足，在应用方面仍然面临挑战。

（1）SIF 反演困难。SIF 数据的信号较弱，且受到大气吸收和散射的影响，较难获取。而且之前用来获取 SIF 的传感器（GOSAT、GOME-2 等）最初并不是用来估计 SIF 的，所以通常空间分辨率较低，导致获取的 SIF 存在较大的误差，且难以在小尺度上开展光合动态监测。SIF 的反演对仪器的信噪比、空间分辨率、光谱分辨率、辐射和光谱稳定性等要求较高。目前虽然从地面测站到航天平台、从区域尺度到全球尺度的 SIF 数据已经逐步发展，但是传感器技术仍存在较多问题，或多或少的传感器退化问题影响着数据质量，目前的 SIF 产品仍然存在噪声，尤其是春季或冬季，并且 SIF 的反演算法存在一定问题，有较多参数具有不确定性。

(2) 对多因素综合考虑的研究少。在 SIF 反演中，日变化的植被特性、大气条件、太阳角度、冠层结构等可能是关键，但目前大多只研究其中某个特定因素对 SIF 的影响，综合多因素的影响还缺乏研究[57]。例如，Zhang 等只利用基于太阳天顶角这一因素，没有考虑温度、水分胁迫等其他环境因素的昼夜变化，缺乏综合考虑[55]。

(3) 冠层结构的影响。冠层结构直接影响不同层的能量吸收和分配[55]，由于再吸收和散射作用的存在，遥感观测的冠层顶部的 SIF 通常只是总排放 SIF 的一部分，导致估算 GPP 存在误差。有效量化散射的方法仍然研究不充分，其中经验方法难推广，控制识别分离不同的散射效应也不容易。

(4) 荧光卫星产品时空不连续。卫星传感器进行 SIF 的测量通常是不连续的，包括时间和空间上，在时间和空间尺度上的具体联系仍未明确，有待深入研究。针对时间不连续性，我们仍然需要了解光合作用在一天某个特定时刻的值是否可以代表每日在空间和时间尺度上的总固碳量。在落叶阔叶林[92]、玉米田[51]中观察到了 SIF 具有昼夜滞后现象，即上午值高于下午值，这种滞后现象可能会导致卫星反演 SIF 存在较大的不确定性。因此，基于获得的卫星数据，由瞬时 SIF 转换到每日 SIF 时可能会存在低估。这种低估同时受纬度的影响，导致 SIF 与 GPP 之间的空间和季节影响更为复杂。Ryu 等表明 GPP 的正午值可以代表日均 GPP 或 8 天的 GPP，但是这些研究局限于有限的站点，并以 MODIS 的卫星过境时间为基础[93]。但搭载测量 SIF 传感器的卫星过境时间不同，所以对不同位置的瞬时 SIF 与日均 GPP 的研究仍然不充分。

(5) 不同植物功能型之间存在差异。利用 SIF 反演不同生态系统的 GPP 时，不能只基于单一的作物，应该推导出 C_3 和 C_4 作物的不同关系。但目前不同植物功能型作物的研究仍有缺陷，尤其是考虑到复杂冠层结构影响时，其次，C_3 和 C_4 植物分布的精确信息也不充足，无法精确量化生态系统的 GPP。

(6) SIF 遥感估算 GPP 模型的局限性。经验模型会受到时间采样的影响，SCOPE 模型无法考虑冠层垂直梯度上的变化，为后续研究带来不便。SIF 遥感估算 GPP 基本上依赖于叶绿素单因素，无法完全反映植被的光合作用状态，反演估算得到的 GPP 变化规律与实际测量的 GPP 值的变化规律存在一定差异。针对如何利用 SIF 遥感估算 GPP 的相关研究已有一定进展，但是相关机理研究仍然不充分。在很多问题上学术界未达成统一意见或仍未涉及，例如 SIF 与 GPP 的关联机理仍然不明确等。这些问题和挑战，还需要在理论和技术层面不断完善，进而为全球碳循环研究提供指导。

10.5　本 章 小 结

陆地植被 GPP 对维持生态系统的碳平衡及减缓全球气候变化有着不可替代的作用。传统的 GPP 估算模型对植被的生理特征关注较少，所需参数众多、模型结构复杂，导致模拟结果有很大的不确定性。随着相关技术和理论的不断完善，利用 SIF 估算 GPP 为更精确的生态系统定量研究提供了新思路。针对近年来兴起的 SIF 遥感，本章重点描述了 SIF 的反演原理，基于 SIF 估算 GPP 的方法，并与传统的 GPP 估算模型进行对比，以及该模型存在的问题和挑战。针对 SIF 数据仍然较难获取以及模型的局限性等问题，为了提高模型模拟精度并扩大荧光遥感的应用领域，建议从以下几个方面开展研究。

(1) 发展新型传感器技术。由传感器获得的遥感数据是 SIF 模型的基础，而传感器的灵敏度差、老化、时空分辨率低等问题往往会导致特定研究区的数据难以获取或质量差。因此，应当大力发展卫星传感器技术，着重提高传感器的光谱分辨率和信噪比，以获取更高精度的数据。

(2) 地面观测与遥感观测相结合。针对 SCOPE 模型无法反映冠层垂直分布上的特征等问题，不断提高遥感数据的精度是无法解决的，因此需要将地面通量站的观测数据与遥感观测数据相结合。近年来，有团队集成美国海洋光学公司高性能光谱仪发展了高分辨率、高灵敏度的植被荧光观测设备，搭载在通量观测塔上与碳通量数据开展同步观测，多站点组网后可以为星载尺度上 SIF-GPP 模型的发展与验证提供高精度的验证数据，仍应在此基础上不断发展。

(3) 加强模型耦合和融合 SIF 产品的生产。SIF 模型估算 GPP 基本上只依赖 SIF 要素，但植被形成 GPP 的光合作用过程还有其他因素需要考虑，往往导致反演结果出现误差。因此，不可只局限于利用 SIF 模型反演 GPP，还可将模型与其他生态系统模型耦合，优化模型关键参数，使反演结果更可靠准确。同时，应当加快融合 SIF 产品的生产，对 SIF 进行再分析后可以大大提高数据的质量，是未来更好利用 SIF 进行相关研究的必由之路。

(4) 延伸模型的时间和空间尺度。SIF 与 GPP 在时间和空间上具体的机理联系仍然不清晰，因此应不断扩展模型的应用尺度。在时间尺度上，加强对季节动态上的研究，充分研究瞬时 SIF 与日均 GPP 的各种关系；在空间尺度上，要考虑叶片、冠层、群落等水平上的尺度效应，充分发挥 SIF 遥感的优势。

(5) 多因素综合探究。应当综合研究影响 SIF 反演 GPP 过程中的多因素，例如植物功能型、冠层结构、LUE、f_{esc} 的变化等，研究多种因素叠加在一起的影响，而非只研究单因素作用下的 SIF-GPP 关系，以提高 SIF 反演 GPP 的精度。

参 考 文 献

[1] Gitelson A A，Buschmann C，Lichtenthaler H K. Leaf chlorophyll fluorescence corrected for re-absorption by means of absorption and reflectance measurements[J]. Plant Physiology，1998，152(2/3)：283-296.

[2] Lichtenthaler H K，Buschmann C，Rinderle U，et al. Application of chlorophyll fluorescence in ecophysiology[J]. Radiation and Environmental Biophysics，1986，25(4)：297-308.

[3] Genty B，Briantai J M，Baker N R，et al. The relationship between the quantum yield of photosynthetic electron transport and quenching of chlorophyll fluorescence[J]. Biochimica Biophysica Acta，1998，990(1)：87-92.

[4] van Kooten O，Snel J F H. The use of chlorophyll fluorescence nomenclature in plant stress physiology[J]. Photosynthesis Research，1990，25(4)：147-150.

[5] 方精云，柯金虎，唐志尧，等. 生物生产力的"4p"概念、估算及其相互关系[J]. 植物生态学报，2001，25(4)：414-419.

[6] John R，Chen J，Lu N，et al. Predicting plant diversity based on remote sensing products in the semi-arid region of Inner Mongolia[J]. Remote Sensing of Environment，2008，112(5)：2018-2032.

[7] 袁文平，蔡文文，刘丹，等. 陆地生态系统植被生产力遥感模型研究进展[J]. 地球科学进展，2014，29(5)：541-550.

[8] 刘良云，张永江，王纪华，等. 利用夫琅和费暗线探测自然光条件下的植被光合作用荧光研究[J]. 遥感学报，2006，10(1)：130-137.

[9] 王冉，刘志刚，杨沛琦. 植物日光诱导叶绿素荧光的遥感原理及研究进展[J]. 地球科学进展，2012，27(11)：1221-1228.

[10] Garbulsky M，Filella I，Verger A，et al. Photosynthetic light use efficiency from satellite sensors：From global to Mediterranean vegetation[J]. Environmental and Experimental Botany，2014，103：3-11.

[11] Köhler P，Guanter L，Joiner J. A linear method for the retrieval of sun-induced chlorophyll fluorescence from GOME-2 and SCIAMACHY data[J]. Atmospheric Measurement Techniques，2015，8(6)：2589-2608.

[12] Frankenberg C，Butz A，Toon G C. Disentangling chlorophyll fluorescence from atmospheric scattering effects in O2A-band spectra of reflected sun-light[J/OL]. Geophysical Research Letters，2011，38(3). https://doi.org/10.1029/2010GL045896.

[13] Du S S，Liu L Y，Liu X J，et al. Retrieval of global terrestrial solar-induced chlorophyll fluorescence from TanSat satellite[J]. Science Bulletin，2018，63(22)：1502-1512.

[14] Köhler P，Frankenberg C，Magney T S，et al. Global retrievals of solar-induced chlorophyll fluorescence with TROPOMI：First results and intersensor comparison to OCO-2[J]. Geophysical Research Letters，2018，45(19)：10456-10463.

[15] Ryu Y，Berry J A，Baldocchi D D. What is global photosynthesis？History，uncertainties and opportunities[J]. Remote Sensing of Environment，2019，223：95-114.

[16] Zhang Y G，Guanter L，Berry J A，et al. Estimation of vegetation photosynthetic capacity from space-based measurements of chlorophyll fluorescence for terrestrial biosphere models[J]. Global Change Biology，2014，20(12)：3727-3742.

[17] Zaeco-Tejadea P J，Morales A，Testi L，et al. Spatio-temporal patterns of chlorophyll fluorescence and physiological and structural indices acquired from hyperspectral imagery as compared with carbon fluxes measured with eddy covariance[J]. Remote Sensing of Environment，2013，133：102-115.

[18] 章钊颖，王松寒，邱博，等. 日光诱导叶绿素荧光遥感反演及碳循环应用进展[J]. 遥感学报，2019，23(1)：37-52.

[19] Porcar-Castell A，Tyystjärvi E，Atherton J，et al. Linking chlorophyll a fluorescence to photosynthesis for remote sensing applications：Mechanisms and challenges[J]. Journal of Experimental Botany，2014，65(15)：4065-4095.

[20] Wood J D，Griffis T J，Baker J M，et al. Multiscale analyses of solar-induced florescence and gross primary production[J]. Geophysical Research Letters，2017，44(1)：533-541.

[21] Wagle P，Zhang Y G，Jin C，et al. Comparison of solar-induced chlorophyll fluorescence，light-use efficiency，and process-based GPP models in maize[J]. Ecological Application，2016，26(4)：1211-1222.

[22] 张永江. 植物叶绿素荧光被动遥感探测及应用研究[D]. 杭州：浙江大学，2006.

[23] Joiner J，Guanter L，Lindstrot，R，et al. Global monitoring of terrestrial chlorophyll fluorescence from moderate-spectral-resolution near-infrared satellite measurements：methodology，simulations，and application to GOME-2[J]. Atmospheric Measurement Techniques，2013，6(10)：2803-2823.

[24] 张永江，刘良云，王纪华，等. 应用高光谱仪探测叶片反射光谱中的荧光[J]. 光学技术，2007，33(1)：119-123.

[25] 王冉，刘志刚，冯海宽，等. 基于近地面高光谱影像的冬小麦日光引诱叶绿素荧光提取与分析[J]. 光谱学与光谱分析，2013，33(9)：2451-2454.

[26] 胡姣婵，刘良云，刘新杰. FluorMod 模拟叶绿素荧光夫琅和费暗线反演算法不确定性分析[J]. 遥感学报，2015，19(4)：

594-608.

[27] Alonso L，Gomez-Chova L，Vila-Frances J，et al. Improved Fraunhofer Line Discrimination method for vegetation fluorescence quantification[J]. IEEE Geoscience and Remote Sensing Letters，2008，5(4)：620-624.

[28] Maier S W，Gunther K P，Stellmes M. Sun-induced fluorescence：A new tool for precision farming[M]. Madison：American Society of Agronomy，2003.

[29] Damm A，Erler A，Hillen W，et al. Modeling the impact of spectral sensor configurations on the FLD retrieval accuracy of sun-induced chlorophyll fluorescence[J]. Remote Sensing of Environment，2011，115(8)：1882-1892.

[30] Verrelst J，Rivera J P，van der Tol C，et al. Global sensitivity analysis of the Scope model：What drives simulated canopy-leaving sun-induced fluorescence？[J]. Remote Sensing of Environment，2015，166：8-21.

[31] Meroni M，Picchi V，Rossini M，et al. Leaf level early assessment of ozone injuries by passive fluorescence and photochemical reflectance index[J]. International Journal of Remote Sensing，2008，29(17/18)：5409-5422.

[32] Meroni M，Busetto L，Colombo R，et al. Performance of spectral fitting methods for vegetation fluorescence quantification[J]. Remote Sensing of Environment，2010，114(2)：363-374.

[33] 张立福，王思恒，黄长平. 太阳诱导叶绿素荧光的卫星遥感反演方法[J]. 遥感学报，2018，22(1)：1-12.

[34] Cogliati S，Verhoef W，Kraft S，et al. Retrieval of sun-induced fluorescence using advanced spectral fitting methods[J]. Remote Sensing of Environment，2015，169：344-357.

[35] Vicent J，Sabater N，Tenjo C，et al. FLEX end-to-end mission performance simulator[J]. IEEE Transactions on Geoscience and Remote Sensing，2016，54(7)：4215-4223.

[36] Jonier J，Yoshida Y，Guanter L，et al. New methods for retrieval of chlorophyll red fluorescence from hyper-spectral satellite instruments：Simulations and application to GOME-2 and SCIAMACHY[J]. Atmospheric Measurement Techniques，2016，9(8)：3939-3967.

[37] 杨延征，王焓，朱求安，等. 植物功能性状对动态全球植被模型改进研究进展[J]. 科学通报，2018，63(25)：2599-2611.

[38] 于贵瑞，方华军，伏玉玲，等. 区域尺度陆地生态系统碳收支及其循环过程研究进展[J]. 生态学报，2011，31(19)：5449-5459.

[39] Schimel D，Pavlick R，Fisher J B，et al. Observing terrestrial ecosystems and the carbon cycle from space[J]. Global Change Biology，2015，21(5)：1762-1776.

[40] Lieth H，Whittaker R H. Primary productivity of the biosphere[M]. Berlin：Springer-Verlag，1975.

[41] Keenan T F，Baker I，Barr A，et al. Terrestrial biosphere model performance for inter-annual variability of land-atmosphere CO_2 exchange[J]. Global Change Biology，2012，18(6)：1971-1987.

[42] 于贵瑞，孙晓敏. 陆地生态系统通量观测的原理与方法[M]. 北京：高等教育出版社，2006.

[43] Wang Z. Sunlit leaf photosynthesis rate correlates best with chlorophyll fluorescence of terrestrial ecosystems[D]. Toronto：University of Toronto，2014.

[44] Piao S L，Fang J Y，Ciais P，et al. The carbon balance of terrestrial ecosystems in China[J]. Nature，2009，458(7241)：1009-1013.

[45] Meroni M，Rossino M，Guanter L，et al. Remote sensing of solar-induced chlorophyll fluorescence：Review of methods and application[J]. Remote Sensing of Environment，2009，113(10)：2037-2051.

[46] Rossini M，Meroni M，Migliavancca M，et al. High resolution field spectroscopy measurements for estimating gross ecosystem production in a rice field[J]. Agricultural and Forest Meteorology，2010，150(9)：1283-1296

[47] Perez-Priego O，Guan J，Rossini M，et al. Sun-induced chlorophyll fluorescence and photochemical reflectance index improve

remote sensing GPP estimates under varying nutrient availability in a typical Mediterrancan savanna ecosystem[J]. Biogeosciences，2015，12（21）：6351-6367.

[48] 关琳琳. 基于叶绿素荧光的植被总初级生产力估算[D]. 北京：中国科学院大学，2017.

[49] Guanter L，Zhang Y G，Jung M，et al. Reply to Magnani et al.：Linking large-scale chlorophyll fluorescence observation with cropland gross primary production[J]. Proceedings of the National Academy of Sciences，2014，111（25）：E2511.

[50] Knyazikhin Y，Schull M A，Stenberg P，et al. Hyperspectral remote sensing of foliar nitrogen content[J]. Proceedings of the National Academy of Sciences，2013，110（3）：E185-E192.

[51] Li Z H，Zhang Q，Li J，et al. Solar-induced chlorophyll fluorescence and its link to canopy photosynthesis in maize from continuous ground measurements[J]. Remote Sensing of Environment，2020，236（1）：111420.

[52] Liu X J，Guanter L，Liu L Y，et al. Downscaling of solar-induced chlorophyll fluorescence from canopy level photosystem level using a random forest model[J]. Remote Sensing of Environment，2019，231：110772.

[53] Zeng Y L，Badgley G，Dechant B，et al. A practical approach for estimating the escape ratio of near-infrared solar-induced chlorophyll fluorescence[J]. Remote Sensing of Environment，2019，232：111209.

[54] Damm A，Guanter L. Far-red sun-induced chlorophyll fluorescence shows ecosystem-specific relationship to gross primary production：An assessment based on observational and modeling approaches[J]. Remote Sensing of Environment，2015，166：91-105.

[55] Zhang Z Y，Zhang Y G，Joiner J，et al. Angle matters：Bidirectional effects impact the slope of relationship between gross primary productivity and sun-induced chlorophyll fluorescence from Orbiting Carbon Observatory-2 across biomes[J]. Global Change Biology，2018，24（11）：5017-5020.

[56] Jacquemoud S，Ustin S L，Verdebout J，et al. Estimating leaf biochemistry using the PROSPECT leaf optical properties model[J]. Remote Sensing of Environment，1996，56（3）：194-202.

[57] Yang X，Tang J W，Mustard J F，et al. Solar-induced chlorophyll fluorescence correlates with canopy photosynthesis on diurnal and seasonal scales in a temperate deciduous forest[J]. Geophysical Research Letters，2015，42（8）：2977-2987.

[58] Liu L Y，Liu X J，Wang Z H，et al. Measurement and analysis of bidirectional SIF emissions in wheat canopies[J]. IEEE Transactions on Geoscience and Remote Sensing，2016，54（5）：2640-2651.

[59] van der Tol C，Verhoef W，Timmermans J，et al. An integrated model of soil-canopy spectral radiances，photosynthesis，fluorescence，temperature and energy balance[J]. Biogeosciences，2009，6（12）：3109-3129.

[60] Zhang Y，Joiner J，Gentine P，et al. Reduced solar-induced chlorophyll fluorescence from GOME-2 during Amazon drought caused by dataset artifacts[J]. Global Change Biology，2018，24（6）：2229-2230.

[61] 纪梦豪，唐伯慧，李召良. 太阳诱导叶绿素荧光的卫星遥感反演方法研究进展[J]. 遥感技术与应用，2019，34（3）：455-466.

[62] Yang K G，Ryu Y，Dechant B，et al. Sun-induced chlorophyll fluorescence is more strongly related to absorbed light than to photosynthesis at half-hourly resolution in a rice paddy[J]. Remote Sensing of Environment，2018，216：658-673.

[63] Yang P Q，Van der Tol C，Verhoef W，et al. Using reflectance to explain vegetation biochemical and structural effects on sun-induced chlorophyll fluorescence[J]. Remote Sensing of Environment，2019，231：110996.

[64] Liu L Y，Guan L L，Liu X J. Directly estimating diurnal changes in GPP for C_3 and C_4 crops using far-red sun-induced chlorophyll fluorescence[J]. Agricultural and Forest Meteorology，2017，232：1-9.

[65] 郝勇，姜海梅，叶昊天，等. 日光诱导叶绿素荧光在估算半干旱草原生态系统总初级生产力中的应用[J]. 内蒙古大学学报（自然科学版），2020，51（2）：154-162.

[66] Wieneke S，Burkart A，Cendrero-Mateo M P，et al. Linking photosynthesis and sun-induced fluorescence at sub-daily to seasonal scales[J]. Remote Sensing of Environment，2018，219：247-258.

[67] Yang J，Tian H Q，Pan S F，et al. Amazon drought and forest response：Largely reduced forest photosynthesis but slightly increased canopy greenness during the extreme drought of 2015/2016[J]. Global Change Biology，2018，24(5)：1919-1934.

[68] Miao G F，Guan K Y，Yang X，et al. Sun-induced chlorophyll fluorescence，photosynthesis，and light use efficiency of a soybean field from seasonally continuous measurements[J]. Journal of Geophysical Research：Biogeosciences，2018，123(2)：610-623.

[69] 董斌，蓝来娇，黄永芳，等. 干旱胁迫对油茶叶片叶绿素含量和叶绿素荧光参数的影响[J]. 经济林研究，2020，38(3)：16-25.

[70] Pinto F，Celesti M，Acebron K，et al. Dynamics of sun-induced chlorophyll fluorescence and reflectance to detect stress-induced variations in canopy photosynthesis[J]. Plant，Cell and Environment，2020，43(7)：1637-1654.

[71] Gentine P，Alemohammad S. Reconstructed solar-induced fluorescence：A machine learning vegetation product based on MODIS surface reflectance to reproduce GOME-2 solar-induced fluorescence[J]. Geophysical Research Letters，2018，45(7)：3136-3146.

[72] Guanter L，Zhang Y G，Jung M，et al. Global and time-resolved monitoring of crop photosynthesis with chlorophyll fluorescence[J]. Proceedings of the National Academy of Sciences，2014，111(14)：E1327-E1333.

[73] Drusch M，Moreno J，Bello U D，et al. The fluorscence explorer mission concept—ESA's earth explorer 8[J]. IEEE Transactions on Geoscience and Remote Sensing，2017，55(3)：1273-1284.

[74] Lu X C，Cheng X，Li X L，et al. Seasonal patterns of canopy photosynthesis captured by remotely sensed sun-induced fluorescence and vegetation indexes in mid-to-high latitude forests：A cross-platform comparison[J]. Science of the Total Environment，2018，644：439-451.

[75] Wei X X，Wang X F，Wei W，et al. Use of sun-induced chlorophyll fluorescence obtained by OCO-2 and GOME-2 for GPP estimates of the Heihe river basin，China[J]. Remote Sensing，2018，10(12)：2039.

[76] Wang X P，Chen J M，Ju W M. Photochemical reflectance index（PRI）can be used to improve the relationship between gross primary productivity（GPP）and sun-induced chlorophyll fluorescence（SIF）[J]. Remote Sensing of Environment，2020，246：111888.

[77] Wen J，Köhler P，Duveiller G，et al. A framework for harmonizing multiple satellite instruments to generate a long-term global high spatial-resolution solar-induced chlorophyll fluorescence（SIF）[J]. Remote Sensing of Environment，2020，239：111644.

[78] Paul-Limoges E，Damm A，Hueni A，et al. Effect of environmental conditions on sun-induced fluorescence in a mixed forest and a cropland[J]. Remote Sensing of Environment，2018，219：310-323.

[79] 周蕾，迟永刚，刘啸添，等. 日光诱导叶绿素荧光对亚热带常绿针叶林物候的追踪[J]. 生态学报，2020，40(12)：1-12.

[80] Chen S L，Huang Y F，Gao S，et al. Impact of physiological and phrenological change on carbon uptake on the Tibetan Plateau revealed through GPP estimation based on space borne solar-induced fluorescence[J]. Science of the Total Environment，2019，663：45-59.

[81] Yang P Q，van der Tol C. Linking canopy scattering of far-red sun-induced chlorophyll fluorescence with reflectance[J]. Remote Sensing of Environment，2018，209：456-467.

[82] Liu X J，Liu L Y，Hu J C，et al. Improving the potential of red SIF for estimating GPP by downscaling from the canopy level to the photosystem level[J]. Agricultural and Forest Meteorology，2020，281：107846.

[83] Zhang Z Y，Zhang Y G，Porcar-Castell A，et al. Reduction of structural impacts and distinction of photosynthetic pathways in a

global estimation of GPP from space-borne solar-induced chlorophyll fluorescence[J]. Remote Sensing of Environment，2020，240：111722.

[84] Papale D，Black T A，Carvalhais N，et al. Effect of spatial sampling from European flux towers for estimating carbon and water fluxes with artificial neural networks[J]. Journal of Geophysical Research：Biogeosciences，2015，120(10)：1941-1957.

[85] Bodesheim P，Jung M，Gans F，et al. Upscaled diurnal cycles of land-atmosphere fluxes：A new global half-hourly data product[J]. Earth System science Data，2018，10：1327-1365.

[86] Zhang Y，Joiner J，Alemohammad S H，et al. A global spatially contiguous solar-induced fluorescence (CSIF) dataset using neural networks[J]. Biogeosciences，2018，15(19)，5779-5800.

[87] Gentine P，Alemohammad S H. Reconstructed solar-induced fluorescence：A machine learning vegetation product based on MODIS surface reflectance to reproduce GOME-2 solar-induced fluorescence[J]. Geographical Research Letters，2018，45(7)：3136-3146.

[88] Li X，Xiao J F. A global，0.05-degree product of solar-induced chlorophyll fluorescence derived from OCO-2，MODIS，and reanalysis data[J]. Remote Sensing，2019，11(5)：517-530.

[89] Lee J，Berry J A，van der Tol C，et al. Simulations of chlorophyll fluorescence incorporated into the Community Land Model Version 4[J]. Global Change Biology，2016，21(9)：3469-3477.

[90] Parazoo N C，Bowman K，Frankenberg C，et al. Interpreting seasonal changes in the carbon balance of southern Amazonia using measurements of XCO_2 and chlorophyll fluorescence from GOSAT[J]. Geophysical Research Letters，2013，40(11)：2829-2933.

[91] Geruo A，Velicogna I，Kimball J S，et al. Satellite-observed changes in vegetation sensitivities to surface soil moisture and total water storage variations since the 2011 Texas drought[J]. Environmental Research Letters，2017，12(5)：054006.

[92] Gu L H，Wood J D，Chang Y Y，et al. Advancing terrestrial ecosystem science with a novel automated measurement system for sun-induced chlorophyll fluorescence for integration with eddy covariance flux networks[J]. Journal of Geophysical Research：Biogeosciences，2018，124(1)：127-146.

[93] Ryu Y，Baldocchi D D，Black T A，et al. On the temporal upscaling of evapotranspiration from instantaneous remote sensing measurements to 8-day mean daily-sums[J]. Journal of Agricultural Meteorology，2012，152：212-222.

第 11 章　基于生态大数据的越冬水禽栖息地植被动态及影响因素分析

本章导读

　　鄱阳湖湿地是世界上重要的水禽栖息地之一。在越冬季节，其不仅具有丰富的植被资源，而且是许多珍稀濒危物种的生存家园。然而，全球气候变化和人类活动(如三峡大坝)对该地区的水文状况以及植被动态施加了严重的影响。为了有效评估水禽越冬栖息地的适宜性，有必要监测保护区内植被盖度的时空动态变化，并探讨其环境驱动因素。本章利用2000～2018 年 MODIS 数据生成的增强型植被指数(enhanced vegetation index，EVI) 时间序列数据集，对水禽越冬季(10 月至次年 1 月)鄱阳湖湿地植被覆盖度季节动态及年际趋势进行分析，结果表明：EVI 月均最大值一般出现在 11 月，且与鄱阳湖湿地越冬水禽的数量呈显著相关性，同时发现 11 月月均 EVI 对温度和累计降水量均有一定的响应滞后。长期趋势分析表明，自 21 世纪以来，越冬季保护区内 EVI 显著增加。水文状况特别是水域面积，被认为是影响 EVI 年际动态的主导因素。基于生态大数据的相关分析有助于制定科学合理的越冬水禽栖息地保护策略。

11.1　概　　述

　　湿地作为陆地系统与水域系统相互作用的过渡地带，是自然界最富生物多样性、最具生产力、生态功能最强的生态系统之一，在维护地球生态环境中发挥着重要作用[1,2]。浅水、沼泽、泥滩、稀疏草滩等湿地景观为水禽的生存和发展提供了自然栖息地和觅食环境[3]。水禽在生态上对湿地具有较强的依赖性，是湿地生态系统中重要的组成部分，一般充当初级或次级消费者，在维持生态系统平衡中具有不可替代的作用。水禽的数量和分布与海拔、土壤以及景观等环境因素有关，也与栖息地的适宜性有关[4]。目前，世界各地为保护珍稀濒危水禽的栖息地已经建立了许多保护区。为了确保保护区能够在水禽越冬期间维持其生存，有效监测湿地的生态环境变化是很必要的。水文条件的变化是导致湿地生态系统演替的主要原因[5]，但 21 世纪以来受全球气候变化和人类活动的影响，其对湿地水生植物群落的初级生产力、物种分布、物种多样性以及群落组成都具有极其重要的影响。这种干扰不仅改变了植被的分布和结构，而且反过来对动物的生存环境构成了威胁[6-9]。因此，将水文状况与植被动态相联系，有助于深入了解影响水禽栖息地适宜性的潜在因素。

　　传统上，植被空间格局的野外调查方法效率低下，成本高且费时费力[10]，并且有许多野外工作无法进入的湿地和沼泽。而遥感技术的发展意味着能够无须直接接触且快速获取大范围的数据，可以长期监测湿地植被的时空动态[11]。例如，基于 MODIS 数据生产的增强型植被指数(EVI)与植被长势有很好的相关性[12,13]，在许多研究中，它被用于监测湿地植被生物量的动态变化。而湿地生物量是衡量生态系统健康状况的关键指标。Zhang 等在调查植被生物量变化特征的基础上，揭示了降水和温度是影响生物量的主要环境控制因素[13]。在水禽生境评价方面，植被被认为是影响栖息地适宜性的重要因素之一[3]，可以为水禽提供隐蔽空间和食物来源。一些学者关注自然灾害对水禽越冬的影响。例如，Wang 等揭示了极端气候条件降低了水禽栖息地的质量，并进一步表明水禽数量的下降与 2015 年严重的洪灾有关[14]。此外，人类活动也是影响迁徙水鸟生境的重要因素。三峡大坝的修建为我国水利水电工程做出了巨大的贡献，但对长江中下游湿地生态系统的多样性产生了影响。

越冬水禽栖息地的适宜程度主要取决于食物来源和环境条件。充足的食物能满足不同水禽越冬栖息的需求。水陆过渡带是各种生物的集中分布区，既有水生植物、湿地植物及其块茎、块根、须根和嫩芽等，又有鱼类、虾蟹类、两栖类、爬行类、昆虫以及螺、蚌等底栖动物。浅水、沼泽、泥滩、稀疏草滩等多样的活动空间符合各种水禽的觅食要求，如鹤、鹳类大型涉禽在浅水区(20cm 左右)觅食。从水文情势上看，水位越低，适宜的水陆过渡带离岸(干扰源)就越远，反之，则越近。前人的研究已经探索了水禽栖息地对环境因素在长期或季节性尺度的响应[15-18]。然而，鲜有研究关注越冬季节植被的动态以及潜在环境因素对水禽栖息地的影响。

鄱阳湖是中国第一大淡水湖，也是生物多样性最为丰富的世界六大湿地之一。该湿地的气候条件以及较高的植被生产力，使其成为东亚地区最为重要的候鸟越冬地[19,20]。平均每年来此越冬的候鸟约 160 种，数量超过 50 万只，其中雁鸭类是主要的迁徙水禽。雁鸭类是植食性水禽，喜在潮湿的浅滩等水陆过渡带觅食和筑巢。鄱阳湖水位变化受流域"五河"(赣江、修河、信江、饶河、抚河)和长江来水的双重影响，长期以来形成了固有的丰枯变化节律。然而，21 世纪以来受长江三峡建设及"五河"上游水库群运用等影响，鄱阳湖枯水节律发生了明显变化，即枯水期提前、枯水历时延长、最低枯水位更枯。相应地，鄱阳湖湿地越冬季节植被的生物节律也出现异常[21]。湿地植被的动态变化对越冬水禽产生了非常显著的影响。当前，评估水文条件对鄱阳湖湿地植被动态变化及越冬水禽承载力的影响已成为热点问题。本章利用遥感和 GIS 技术，从空间尺度上揭示 2000~2018 年水禽越冬期间，鄱阳湖湿地植被盖度在季节与年际尺度上的变化特征，并探讨气候变化、水文条件和植被覆盖变化之间的相互关系，相关分析将为维持湿地生态系统生物多样性与稳定性的管理策略提供科学依据。

11.2　方法与数据

11.2.1　研究区概况

多次鸟类航空和实地调查表明，鄱阳湖越冬水禽最集中的分布区是鄱阳湖国家级自然保护区和南矶国家级自然保护区，占全部越冬水禽的 60%~80%。因此，本书以这两个国家级自然保护区为研究对象。如图 11-1 所示，前者位于江西省北部，鄱阳湖西北角，赣江、修河的交汇处，地跨九江市永修、星子和南昌市新建 3 县。1988 年国务院批准的鄱阳湖国家级自然保护区总面积约为 224km²，后列入"国际重要湿地名录"。保护区以永修县吴城镇为中心，辖 9 个季节性湖泊(碟形洼地)及其草洲。后者位于鄱阳湖南部，赣江三角洲前沿地带，在南昌市新建县界内，以新建县南矶山乡为主体，其余为湖滩草洲和水域，区域总面积约 330km²。区内河道纵横，有 22 个季节性天然湖泊，以及湖湾、港汊、沼泽、草洲。在保护区低水位时，一部分形成洲滩前沿水陆过渡带，一部分形成季节性各自独立的碟形洼地，高水位时，连成一片，汇入茫茫鄱阳湖，使得保护区内生物资源丰富、湿地类型多样，是鄱阳湖最典型的湿地，也是最受国际关注的湿地之一。该地区属亚热带季风气候，温和湿润，夏季盛行偏南风，高温多雨；冬季盛行偏北风，低温少雨。年平均气温 17.1℃，以 7 月气温最高，平均为 29.1℃，极端时可达 40.2℃；以 1 月气温最低，平均为 5.1℃，极端时可达-9.8℃。降水量充沛，年均降水量 1426.4mm；但时间分配不均(744.1~2363.2mm)，主要集中在 4~6 月，占全年的 47.4%。年均日照时数达 1970h，以8 月最多、2 月最少。受鄱阳湖大水体系与湖盆效应影响，保护区是长江中下游地区光能资源最丰富的区域之一，年辐射总量高达 4500×10⁶J/m²。

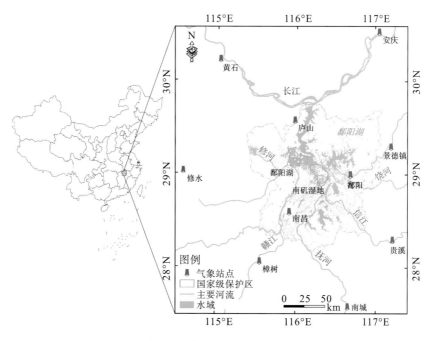

图 11-1　鄱阳湖湿地地理位置

　　鄱阳湖在调节长江水位、涵养水源、改善当地气候和维护周围地区生态平衡等方面都发挥着重要的作用。水文特征表现为一个吞吐型、季节性的浅水湖泊，导致鄱阳湖湿地水域面积在丰水期和枯水期之间存在明显的季节性变化特征，形成"夏秋一水连天，冬春荒滩无边"的独特自然景观。每年 4~9 月，湿地接纳流域"五河"(赣江、修河、信江、饶河、抚河)来水，在一定情况下还接受长江水倒灌，随之低洼沼泽大部分被水淹没。10~11 月，水位开始下降，水域面积萎缩至 1000km² 以下，水淹区形成狭窄通道。旱季一直持续到次年 3 月，在这段时间里，草地和大量湿地植被出现。最终形成由浅水、湿地草甸和泥滩构成的复杂格局[22,23]。水陆过渡带独特的水文特征促使各种生物集中分布在该地区。鄱阳湖湿地植被地理分布主要有四类：沉水植被、沼泽植被、草甸植被和沙洲植被。植被类型有苔草、芦苇和水草等。

鄱阳湖是世界上最重要的水禽越冬栖息地之一，水禽种类多、数量大，每年占世界总数 95%以上的白鹤、50%的白枕鹤、60%的鸿雁在鄱阳湖区越冬。保护区每年越冬水禽数量占鄱阳湖全湖的 40%～60%，其中雁鸭类是鄱阳湖保护区的主要组成类群。从食性上看，雁鸭类食草性为主、鹤类食块茎类为主、鹳类食肉为主。从每年 10 月开始，越冬水禽陆续到达保护区，11 月数量快速增加，且保持高数量至次年 1 月份，随后逐渐减少[3]。因此，10 月到次年 1 月这段时间被认为是水禽的越冬季节，也是本书重点关注的研究区间。

11.2.2 数据来源与处理

1. 遥感数据及处理方法

本书研究采用的遥感数据为 NASA Terra/Aqua MODIS 陆地产品中的植被指数产品 MOD13Q1，时间序列为 2000 年 10 月至 2018 年 1 月共计 18 个越冬季节，下载地址为 https://e4ftl01.cr.usgs.gov/MOLT/。该产品包含归一化植被指数（normalized difference vegetation index，NDVI）、增强型植被指数（enhanced vegetation index，EVI）等 L3 级 16 天合成产品，空间分辨率为 250m。

1) 构建湿地水禽越冬季植被覆盖时间序列数据

EVI 能够较好地反映植被长势，并解决植被指数容易饱和以及与实际植被覆盖缺乏线性关系的问题，故选用 EVI 表征研究区植被覆盖程度。基于提取的 16 天 EVI 产品，采用最大值合成法（maximum value composition，MVC）进行月最大值数据合成，目的在于获取月时间尺度上湿地植被空间覆盖程度最佳状态，一定程度上减弱云等大气条件等对遥感影像的影响，并对填充值区域进行剔除。各水禽越冬季节 EVI 值，由每年 10 月、11 月、12 月以及次年 1 月共计 4 个月的平均值获取，以均值代表越冬季节植被的覆盖程度，在一定程度上避免湿地植被覆盖度月最大值出现极端数值，进而引起越冬季平均覆盖水平异常的现象。

2) 线性趋势分析

为分析鄱阳湖湿地水禽越冬季节植被覆盖年际空间动态变化情况，本书使用趋势线分析法模拟研究区每个像元的年际变化趋势，EVI 的变化程度使用由最小二乘法获取的一元线性回归方程的斜率表示，记为 θ，公式如下：

$$\theta = \frac{n \times \sum_{i=1}^{n} i \times \mathrm{EVI}_i - \sum_{i=1}^{n} i \sum_{i=1}^{n} \mathrm{EVI}_i}{n \times \sum_{i=1}^{n} i^2 - \left(\sum_{i=1}^{n} i\right)^2} \tag{11-1}$$

式中，n 为越冬季个数(18)；EVI_i 为第 i 个越冬季单个像元 EVI 的值。若斜率 $\theta > 0$，表示 2000～2018 年植被覆盖度呈现增长趋势；反之，则表示呈减少趋势。对获得的 EVI

年际变化数据进行显著性检验，并进行等级划分：极显著减小（$\theta < 0$，$P \leqslant 0.1$）、显著减小（$\theta < 0$，$0.1 < P \leqslant 0.2$）、基本不变（$\theta < 0$，$P > 0.2$）或（$\theta > 0$，$P > 0.2$）、显著增加（$\theta > 0$，$0.1 < P \leqslant 0.2$）、极显著增加（$\theta > 0$，$P \leqslant 0.1$）[24]。

　　3) 构建湖泊淹没强度指数

　　选用 NDVI 提取湿地水域范围，由于 NDVI 是用红波段与近红外波段计算获得，而水体在红波段反射率高于植被，在近红外波段反射率几乎接近于零，相反植被在该波段处反射率偏高，NDVI 的波段运算组合，能够加强水体和植被之间的反差，故选用 NDVI 提取水体，精度较高。在 NDVI 遥感图像上水体呈现黑色，由于鄱阳湖湿地地势较为平缓，可忽略山体阴影所带来的影响[25]。浅水区水生植物资源丰富，NDVI 大于零。Hui 等在提取水面时将 NDVI 值 0.1～0.2 作为阈值[19]，本书在提取过程中进行了多次比较，而后将提取阈值设置为 0.1。

　　由于水位逐渐下降，湖水面是动态变化的。利用从单幅遥感图像中提取的静态和恒定水域来表示越冬季的水体信息，不能反映整个越冬季水面覆盖的情况。本书构建湖泊淹没强度指数（F）来反映实际水域情况，将水体数据影像在 ArcGIS 中再进行图像栅格运算，其中水体信息用 1 表示，非水体信息则用 0 表示，获得湖泊淹没强度指数的年际动态变化特征。公式如下：

$$F = \frac{\sum\limits_{i=1}^{n} w_i}{n} \times 100\% \tag{11-2}$$

式中，F 为图像逐像元的淹没强度指数；n 为进行栅格运算的总图像幅数（此处为 4）；w_i 为逐像元所表示的对应栅格值。淹没强度指数为 100% 的区域则整个越冬季节均被湖面覆盖，小于 100% 的区域则整个越冬季节部分时间被湖面覆盖[26]。在提取信息中存在不可避免的错误地区，但这些错误地区出现的频率较低，所以计算出的淹没强度指数是有效的[27]。

　　2. 气象数据及处理方法

　　本书提取了鄱阳湖流域内部及周边 10 个气象站的日平均气温和 20-20 时降水量等气象观测数据辅助于环境驱动因素分析，数据来自国家气象信息中心，从越冬季节和年时间尺度分别对气温和降水数据进行平均气温和累计降水量的计算，分析气候变化、水文状况与植被动态变化的耦合关系。

11.3　水禽越冬季植被覆盖季内动态变化

11.3.1　季内时间变化特征

　　2000～2018 年越冬季内，自然保护区 EVI 多年月均值从 10 月至 11 月呈增长趋势，11 月达到峰值，至次年 1 月 EVI 值持续降低，1 月达到最小值（图 11-2）。11 月 EVI 多年均值最高为 0.21，10 月较 12 月 EVI 值略高，1 月 EVI 多年均值最低，为 0.14。

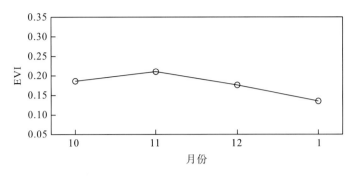

图 11-2   2000～2018 年越冬季 EVI 多年月均值季节动态

2000～2018 年越冬季 EVI 多年月均值年际动态表明，一般情况下，EVI 从 10 月到 11 月呈不同程度的增长，于 11 月达到峰值后持续下降至次年 1 月。如图 11-3 所示，多年越冬季内植被覆盖的最佳状态大多出现在 11 月，其次是 10 月、12 月和 1 月。2000 年和 2010 年越冬季 EVI 变化趋势与其他年份略有不同，具体而言，EVI 从 10 月至 12 月持续增加，在 12 月达到峰值，而后开始下降。

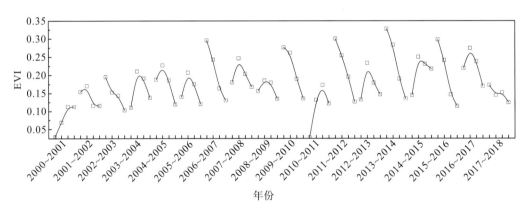

图 11-3   2000～2018 年越冬季 EVI 多年月均值年际动态

11.3.2   季内空间变化特征

如图 11-4 所示，研究区内 EVI 多年月均值整体偏低，大部分低于 0.42，EVI 由中心水体向周围区域呈放射状增加。湿地植被主要发育于南矶自然保护区及鄱阳湖自然保护区周边区域。分析表明，研究区内 11 月湿地植被覆盖最高，次年 1 月最低。10 月至次年 1 月植被出现连续分布斑块，以南矶自然保护区中部最佳。

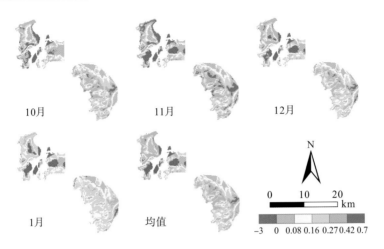

图 11-4　2000～2018 年越冬季内 EVI 多年月均值空间分布

11.4　水禽越冬季植被覆盖年际动态变化

11.4.1　年际时间变化特征

对 2000～2018 年越冬季 EVI 数据进行均值统计,评估植被覆盖动态变化。如图 11-5 所示,2010 年之前,年均 EVI 年际变化较小,呈稳步上升趋势。2010 年冬季植被指数较低,为 0.11。EVI 在 2010 年之后继续波动并增加,在 2013 年冬季达到最大值(0.23)。整个研究期内,植被年均 EVI 最小值为 0.08,出现在 2000 年冬季。

对变化趋势进行显著性检验,11 月、12 月和年 EVI 均值通过 0.05 水平的显著性检验,说明在过去 18 年中,越冬季 EVI 都表现出显著的增长趋势。而 10 月为不稳定期,EVI 波动很大,特别是在 2000 年与 2010 年冬季,EVI 值异常低。在整个研究期间,12 月和 1 月的月均 EVI 增长趋势相对平缓。

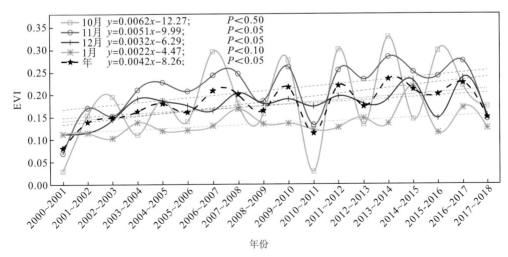

图 11-5　2000～2018 年越冬季 EVI 年、月均值年际变化趋势

如图 11-6 所示，2000～2018 年鄱阳湖湿地 EVI 呈极显著增加趋势的面积为 137.81km²，约占保护区总面积的 25.09%，主要集中分布在水陆过渡区。呈极显著减少趋势的面积仅为 12.38km²，约占保护区总面积的 2.25%。因此，保护区内越冬季 EVI 变化以增加为主。而南矶国家级自然保护区的西南部、鄱阳湖国家级自然保护区的中心水体及南侧部分 EVI 值基本保持稳定，约占总面积的 51.88%。总体来看，研究期间的 18 个越冬季，湿地 EVI 增加所覆盖的面积逐渐增大，表明植被发育状况良好，愈加适宜于水禽越冬。

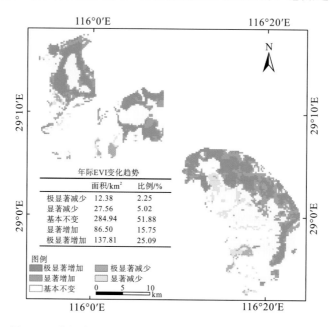

图 11-6   鄱阳湖湿地 2000～2018 年越冬季 EVI 空间变化趋势

11.4.2   年际空间变化特征

从空间上看(图 11-7)，鄱阳湖湿地 EVI 呈现由周边区域向中心水体逐渐递减的趋势，2000～2018 年 EVI 各范围区间所占面积变化较大。EVI 为 0.42～0.70 的区域主要分布在南矶国家级自然保护区。尤其是在 2016～2017 年，EVI 值在此范围内的面积为 18 年最大，且以鄱阳湖国家级自然保护区为主。总体来看，越冬季鄱阳湖自然保护区北部和南矶自然保护区植被生长良好，适宜水禽在此越冬。

如图 11-8 所示，进一步分析了 EVI 在各范围区间覆盖面积的比例。2000～2018 年的每个越冬季内，EVI 为 0～0.42 的面积均达保护区总面积的 75% 以上。而 EVI 为 0.42～0.70 的面积比例普遍低于 10%，但在 2010～2011 年越冬季后，EVI 在该值域的面积比例不断增加，且在 2013～2014 年和 2016～2017 年，该值域的面积比例分别达到 15.79% 和 18.38%。2000～2001 年、2001～2002 年和 2010～2011 年越冬季，保护区 EVI 总体较低，均低于 0.42。EVI 为 -3.00～0 的面积比例较小，且呈减少趋势，说明 2000～2018 年保护区植被变化以增加为主。

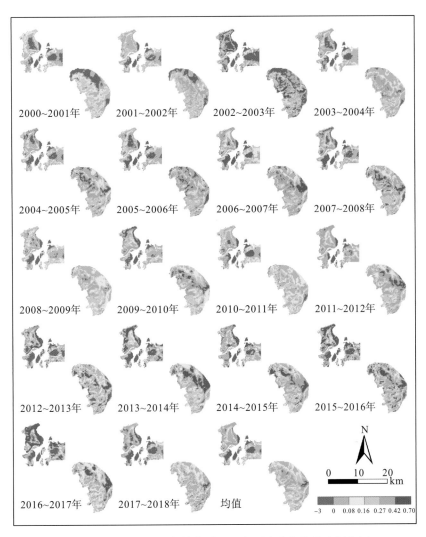

图 11-7　2000～2018 年越冬季 EVI 年际和多年均值空间格局

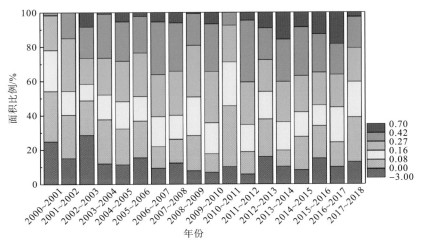

图 11-8　2000～2018 年越冬季年际 EVI 的组成特征

11.5 水文条件对植被年际动态变化的影响

2000～2018 年越冬季湿地淹没强度指数多年均值表明水域主要分布在鄱阳湖自然保护区的中心区域，而南矶自然保护区主要在东南部边缘，面积相对较少(图 11-9)。在研究期间越冬季中，常年水域面积显著减少，但仍有一些较深水域，所以该地区湿地既能为越冬水禽提供觅食和筑巢的生境，也能提供充足的水源。

如图 11-10 所示，进一步分析表明越冬季水域面积逐年减少，且在 2010 年之前尤为显著($P<0.05$)。淹没强度指数年际变化趋势同样证明了这一点，在 50%～75% 和 75%～100%范围内的水域面积在 2010 年前显著减少($P<0.05$)，而在 2010 年之后的变化趋势略有差异。前者稍有增加，而后者仍保持减少趋势。结果表明，湿地植被生长空间和水禽活动生境均有所增加。

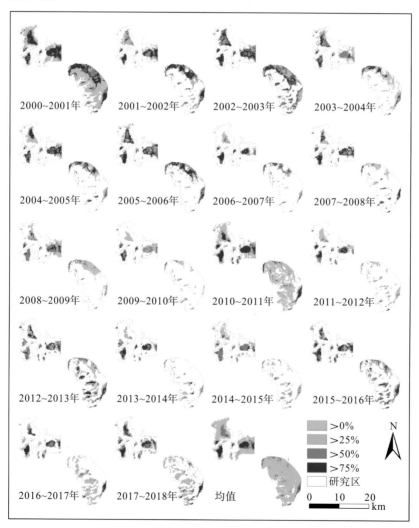

图 11-9 2000～2018 年越冬季湿地淹没强度指数的空间分布特征

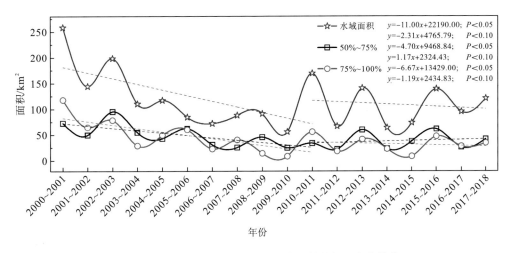

图 11-10　水域面积和湿地淹没强度指数的年际变化趋势

植被生长需要适宜的环境条件，图 11-11 表明鄱阳湖湿地 EVI 与水域面积关系密切，二者呈显著的负相关性，即此消彼长，相关系数达 0.84($P<0.01$)。淹没强度指数在 50%～75%和 75%～100%范围内的面积也与 EVI 有显著的负相关性，相关系数 R 分别为 0.62 和 0.79($P<0.01$)。从整个研究期来看，水域面积和淹没强度指数高于 75%的区域面积持续减少，为湿地 EVI 的稳定增长提供了可能性。

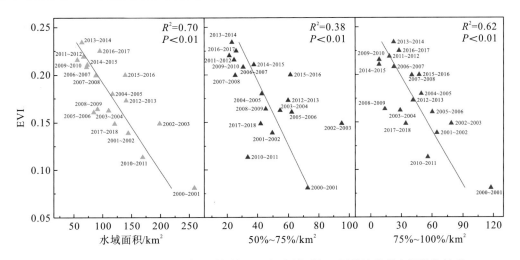

图 11-11　2000～2018 年越冬季年均 EVI 与水域面积、湿地淹没强度指数的关系

11.6　讨　　论

11.6.1　越冬季植被覆盖动态变化的限制因素

气候条件是影响湿地植被生长的主要环境控制因素。已有研究表明，植被对降水和温度的变化响应敏感[28]。为了揭示鄱阳湖湿地 EVI 对气候因子的响应规律，本书分析了

2000～2018年越冬季植被峰值月份11月EVI与气候参数的相关性。这里考虑的气候因子包括：8～11月逐月的累计降水量和月均气温。结果表明，越冬季植被峰值EVI与10月气温呈高度正相关，与9月降水量显著正相关。EVI对温度和降水的响应表现出一定的时间滞后性，这也与前人研究一致[29]。早期适宜的水热条件有助于植被快速生长发育，之后到11月植被生长达到茂盛期。

也有研究发现光照条件是影响湿地植物生长和产生无性繁殖体的重要因素，水深可以通过影响植物接受的光照强度从而影响植物的分布和生活史过程。其他因子，如透明度也与水深具有较高的相关性。因此湿地植物的分布维持在一定的水深范围内，水位过深会使光在水体中过多散射而流失，水位过浅会因波浪的翻卷使沉积物悬浮而水体浑浊度太大，均不利于植物生长。本书中主要以水域面积来表征水位变化，研究发现2010年是鄱阳湖水域面积趋势变化的拐点。为了进一步探讨气候因子对EVI的影响，本书将18年的越冬期分为两个阶段，即2000～2010年和2010～2018年，分别计算每个时期的相关关系，结果见表11-1。2010年之前，越冬季EVI与温度变化关系并不显著，而与降水量呈显著负相关性，说明该时期植被动态主要由降水控制。结合图11-12可知，该阶段降水量持续减少，解释了EVI保持增长的原因。而在2010年之后，气温对植被的生长起支配作用，相关系统达0.82，而与降水量相关性并不显著。越冬季气温越高，植被长势越好；反之，则显著下降，如2010年冬季气温明显低于相邻年份。

表 11-1　2000～2018 年越冬季气候因子与年均 EVI 的相关性

指标	2000～2010 年			2010～2018 年		
	EVI	T	p	EVI	T	p
EVI	1			1		
T	0.28	1		0.82*	1	
p	-0.63*	0.05	1	-0.12	-0.10	1

注：*表示相关性在 0.05 水平上显著；T 为温度；p 为降水量。

极端气候以及人类活动干扰也是导致植被覆盖动态变化的影响因素。如2015年越冬季，鄱阳湖降水量是之前年份同期的两倍多[30]。大量的降水不利于植被的生长和发育，水位过高会抑制植被出露水面，导致越冬季EVI显著低于相邻年份。此外，三峡大坝是影响鄱阳湖水文节律的主导因素，对淤泥暴露时间和湿地植被覆盖有多重影响[31]。2003年以后，枯水期鄱阳湖水域呈现偏干的趋势，比1952～2000年平均干旱期提前10天[21]。湖滩淤泥暴露时间延长，暴露面积增加，从而导致越冬季植被发育提前，为迁徙水禽的生存提供充足的食物资源。研究发现，三峡大坝对鄱阳湖库区水文条件的影响可以促进越冬季植被的生长以及水禽适宜生境的扩张，在一定程度上有助于提升鄱阳湖湿地的生态系统服务功能。

11.6.2　影响水禽数量的潜在因素

　　近 20 年来，鄱阳湖湿地越冬水禽数量有一定的增长，这既与气候因素有关，也与自然保护区管理部门的相关决策有关。气候变化会影响湿地植被群落的组成和结构，也会间接影响水禽适宜生境的空间分布以及水禽物种、种群大小、繁殖行为等[32,33]。为揭示影响水禽数量的潜在环境因素，结合可获取的越冬水禽数据，图 11-12 对比了 2000～2014 年 EVI、温度、降水量、水域面积与水禽数量的动态变化。相关性分析表明水禽数量与温度呈正相关，相关系数达 0.59。该研究结果与之前的研究结果一致，表明鄱阳湖湿地水禽的数量与温度密切有关[34,35]。此外，也有研究发现气候条件对鄱阳湖湿地越冬季水禽数量的影响通常在 3 年后才开始显现[36]。越冬季，温和的气温、充足的食物以及足够的生存空间，可以使更多的水禽在此生存繁殖。

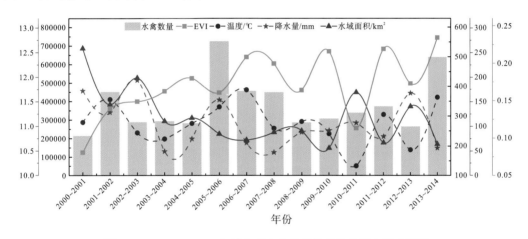

图 11-12　2000～2014 年越冬季水禽种群数量及其潜在影响因子

　　水文节律和人类活动等环境因素可以通过改变越冬水禽食物资源的数量、质量以及栖息地特征来影响水禽种群的结构和数量[24]。2008～2009 年越冬季，保护区遭受了严重的冰雪灾害。这不仅阻碍了植被的生长，导致植被过早枯萎，还造成水禽食物短缺，也减少了水禽的活动空间。这些因素导致水禽的数量急剧下降。此外，极端气候事件可能直接导致水禽死亡率的增加，甚至造成种群的灭绝。三峡大坝运行后，一定程度上导致下游的水量减小，对鄱阳湖的进水量产生影响。枯水季有利于湿地植被的生长，扩大了水禽的适宜生境面积[21]，能够吸引更多的水禽在此越冬。刘成林等[37]研究发现枯水期鄱阳湖水位在14.18m(星子站，黄海高程)以上时，水陆过渡带将缩小乃至消失，鄱阳湖湿地作为越冬水禽栖息地的功能将丧失。

　　鄱阳湖湿地越冬水禽主要为雁鸭类，因此水文条件和食物资源被认为是影响越冬水禽分布和数量最重要的因素。上述分析表明，淹没强度指数高于 75%的区域正在减少，而适宜湿生植被发育的面积在不断扩大，可以为水禽提供充裕的食物来源和足够的活动空间。因此，评估水文条件对植被动态变化的影响是水禽生境适宜性评价的重要内容[38-40]。保护区的管理人员经过长期总结发现，无论洼地长期积水或很快将积水放干，都不利于水禽栖息，只有使洼地的水位逐渐降低，才有利于水禽栖息。根据上述宝贵经验，保护区近些年在各级政府的支持下，基本解决了与渔民的矛盾，将保护区内的湖泊管理权收归国有，当汛期过后保护区各小湖泊出露，保护区管理人员视洼地水情和鸟情，排放洼地中的水，逐渐降低水位以利越冬水禽栖息觅食。

11.7　本章小结

湿地生态系统是生物因素与非生物因素共同作用的有机整体。而水文情势变化能直接影响湿地的非生物环境特征及生物环境特征[41,42]，进而影响到湿地生态系统的结构和功能，如越冬水禽栖息地。本章利用长时间序列遥感影像数据，分析了鄱阳湖湿地越冬季植被覆盖的动态变化。研究表明，在过去 18 个越冬季中，湿地 EVI 主要为增长趋势，能为更多水禽提供丰富的食物来源和生存的栖息地。此外，植被 11 月 EVI 峰值对气温和累计降水量响应滞后。年际分析表明，越冬季 EVI 主要受水域面积的影响，呈强负相关性，此消彼长。2000～2010 年，降水量减少是鄱阳湖湿地 EVI 增长的原因。而在 2010 年，气温是影响 EVI 的主要环境因素。本书揭示了气候变化、水文情势、植被动态与越冬水禽之间的耦合关系，相关研究可为提高水禽越冬季生境的适宜性和维持湿地生态系统稳定提供科学依据。

参 考 文 献

[1] Withey P，van Kooten G C. The effect of climate change on optimal wetlands and waterfowl management in Western Canada[J]. Ecological Economics，2011，70（4）：798-805.

[2] Xia S X，Liu Y，Chen B，et al. Effect of water level fluctuations on wintering goose abundance in Poyang Lake wetlands of China[J]. Chinese Geographical Science，2017，27（2）：248-258.

[3] Tang X G，Li H P，Xu X B，et al. Changing land use and its impact on the habitat suitability for wintering Anseriformes in China's Poyang Lake region[J]. Science of the Total Environment，2016，557：296-306.

[4] Brook B W，Sodhi N S，Bradshaw C J A. Synergies among extinction drivers under global change[J]. Trends in Ecology and Evolution，2008，23（8）：453-460.

[5] Chen B，Cui P，Xu H G，et al. Assessing the suitability of habitat for wintering Siberian cranes（*Leucogeranus leucogeranus*）at different water levels in Poyang lake area，China[J]. Polish Journal of Ecology，2016，64（1）：84-98.

[6] Stillman R A，Goss-Custard J D. Seasonal changes in the response of oystercatchers *Haematopus ostralegus* to human disturbance[J]. Journal of Avian Biology，2002，33（4）：358-365.

[7] Sun C Z，Zhen L，Wang C，et al. Impacts of ecological restoration and human activities on habitat of overwintering migratory birds in the wetland of Poyang Lake，Jiangxi Province，China[J]. Journal of Mountain Science，2015，12（5）：1302-1314.

[8] Ye X C，Xu C Y，Zhang Q，et al. Quantifying the human induced water level decline of China's largest freshwater lake from the changing underlying surface in the lake region[J]. Water Resources Management，2018，32（4）：1467-1482.

[9] Dong Z Y，Wang Z M，Liu D W，et al. Assessment of habitat suitability for waterbirds in the West Songnen Plain，China，using remote sensing and GIS[J]. Ecological Engineering，2013，55：94-100.

[10] Masek J G，Hayes D J，Hughes M J，et al. The role of remote sensing in process-scaling studies of managed forest ecosystems[J]. Forest Ecology and Management，2015，355：109-123.

[11] Li Z F，Li X B，Wei D D，et al. An assessment of correlation on MODIS-NDVI and EVI with natural vegetation coverage in Northern Hebei Province，China[J]. Procedia Environmental Sciences，2010，2：964-969.

[12] Fensholt R，Proud S R. Evaluation of earth observation based global long term vegetation trends—Comparing GIMMS and MODIS global NDVI time series[J]. Remote Sensing of Environment，2012，119：131-147.

[13] Zhang C，Lu D S，Chen X，et al. The spatiotemporal patterns of vegetation coverage and biomass of the temperate deserts in Central Asia and their relationships with climate controls[J]. Remote Sensing of Environment，2016，175：271-281.

[14] Wang W J，Wang Y F，Hou J J，et al. Flooding influences waterbird abundance at Poyang Lake，China[J]. Waterbirds，2019，42(1)：30-38.

[15] Hagy H M，Straub J N，Schummer M L，et al. Annual variation in food densities and factors affecting wetland use by waterfowl in the Mississippi Alluvial Valley[J]. Wildfowl，2014(S4)：436-450.

[16] Ye X C，Meng Y K，Xu L G，et al. Net primary productivity dynamics and associated hydrological driving factors in the floodplain wetland of China's largest freshwater lake[J]. Science of the Total Environment，2019，659：302-313.

[17] You H L，Xu L G，Jiang J H，et al. The effects of water level fluctuations on the wetland landscape and waterfowl habitat of Poyang Lake[J]. Fresenius Environmental Bulletin，2014，23(7)：1650-1661.

[18] Wang Y Y，Jia Y F，Guan L，et al. Optimising hydrological conditions to sustain wintering waterbird populations in Poyang Lake National Natural Reserve，implications for dam operations[J]. Freshwater Biology，2013，58(11)：2366-2379.

[19] Hui F M，Xu B，Huang H B，et al. Modelling spatial-temporal change of Poyang Lake using multitemporal Landsat imagery[J]. International Journal of Remote Sensing，2008，29(20)：5767-5784.

[20] Hu Y X，Huang J L，Du Y，et al. Monitoring wetland vegetation pattern response to water-level change resulting from the Three Gorges Project in the two largest freshwater lakes of China[J]. Ecological Engineering，2015，74：274-285.

[21] Han X X，Chen X L，Feng L. Four decades of winter wetland changes in Poyang Lake based on Landsat observations between 1973 and 2013[J]. Remote Sensing of Environment，2015，156：426-437.

[22] Lai X J，Huang Q，Zhang Y H，et al. Impact of lake inflow and the Yangtze River flow alterations on water levels in Poyang Lake，China[J]. Lake and Reservoir Management，2014，30(4)：321-330.

[23] 何月，樊高峰，张小伟，等. 浙江省植被物候变化及其对气候变化的响应[J]. 自然资源学报，2013，28(2)：220-233.

[24] 于欢，张树清，李晓峰，等. 基于 TM 影像的典型内陆淡水湿地水体提取研究[J]. 遥感技术与应用，2008，23(3)：310-315.

[25] Huang S F，Li J G，Xu M. Water surface variations monitoring and flood hazard analysis in Dongting Lake area using long-term Terra/MODIS data time series[J]. Natural Hazards，2012，62(1)：93-100.

[26] 张克祥. MODIS 监测长江中下游典型湖泊面积变化研究[D]. 南昌：东华理工大学，2015：22-23.

[27] 李晓兵，史培军. 中国典型植被类型 NDVI 动态变化与气温、降水变化的敏感性分析[J]. 植物生态学报，2000，24(3)：379-382.

[28] Wu D H，Zhao X，Liang S L，et al. Time-lag effects of global vegetation responses to climate change[J]. Global Change Biology，2015，21(9)：3520-3531.

[29] Xu F，Liu G H，Si Y L. Local temperature and El Nino Southern Oscillation influence migration phenology of East Asian

migratory waterbirds wintering in Poyang，China[J]. Integrative Zoology，2017，12(4)：303-317.

[30] Feng L，Hu C M，Chen X L，et al. Dramatic inundation changes of China's two largest freshwater lakes linked to the Three Gorges Dam[J]. Environmental Science and Technology，2013，47(17)：9628-9634.

[31] Walther G R，Post E，Convey P，et al. Ecological responses to recent climate change[J]. Nature，2002，416(6879)：389-395.

[32] Both C，Bouwhuis S，Lessells C M，et al. Climate change and population declines in a long-distance migratory bird[J]. Nature，2006，441(7089)：81-83.

[33] Stenseth N C，Mysterud A，Ottersen G，et al. Ecological effects of climate fluctuations[J]. Science，2002，297(5585)：1292-1296.

[34] Parmesan C，Yohe G. A globally coherent fingerprint of climate change impacts across natural systems[J]. Nature，2003，421(6918)：37-42.

[35] Li Y K，Qian F W，Shan J H，et al. The effect of climate change on the population fluctuation of the Siberian crane in Poyang Lake[J]. Environmental Science and Technology，2014，34(10)：2645-2653.

[36] Garel M，Loison A，Gaillard J M，et al. The effects of a severe drought on mouflon lamb survival[J]. Proceedings of the Royal Society of London. Series B：Biological Sciences，2004，271：S471-S473.

[37] 刘成林，谭胤静，林联盛，等. 鄱阳湖水位变化对候鸟栖息地的影响[J]. 湖泊科学，2011，23(1)：129-135.

[38] Yang M Y，Xia S X，Liu G H，et al. Effect of hydrological variation on vegetation dynamics for wintering waterfowl in China's Poyang Lake Wetland[J]. Global Ecology and Conservation，2020，22：e01020.

[39] Wang M，Gu Q，Liu G H，et al. Hydrological condition constrains vegetation dynamics for wintering waterfowl in China's East Dongting Lake wetland[J]. Sustainability，2019，11(18)：4936.

[40] 谭胤静，于一尊，丁建南，等. 鄱阳湖水文过程对湿地生物的节制作用[J]. 湖泊科学，2015，27(6)：997-1003.

[41] 李言阔，单继红，马建章，等. 气候因子和水位变化对鄱阳湖东方白鹳越冬种群数量的影响[J]. 生态学杂志，2014，33(4)：1061.

[42] 张笑辰，秦海明，金斌松，等. 鄱阳湖浅碟湖泊沉水植物冬芽的分布及对植食水鸟的食物贡献[J]. 生态学报，2014，34(22)：6589-6596.

第12章 基于生态大数据的洪水淹没分析与灾情评估

本章导读

洪水作为我国最严重的自然灾害之一，每年造成的直接经济损失高达数百亿元。本章以安徽省安庆市望江县为研究区，利用历史水文数据设计20年一遇的洪水水位。融合遥感与地理信息系统技术，以遥感、数字高程模型为数据基础，对土地利用类型进行监督分类，采用种子蔓延算法，推算淹没范围，并与土地类型相叠加，得到淹没范围内各类型土地淹没比例。而后建立洪水灾情评估模型，通过类比法对20年一遇的洪灾进行设计分析。望江县地区在20年一遇的洪水影响下，受灾面积超过总面积的50%，受影响人口超过90%，利用淹没数据结合案例进行灾情评估可定性为较大洪涝灾害，与评估系数相近的台风"珍珠"进行类比，快速结合实际设计出救灾抢险措施。实验结果表明，遥感与地理信息系统(GIS)技术相结合为洪灾设计提供了平台，利用淹没数据，在面对洪灾时可以第一时间对灾情等级进行评估，通过与同等级灾情类比分析并结合实际，能够快速准确地拟定救灾措施、评估损失。因此，生态大数据的集成应用对于提升我国抗洪救灾能力有着重要的意义。

12.1 概　　述

我国是一个水旱灾害频繁发生的国家，尤其是洪涝灾害长期困扰着经济的发展。从两个方面可以说明洪灾对我国的巨大影响。一方面，洪水是我国成灾频率最高的灾害。据统计，从公元前206年至1949年的2155年间，共发生较大洪水1062次，平均每两年就会发生一次洪水灾害，对我国抗洪救灾提出了挑战。另一方面，洪灾造成的经济损失为各大灾害之首。根据民政部门的统计，1991~2008年短短不到20年间，在不考虑对人民生活产生影响的条件下，我国洪水灾害所造成的直接经济损失就超过21000亿元，严重减缓了我国经济发展的步伐[1]。如1998年特大洪水对全国29个省(区、市)造成不同程度的洪涝灾害，受灾人口达2.23亿人，死亡4150人，倒塌房屋685万间，直接经济损失达1660亿元。而洪水淹没分析在洪水泛滥之前就对灾情进行设计，能够在洪灾产生严重影响之前提供科学合理的抢险救灾措施，减少洪水造成的社会经济损失，对于提升我国抗洪救灾能力具有非凡的意义。

水文方法设计洪水通常分为两类，一类是通过历年水文数据(统计结果)对指定区域洪水进行设计，另一类则是通过气象及其他影响因素推求设计洪水[2]，但无论哪一种方法都无法直观反映洪水带来的影响和损失。随着计算机的发展和遥感技术的结合以及地理信息系统的进一步完善[3,4]，综合应用卫星遥感和GIS技术进行洪水淹没灾情分析成为可能[5]，这也为实现洪水预警与设计的立体化与可视化，为更加高效地设计洪水、评估损失、拟定救灾措施提供了技术支持。我国关于遥感与 GIS 的研究起步较晚，始于 20 世纪 80 年代末，但发展迅速，短短 30 年来已经接近国际先进水平。通过阅读相关文献[6-9]我们可以总结得到，目前国内外洪水淹没研究主要分为三类。第一类，通过传统的水文分析与计算，将结果代入风险评估模型中对洪水进行定性分析。第二类，通过建立水文水动力模型，与风险评估模型相结合，能够更加客观直接地呈现洪水淹没的范围，准确评估损失，衡量风险性。第三类，利用新兴的遥感与 GIS 技术，利用水文数据直接模拟洪水淹没范围，再与空间地理信息数据相结合，定量地对洪水淹没情况展开分析，能够更加准确地计算损失、评估风险，该方法由于其强大的可操作性正逐渐成为主流。

洪涝灾害背景数据的建立是洪涝灾害预警预报、损失评估和救灾的基础。背景数据库的内容主要包括两个方面：一是自然数据，包括地形图、气象条件、大气环境、坡度、土壤、地表物质组成、河流网络和湖泊的分布及其特性；二是社会经济方面的数据，包括人口分布、产业布局、经济发展状况等。由于遥感图像是自然环境综合体的信息模型，通过对遥感数据的人工解译分析或者计算机自动分类，能够快速地对地表环境进行监测，如洪水分布、城乡建设用地等。

本章在综合集成遥感与 GIS 技术的基础上，利用历史水文数据设计望江县 20 年一遇的洪水水位，与遥感影像相叠加，得到淹没范围数据。在实验数据及相关资料支持下，使用风险及灾情评估模型对望江县地区 20 年一遇的洪水进行灾情评估与分析，利用类比法提出救灾方案。本次实验期望通过对望江县地区的案例分析，为利用遥感与 GIS 技术进行洪水灾情设计与评估提供方法参考。

12.2　洪水淹没研究进展

洪水淹没是一个很复杂的过程，受多种因素的影响，其中洪水特性和受淹区的地形地貌是影响洪水淹没的主要因素。对于一个特定防洪区域而言，洪水淹没可能有两种形式，一种是漫堤式淹没，即堤防并没有溃决，而是由于河流中洪水位过高，超过堤防的高程，洪水漫过堤顶进入淹没区；另一种是决堤式淹没，即堤防溃决，洪水从堤防决口处流入淹没区。无论是漫堤式淹没还是决堤式淹没，洪水的淹没都是一个动态的变化过程。近年来，随着我国社会经济的快速发展，城市建设突飞猛进，海拔较低的中东部地区人口越来越集中，洪水一旦泛滥，后果十分严重。

欧美以及日本在洪水灾害监测方面的研究开始得较早。初期西方发达国家只是通过对降水量和河流水文信息的测量统计来对洪水灾害开展分析。现今，除了已有的观测系统和测量统计方法外，已经成熟地运用地理信息系统(GIS)和数字高程模型(DEM)来对洪水的发生和发展趋势进行分析模拟，并为防洪抗灾工作提供更加科学可靠的数据信息[10]。早在几十年前，日本就建立了洪水灾害信息分析预判系统，虽然技术并不成熟，但在实施决策时，相关部门可以利用计算机对防洪控制点的确定从众多备选方案中进行分析计算，再从中选出最优调度方案[11]。美国在 20 世纪 70 年代就提出了通过非工程化手段(如洪水监测、预报、模拟、评估)来进行防汛减灾的分析研究,同时将遥感技术(RS)应用到防洪决策与洪水灾情监测评估系统中,以获取洪水和灾情相关数据[12]。

在国内,对洪水灾害淹没范围的研究工作开始得相对较晚,相关的分析研究从 20 世纪 80 年代才逐步展开,但在过去这些年,在防洪领域也有较好的研究成果。殷鸿福和李长安[13]通过上游分洪泄洪从而减轻下游大中城市防洪压力方案的研究中,强调利用上游低洼地段建立防洪蓄水区,洪峰到来时,通过行洪泄洪,充分发挥行洪区调节洪峰峰值的作用,以降低洪峰通过下游大型城市时的流速、流量和洪峰高程,减少洪灾对下游城市的危害。黄河等[14]通过建立多智能体的洪涝风险动态评估理论模型,结合气象预报对河道洪水发展趋势进行研判,并生成洪水淹没范围图,同时预估流域范围内受灾情况。

近年来,随着卫星遥感技术在洪灾防治中的不断应用,利用卫星遥感影像及计算机系统模拟技术对洪灾淹没范围进行分析预判,极大地避免了传统抗洪救灾工作所需要的大量人力、物力,节省了很多抗灾开支。我国水利部门在对黄河洪水灾害的多年研究工作中,逐渐将 GIS 技术和 DEM 数据应用到具体的防洪救灾中,利用 GIS 技术对流域内城市建筑、道路管线、河网分布、农田民居等信息进行空间叠加,根据黄河历年洪灾发生的水文资料,在雨季到来前就初步估算出洪灾可能淹没的范围,以及受灾地区可能产生的人员伤害、工农业损失情况。

20 世纪末,GIS 和 RS 技术的发展逐渐成熟,这两项技术在洪水灾害的防治研究工作中也逐渐起到重要作用。在我国,很多相关的科研机构开展了这方面的分析研究工作。如王介民和马耀明[15]开展了利用卫星遥感技术获取长江流域地形地势信息,结合对长江洪峰进行模拟分析的计算机软件,建立了一套洪灾监控分析系统,该系统可根据长江上游水文信息和区域内降水分布信息对洪峰的产生和发展,以及洪灾对区域内城乡人员设施的危害进行初步分析和预判,模拟出受灾区水位、水流速度、水流方向和洪水淹没范围等基本情况,以便防洪抗灾部门指导受灾区域内的居民及时撤离危险区域,提醒重要的机关单位、工矿企业在洪灾到来前及时抢救重要财物。全强等[16]运用 GIS 技术和行洪区道路交通、村落建筑分布情况等基础信息,通过计算机系统模拟行洪时期洪水淹没范围,计算出行洪区居民必须撤退的时间和最佳最快的撤离路线,并依据过往洪水信息对灾后重建工作提供参考和指导。

洪水灾害所造成的损害巨大,波及范围广。计算出准确的洪水淹没范围对于灾后重建、今后的洪灾预防预警有重要作用。多年来,相关领域科研人员在这方面付出了很多努力,也有一定的收获。何树红等[17]开展了专门针对大城市、特大城市洪水灾害所导致的受灾区居民人员伤亡、单位企业财产破坏等各种损失的研究和评估,根据洪水危害分布范围、进展情况,结合城市经济发展情况,利用相关模型可以快速得出初步的洪灾经济损失。沈汉堃等[18]利用珠江流域历史洪水灾害统计数据,结合最新的流域内经济社会发展情况,计算模拟了洪水灾害发生的范围,并根据洪水灾害的淹没范围预测了可能造成的各种损失后果。当珠江流域发生洪灾时,不需要进行耗费大量人力、物力和时间的调查统计工作,只需在模型中进行计算模拟,就可以快速估算出洪灾所导致的经济损失。方晓波等[19]利用卫星遥感数据建立了钱塘江流域洪水产生和演变的模拟系统,结合钱塘江流域多年以来的气象和水文资料,在大范围强降雨天气出现前或台风登陆之前,对流域内的大小河流、人工湖、建筑设施可能受到的洪水灾害进行基本的模拟和分析，为地方政府进行灾害预防工作提供科学依据，并在洪水灾害产生后，及时捕捉洪水动态情况，预估洪水的发展情势，并作为政府防洪抗灾的参考依据，为相关部门开展抢险救灾工作赢得宝贵时间。

中华人民共和国成立以后，我国从中央到地方都十分重视防洪抗灾工作，专门成立了长江水利委员会、黄河水利委员会等大江大河流域管理机构，还有各级政府下属的防洪抗灾部门，也通过加固堤坝、修建新的大中小型水库、开挖沟渠等基础设施的建设大大增强了防范和抵御洪水灾害的能力，某些流域范围内实现从抵御十年一遇洪水到能够抵御百年一遇洪水的跨越。虽然如此，不同程度的洪水灾害还是使国民经济和人民财产蒙受巨大损失。因此，充分利用现有各种先进技术，加强对洪水灾害进行事前预防、事中控制、事后处理的模拟分析工作很有必要。

今后，防洪减灾工作的重点是综合集成"3S"，即地理信息系统、遥感和卫星定位系统技术监测洪水淹没范围和灾情评估。利用遥感技术可以对地面洪水的产生发展、走向趋势、淹没范围等进行全方位监控。日本很早就将卫星遥感应用在洪水灾害防治上，关东平原地区海拔较低，河流密布，且易受太平洋热带气旋影响，历史上就属于洪灾频发区域，相关科技部门利用卫星成像技术确定洪水受灾范围，结合气象预报对洪水灾害的分布发展进行预判，为灾害处置工作提供指导[20]。此外，世界上有不少国家也在利用卫星遥感技术探测洪水淹没范围，对洪水灾害进行监控预警，收效显著[21]。

同时，GIS 技术和 DEM 数据在洪灾防治和灾后评估中发挥着重要的作用。在美国加利福尼亚州南部，洪水灾害几乎连年发生，利用 GIS 技术、Speace Analys、ErView 等计算机模拟软件，结合该地域的地形地貌、遥感数据，建立了洪水灾害仿真检测系统，该系统能够利用最新的洪灾演变信息对洪灾下一步可能扩大的洪水淹没范围和危害程度进行预测[22]。在计算机屏幕上可以很直观地看到洪灾演化的情况及波及的范围，并及时为政府部门制定防洪抗灾的具体措施提供科学依据。GIS 在实际应用中还可以结合河道水文信息对河流洪峰的前进速度、洪峰最大高度、洪峰可能影响的地域进行预判，从而提醒洪峰下游地区及时进行防范。法国水利部门也利用 GIS 技术构建了洪水灾害防治系统，并在实际操作中不断完善该技术的应用，使整个系统对洪水灾害的预测更加及时准确[23]。荷兰由于海拔较低，易受来自大西洋的风暴潮影响，也是较早利用 GIS 技术建立洪灾防治系统的国家，以准确预测风暴潮侵害范围，并及时采取防治措施[24]。此外，欧盟部分易受洪水灾害的国家共同组建了一个集成河流湖泊水文信息记录、分析、洪水发展模拟、洪灾危害预判的综合性水利观测与控制平台。这个平台依据 GIS 技术把全流域内所有河流湖泊分布情况和地形地势信息整合到系统中，当洪水发生时，结合气象预报信息，利用模型模拟技术便可以对洪灾危害进行预判[25]。

基于数字高程模型（DEM），可以实现洪水淹没演进过程的模拟。洪水风险评价是主要的缓解风险的非结构性措施之一，但是很多区域仍缺乏洪水淹没分析。Orlando 等[26]利用 DEM 对洪水易发区进行了研究，在不使用水动力模拟的情况下，突出了来自 DEM 地貌特征在初步识别淹没区域的作用。常见种子点填充算法在实现 DEM 数据下的洪水淹没区生成时，具有难以处理大数据量以及过多的递归计算易导致算法效率较低等缺点。针对此问题，沈定涛等[27]提出了一种面向海量 DEM 数据的洪水淹没区生成算法——分块压缩追踪法。该算法采用条带分块和实时栅格压缩存储技术，以解决海量地形数据下的淹没分析计算问题。Müller 等[28]研究发现地形对确定洪水淹没地区起着重要的作用。然而，DEM 限制了地形数据的质量，试图将 DEM 产生的误差，如空间分辨率和垂直精度与洪水淹没相联系，利用这种关系，从较低精度的粗分辨率 DEM 改进洪水淹没范围。徐金霞等[29]基于水动力模型 FloodArea 模拟分析了一次特大暴雨诱发洪水的动态演进过程。通过对比 5 组不同实验结果，发现数字高程数据精度对模拟结果影响较大，而采用经过填洼的 DEM 数据得到的模拟结果更为准确，粗糙度系数在取值范围内对模拟结果影响较小。

随着计算机技术、信息技术和三维可视化技术的迅速发展，防汛决策支持体系逐渐向空间多层次、立体模式发展，实现数字流域和水利空间信息展示从二维到三维的转变[30]。在此基础上，根据高精度 DEM 和遥感数据，结合水域内重要水文和水利设施三维建模，实现洪水模拟和预报的动态三维虚拟仿真，已经成为了解当前和未来洪水运动过程和洪水风险程度的重要手段。

12.3　实 验 过 程

12.3.1　研究区概况和数据预处理

1. 研究区概况

望江县坐落于安徽省西南角、安庆市东南部，地处皖鄂赣三省交界处(图 12-1)。总面积为 1357.37km²，地势自西向东逐渐倾斜，西北部是丘陵地区，最高海拔 489m(香茗山南尖)，东南为滨江滨湖平原，最低海拔 8.5m(大湾稻香圩底)。县内有武昌湖、青草湖、

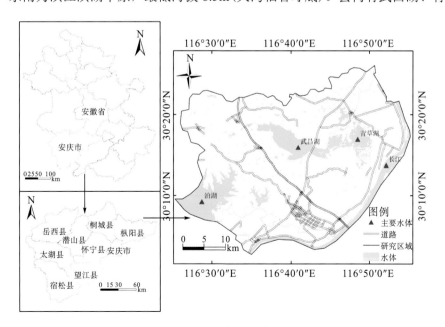

图 12-1　研究区示意图

泊湖、焦赛湖、岚杆湖五大湖泊，又有皖河、华阳两大天然水系，自西向东流入长江。属北亚热带季风气候区，气候温和，四季分明，无霜期长，年平均气温 16.5℃，平均年降水量 1300mm，地表径流量近 6 亿 m^3。望江县统计总人口达 63.9 万人，分布于八镇、两乡之中。截至 2019 年底，望江县地区生产总值实现突破 185 亿元。

2. 数据预处理

(1)水文数据处理。武昌湖位于望江县中部，是望江县最大水体，但望江县洪水多发区却在南部平原，其中西南部尤为突出。杨湾闸位于望江县西南部杨湾镇，处于洪水多发带。南部平原水文状况及气候条件相似，通过水文比拟法，可将杨湾闸设计洪水资料用于广大南部平原地区。

水文比拟方法利用设计流域处洪峰流量均值计算，公式如下：

$$Q_{设} = \left(\frac{F_{设}}{F_{参}}\right)^n Q_{参} \qquad (12\text{-}1)$$

式中，$Q_{设}$ 为设计流域洪峰流量均值，m^3/s；$F_{设}$ 为设计流域集水面积，km^2；$F_{参}$ 为水文参证站集水面积，km^2；$Q_{参}$ 为水文参证站洪峰流量均值，m^3/s；n 为面积比指数，不同的河流，或同一河流不同的河段面积比指数不尽相同。

洪峰流量均值面积比指数一般通过本流域及邻近流域相关测站的洪峰流量均值与集水面积建立幂回归分析，幂指数即为面积比指数。

通过参数 EX、C_v、C_s 确定水文频率曲线，从而得到相应频率的洪峰水位。本实验中在确定了三个参数后得到当 p=5% 时的洪峰水位为 16.85m，后面的研究将把 16.85m 作为淹没阈值。

C_v 计算经验公式为

$$C_v = C_{v参} - 0.1\left(\lg F_{设} \lg F_{参}\right) \qquad (12\text{-}2)$$

根据设计流域上下游水文测站、邻近相关水文测站集水面积与变差系数 C_v 的变化关系，并结合最大一日暴雨的地区变化规律等，综合确定设计流域的洪峰流量、C_v 及 C_s（通常情况下偏态系数 C_s =4 C_v）。根据上述参数，推求设计流域不同频率的设计洪峰流量。

(2)土地分类。监督分类是目前常用的土地分类方法，分类前需对研究区有一定的认识，然后结合实际选择合适的样本建立分类函数，具有较高的分类精度[31]。

监督分类(supervised classification)又称训练场地法，是以建立统计识别函数为理论基础，依据典型样本训练方法进行分类的技术。即根据已知训练区提供的样本，通过选择特征参数，求出特征参数作为决策规则，建立判别函数以对各待分类影像进行的图像分类，是模式识别的一种方法。要求训练区域具有典型性和代表性。判别准则若满足分类精度要求，则此准则成立；反之，需重新建立分类的决策规则，直至满足分类精度要求为止。分类方法有：平行六面体法、最大似然法、最小距离法、马氏距离法、二值编码分类法、波谱角填图分类法、费歇尔线性判别法。

通过查阅望江县土地规划资料，并进行实地考察，对望江县内土地类别属性有了先验知识。参考土地规划图以及实地考察结果对不同的训练样本进行选取。本书选择了林地、绿地、建筑用地和水体四类样本。对选取的训练样本的离散化程度进行检验,分离性指标 Jeffries-Matusita、Transformed Divergence[32]可以直观反映所选择的样本之间的离散化程度,参数值在 2.0 以下,所取样本合格,若大于 1.9 则分离性较好;若参数值小于 1.8,则精度达不到要求,应当重新考察。经过检验,本实验各样本离散程度均为 1.8~2.0,满足分类要求。

根据分类数据的分散程度、波段对精度的需求等确定使用最合适的分类方式。本书研究选用最大似然法(maximum likelihood)进行监督分类。最大似然法以数据呈正态分布为基础,分别计算不同给定像元与训练样本相似度,最终将其归并于相似度最大的一类样本,从而达到分离影像的目的。

最大似然法与贝叶斯理论相结合,能够清晰地展示出分类结果[33],而且对于较少波段的 TM 图像,在精度上有很大优势,与本书研究数据相契合。最终土地分类结果如表 12-1、图 12-2 所示。

表 12-1 研究区监督分类土地类型统计表

土地类型	栅格数/个	总面积/km²	百分比/%
建筑用地	354977	319.48	24.0
林地	654207	588.79	44.3
绿地	296773	267.10	20.1
水体	171895	154.70	11.6

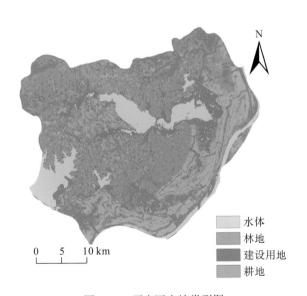

图 12-2 研究区土地类型图

12.3.2　洪水淹没分析方法

1. 基于 DEM 的洪水淹没种子蔓延算法

在一个已知的堆栈中，由种子点处开始算法。若种子点高程小于给定的洪水淹没深度，标记该种子点对应栅格为淹没状态，存入堆栈。在种子点的八向领域中遍历每一个栅格，计算最陡下降坡度。将最陡坡度所指向的栅格作为新的种子点，存储判断新种子点的高程是否高于洪水淹没深度。若洪水淹没深度高于该栅格数字高程，标记淹没并存储遍历周围八邻域，将高程低于洪水淹没高度的也一同标记为淹没并存储，继续寻找下一个种子点；若低于栅格数字高程，则舍弃该点然后进行新一轮的遍历。以此类推，直至将堆栈中所有栅格全部遍历。然后将所有标记淹没的栅格展示出来，就得到了利用种子蔓延算法计算的洪水淹没面积。

由于种子蔓延算法本身是一种收敛的计算，所以在不断标记新种子并遍历种子点邻域时，堆栈中的栅格会逐渐减少，最终将最初堆栈中的数据完全循环。

根据种子蔓延算法流程图，可以给出在计算机运行的伪代码如下：

首先判断判断种子点是否被淹没：

if(Seed(m, n)≤FHeight 若种子点被淹没，存入堆栈；FList.Add(Rd(X, Y))

运行种子蔓延算法核心函数 D8(OrigX, OrigY, FHeight)

①判断栅格数据是否存在堆栈，若没有栅格数据，计算结束。

while (FList.Count! =0)

②从堆栈读取栅格数据

int rX = FList[0].X

int cY = FList[0].Y

③判断读取的栅格数据是否可淹没，标记淹没的栅格数据

isFlood[rowX, colmY] = true

④推出已读取元素

FList.RemoveAt (0)

⑤遍历种子点八邻向栅格

For (int m = rX-1; m≤rX+1; m++)

for (int n = cY-1; n≤cY+1; n++)

⑥判断种子点是否达到栅格边界

If (m, n 下标没有越界)

⑦寻找低于洪水淹没水位但尚未淹没的栅格数据

If (RSeed(m, n)≤FHeight && isFlood[m, n] == false)

⑧将栅格数据 Seed (m, n)标记为淹没

isFlood[m, n] = true

⑨将符合淹没条件的栅格数据 RSeed (i, j)加入堆栈

FList.Add (RSeed (i, j))

2. 基于填挖方的洪水淹没分析

ArcGIS 的填挖方工作原理是通过添加或移除一个表面来修改地面高程，统计两个表面过程中体积的变化量。通过理解该原理，可以将这种方法使用在给定淹没高程来计算洪水体积上。可以设定一个洪水水位，将区域范围的矢量数据赋予洪水水位对应的高程值转化为栅格数据，这个带有高程值的栅格数据相当于被修改的地面高程。

每一个栅格内的计算公式如下：

$$\mathrm{Vol} = S_{单元栅格} \times \left(H_{before} - H_{after} \right) \tag{12-3}$$

在通过 ArcMap 挖填操作后，查看属性表中的负值即可当作被淹没的洪水体积。通过求和统计，便可以得到相应水深值下洪水淹没的总洪水体积。

3. 基于 DEM 的洪水淹没分析体积反演逼近法

在运用数字高程模型(DEM)进行洪水淹没分析时，我们可以利用 DEM 的性质，在 DEM 的基础上进行洪水体积的反演计算。当知道每一个栅格单元的表面积及其相应的高程，两者相乘就可以得到每个栅格单元的体积。运用积分的思想，将所有栅格单元相应的体积进行加和计算，便可以得到洪水的总体积。

在有源淹没中，通过计算单元栅格的淹没水深与其相对应的实际地表面积就可以得到相应的洪水淹没体积。计算方法如下：

$$V_{淹没} = \sum_{i=1}^{n} s\left(H - H_i \right) \tag{12-4}$$

式中，H 为给定洪水水位高程；H_i 为第 i 个栅格单元的高程值；s 表示单元格网的面积。

根据以上基于 DEM 的洪水量计算方法原理，可以通过对 ArcGIS 的二次开发对淹没洪水的体积进行估算。估算思路如下。

(1)根据研究区的 DEM 数据，确定其栅格数据类型，将 DEM 分成单元格网栅格。

(2)寻找 DEM 数据的最低点，以此点作为计算的初始点[34]。

(3)搜索整个研究区每个栅格内的高程值，与给定水位 H 进行比较。若高程值小于给定水位，并且栅格自身与起始点栅格相连通，则将此栅格单元储存并标记。

(4)计算所有(3)中被标记的栅格单元的面积，计算该栅格所在位置高程与淹没深度的水位差值，将两者相乘得到每个栅格单元上的洪水淹没体积。将所有体积累加得到研究区在 H 条件下的洪水体积。

4. 基于条件函数的洪水淹没分析

条件函数是 ArcGIS 自带的函数，在进行洪水淹没分析时，条件函数可以当作一种方法来对研究区域进行淹没分析处理。

条件函数的语句表达式为：

```
Con(in_condition_raster,in_true_raster_or_constant,(in_false_
raster_or_constant),(where_clause))
```

其中，"in_condition_raster"表示需要输入并进行真假判别的栅格数据图层；"in_true_raster_or_constant"表示当栅格数据被判为真时，需要输入栅格层的数值；

"in_false_raster_or_constant"表示当栅格数据被判为假时，需要输入栅格层的数值；"where_clause"表示决定输入像元的真假值。

函数运行期间，函数会遍历所有存在的像元，并根据设置的判断条件来判断相应像元位置上的真假状态。如果像元被判定为"真"，它将获得一类值；如果像元被判定为"假"，它将获得另一类值。当像元被判定为"真"时，它所获得的输出值由输入条件为真时所取的栅格数据或常数值指定。当像元被判定为"假"时，它所获得的输出值由输入条件为假时所取的栅格数据或常数值指定。

在 ArcGIS 的处理环境中，确定像元位置处是"真"还是"假"有两种方法：通过输入栅格数据确定或通过应用有可选的输入表达式的输入栅格数据确定。如果只使用输入栅格数据，则输入栅格数据中的所有非零值都被视为"真"，所有零值被视为"假"，指定为 NoData 的像元将获得 NoData 作为输出，NoData 并不等同于"假"。要在地图代数的栅格数据集中执行条件判定，需要先将栅格数据集作为条件栅格输入到条件函数工具中。输入一个"真"栅格以提供当条件判定为"真"时的返回值，输入一个"假"栅格以提供当条件判定为"假"时的返回值。

12.3.3　研究方法

1. 灾情设计流程

结合望江县土地分类结果，将耕地展布于农林地区，将人口和 GDP（收集于《安徽统计年鉴》展布于建筑用地。通过种子蔓延淹没法，将淹没范围在伪洼地处理过的 DEM 数据上呈现出来。通过将淹没范围与各种地理信息数据的叠加，建立灾情评估模型，通过类比对灾情进行设计，流程如图 12-3 所示。

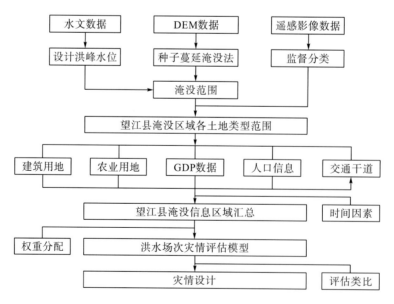

图 12-3　洪水灾情设计流程图

2. 洪水淹没算法

在模拟洪水淹没范围时，本实验采用基于水位(H)的洪水淹没范围计算，并且不考虑暴雨发展过程中容积小于阈值的局部洼地的蓄水影响，所以在伪洼地的填充过后，可以近似将淹没区域看作一个完整的水平面[35]。

水位 H 通过重要水文站点实测得到，或者是经由水文水力学模型推算得到，必要的时候可以由实验需求决定。

判断区域淹没的条件。格网高程值低于所给水位 H，并且格网单元之间以及区域格网和洪水淹没入口区域相连通。

采用扫描线种子填充算法模拟洪水淹没范围。首先在河岸边界、水库堤坝等特征点处选择一个起始点作为种子点，并且保证该种子点所在扫描线位于给定区域内。将该种子点放入一个初始化的堆栈容器中。同时建立一张与研究区域格网大小相同的二维表，为淹没的点作标记，帮助在判断淹没分析过程中查找，避免重复判断同一点淹没。然后开始算法主要过程：当堆栈不为空时，从栈顶弹出一个种子点，求出种子点所在的扫描线，然后从上下相邻的扫描线中找出淹没到的子区段，并把能代表该子区段的端点压入栈。重复扫描，直到栈为空，即可得出总的淹没范围。

3. 灾情模型评估权重选取

结合水利洪水评估规范，针对各指标选取合适的权重对于洪水的准确分析意义重大。洪水灾情评估值的计算公式如下：

$$C = D \times W_1 + P \times W_2 + A \times W_3 + L \times W_4 + F \times W_5 + H \times W_6 + R_1 \times W_7 + R_2 \times W_8 + S \times W_9 + T \times W_{10}$$

$$(12-5)$$

此处洪灾类型为江河洪水灾害，W 为参数权重。具体参数含义及对应权重值见表12-2。

表 12-2　灾情评估模型权重分配表

类型	决定因子权重				次要因子权重			
	参数	实际值	权重系数	权重值	参数	实际值	权重系数	权重值
江河洪水灾害	D	死亡人口	W_1	0.3	H	倒塌房屋	W_6	0.06
	P	受灾人口	W_2	0.1	R_1	城镇骨干交通中断历时	W_7	0.01
	A	农作物受灾面积	W_3	0.1	R_2	乡村骨干交通中断历时	W_8	0.01
	L	直接经济损失	W_4	0.3	S	城市受淹历时	W_9	0.01
	F	水利设施经济损失	W_5	0.1	T	生命工程中断历时	W_{10}	0.01

12.4　实　验　讨　论

12.4.1　实验结果

在 20 年一遇的洪水条件下，由种子蔓延法得出的淹没情况如图 12-4 所示。由于望江县最大水体武昌湖靠近南部平原，且平原地区地势普遍较低，南部受灾严重。望江县市政府位于南部华阳镇，是望江县行政中心，虽然华阳镇较周边地区地势更高，但仍然受到较大影响，将望江县人口按密度分布到各地后与淹没范围进行叠加可以得到：超过 90%人口将受到洪灾影响，超过 10000hm^2 农田绝收，超过 60%建筑用地难以正常使用，受灾程度远大于遭遇相似程度洪涝侵害地区。受灾情况如图 12-5 和表 12-3 所示。

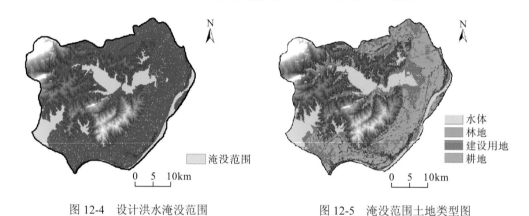

图 12-4　设计洪水淹没范围　　　　　　图 12-5　淹没范围土地类型图

表 12-3　望江县洪水淹没受灾土地类型统计表

受灾情况	总面积/km^2	受灾面积/km^2	受灾百分比/%
建筑用地	319.48	211.59	66.23
农林用地	855.89	374.39	43.74
整体受灾情况	1357.37	739.67	54.49

12.4.2　望江县洪水淹没现状

望江县地形非常利于洪水的产生，水利工程在其中起到了至关重要的作用[36]。在 1998 年长江中下游特大洪涝灾害后，望江县开始通过水利工程的建设改善内外洪涝状况。即便如此，望江县的洪涝灾害依旧对当地社会经济发展与人民生活产生了巨大的负面影响，当前防洪、除涝设施依然远远跟不上城市发展的步伐[37]。防洪工程建设速度缓慢，加上围湖垦田现象严重导致目前望江县地区抗洪形势不容乐观，这进一步体现出洪水灾情预报及评估的重要性。客观准确的灾情评估有利于快速决策，参考类似等级的各地区洪灾情况并结合研究区实际情况提出合理的抗洪救灾措施，以求减少洪水灾害造成的损失[38,39]。

12.4.3　洪水灾情模型评估权重选取

2016 年 6 月下旬至 7 月上旬望江县发生了持续降水，最高水位达 16.9m，淹没实际情况与本实验设计淹没水深 16.85m 相似，利用本实验淹没范围与调查受灾数据相结合对此次灾情进行设计分析。利用综合指数的洪水灾情评估模型可以快速对洪水等级进行评估，在最短时间得出应对洪水的方案，通过参考灾情模型指数相似的洪灾处理方法可以迅速合理地给出解决方案，减少损失。

将实验数据淹没范围与望江县人口密度分布图相叠加可以得到受灾人口及受灾人口占总人口的比例，用淹没范围与土地利用类型相叠加可以得到农作物受灾面积以及受灾面积占总耕地面积的比例。

调查的暴雨持续时间内降水量以及水位数据如图 12-6 所示，并将其绘制成双轴图，可以直观反映出洪水水位升降快慢及变化趋势，便于针对灾情提出解决方案，并能够表征受灾持续时间以及各时段受灾程度大小。

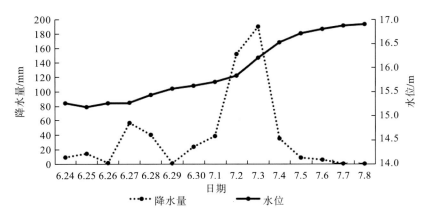

图 12-6　设计洪水期间降水量水位关系图

根据调查资料得知，截至 2016 年 7 月 5 日，全县超过九成人口约 50 万人受到洪水影响，受灾面积超过 40000hm^2，成灾面积超过 30000hm^2。洪灾期间 5 条省级道路因路面低洼而积水严重，望江县华阳镇内 9 条城区主交通干道无法投入使用，严重阻碍县城经济与社会发展，影响人民正常生活。洪水期间倒塌房屋 170 多间，城区超过四成受灾。望江县在此次洪灾中整体经济损失超过 7.7 亿元，对其经济发展造成猛烈冲击，其中仅农业损失就超过 6.3 亿元，企业受灾损失更是达到了亿元以上。由图 12-6 可以得知水位在 7 月 8 日已经接近最高点，以上信息较具有代表性。

通过以上实验数据及调查资料得到最终的洪灾评估值见表 12-4。

表 12-4 灾情评估模型结果表

参数	指标名称	实际值	阈值区间	参数取值	备注	洪涝灾情评估值
D	死亡人口/人	0	0	0	同一参数内不同取值取较大的作为参考值，由于淹没时间远超最大阈值区间，此处实际值意义不大，不予列出	$C=47.12$
P	受灾人口/万人	51.08	0～100	51.08		
	受灾人口占区域人口比例/%	85.13	>20	95.35		
A	农作物受灾面积/10^3hm^2	13.5	0～500	0.68		
	农作物受灾面积占区域耕地面积的比例/%	21.35	15～30	35.58		
L	直接经济损失/亿元	7.71	0～10	19.28		
	直接经济损失占上一年区域GDP比例/%	7.12	>3	100		
H	倒塌房屋/万间	0.0179	0～1	0.45		$40<C<60$ 属于较大洪涝灾害
F	水利设施经济损失占直接经济损失比例/%	0	0～10	0		
R	骨干交通中断历时/h	—	>>48	100		
S	城市受淹历时/d	—	>>3	100		
T	生命线工程中断历时/h	—	>>72	100		

台风"珍珠"洪涝灾情评估值为 48，与本书实验受灾程度相似，下面本书参考"珍珠"的抢险救灾措施并结合望江县地形与本次实验数据提出合理救灾方案。

首先，保卫人民群众的生命安全是国家应尽的责任。在对抗"珍珠"的过程中，汕头市在预知了台风的到来之后对辖区内危房逐一检查，加强对各个施工地点的安全监控，及时发现问题加以修复，减少潜在的威胁。在排查房屋同时，通过实验数据判断受灾范围，设立灾害庇护中心，转移可能严重受灾地区的群众。增派医护人员支援各地，能够最及时地对受灾人口提供医疗保障。望江县地区西北部海拔较高，洪水难以到达，可以在空旷山地设置固定安置点，以保证群众生命安全。对于持续暴雨的预报及人员的快速转移起到了重要的作用，体现了本书实验研究的重要意义。

其次，在监测洪水后续态势、减少经济损失方面，沿海各市针对堤坝、山区径流、蓄水设施等水工建筑进行全面安全排查，准备了充足的救灾物资，增派专家组前往各设施以确保其正常运转，也便于在发生灾情时第一时间做出应对。山区水利设施潜在威胁巨大，必须特别注意，严格按照危险水位标准实时监测。对于道路相较于居民区更容易受到内涝侵袭，提前做好内部排水措施，检测地下水排水系统，准备人力排涝工具来应对下水不及的情况。望江县由于平原地区较宽广，县城位置又较为集中，可以扩大圩区范围，加强城区排涝强度以保护行政中心区域的正常运转。日常对于水利设施的维护和加固也要及时有效，力求在洪水到来时有足够时间应对。

洪涝灾害改变生态环境，扩大了病媒昆虫孳生地，各种病媒昆虫密度增大，常导致某些传染病的流行[40]，如疟疾是常见的灾后疾病，这一点往往被人忽视。对于受灾地区，应当及时配备专业的医疗小组，调取专业设备，在各个淹没地区进行杀菌消毒，防止瘟疫蔓延，减少后续生命财产损失。

12.5 本 章 小 结

洪涝灾害依旧是最难以控制的自然灾害之一，其突发性、不规律性、强破坏性都让洪灾变得难以应对。中国数千年来一直尝试通过水利设施控制洪水，但是在面对洪灾的时候依然处于被动。天气监测系统及水文资料统计系统的日趋成熟为洪水的预测预警提供了支撑，然而仅仅停留在数据层面终究无法根本上解决问题。

遥感技术以及地理信息系统技术的发展，使更好地应对洪灾成为可能。遥感技术经过数十年的持续发展，现在能够获取高分辨率且多源的卫星影像，以及 DEM 数据。结合区域综合信息数据，能够得到客观准确的土地利用、人口分布等空间信息。GIS 技术则在处理地理空间数据时具有极大优势，开发出的统计、插值、提取、叠加等空间分析功能更是有力支持了灾情分析与评估。

"3S"技术的结合让洪灾的设计更为直观、精确，应对更为务实、高效，正式迈入信息化时代。通过现有的水文、气象数据，模拟出真实淹没范围，集成地理信息数据建立洪水灾情评估模型，实现定量地对洪灾进行设计。针对实际情况并结合已有资料，提出科学合理的解决方案，制定出相应的抢险救灾措施，可以最大程度上减轻洪灾带来的冲击，保证人民群众的生命和财产安全，提升我国应对洪灾的科技化水平。

参 考 文 献

[1] 周欣，朱丹丹. 国内外设计洪水研究进展与评价[J]. 黑龙江科技信息，2012(5)：43-43.

[2] 来全. 三维可视化洪水淹没分析与灾情评估系统的实现[D]. 呼和浩特：内蒙古师范大学，2013.

[3] Cui L J，Anna V P，Zhang M Y. Applications of RS，GIS and GPS technologies in research，inventory and management of wetlands in China[J]. Journal of Forestry Research，2005，16(4)：317-322.

[4] Becker B L，Lusch D P，Qi J. A classification-based assessment of the optimal spectral and spatial resolutions for Great Lakes coastal wetland imagery[J]. Remote Sensing of Environment，2007，108(1)：111-120.

[5] 万新宇，王光谦. 近 60 年中国典型洪水灾害与防洪减灾对策[J]. 人民黄河，2011，33(8)：1-4.

[6] 黄立贤，沈志学. 高光谱遥感图像的监督分类[J]. 地理空间信息，2011，9(5)：81-85.

[7] 陈西亮，张佳华. 基于 TM 影像的喀什地区土地利用分类简[J]. 湖北农业科学，2016(15)：4001-4005.

[8] 赵春霞，钱乐祥. 遥感影像监督分类与非监督分类的比较[J]. 河南大学学报(自然科学版)，2004，34(3)：90-93.

[9] 徐卫星. 望江县防洪减灾的非工程措施[J]. 安徽水利水电职业技术学院学报，2011，11(4)：41-43.

[10] Alexis S，García-Montero L G，Hernández A J，et al. Soil fertility and GIS raster models for tropical agroforestry planning in economically depressed and contaminated Caribbean areas (coffee and kidney bean plantations)[J]. Agroforestry Systems，2010，79(3)：381-391.

[11] 岳跃. 基于 GIS 的崩塌地质灾害危险性评价研究[D]. 上海：同济大学，2008.

[12] Wang T，Hamann A，Spittlehouse D，et al. Locally downscaled and spatially customizable climate data for historical and future periods for North America[J/OL]. PloS One，2016，11(6). https://doi.org/10.137/journal.pone.0156720.

[13] 殷鸿福, 李长安. 从地学角度谈长江中游防洪[J]. 科技导报, 1999, 17(996): 23-25.

[14] 黄河, 范一大, 杨思全, 等. 基于多智能体的洪涝风险动态评估理论模型[J]. 地理研究, 2015, 34(10): 1875-1886.

[15] 王介民, 马耀明. 卫星遥感在 HEIFE 非均匀陆面过程研究中的应用[J]. 遥感技术与应用, 1995, 10(3): 19-26.

[16] 全强, 王文君, 吴英杰, 等. 3S 技术与水力学耦合在水库下游防洪中的应用研究[J]. 水资源与水工程学报, 2015(2): 174-177.

[17] 何树红, 吴迪, 王珊. 基于极值理论的洪水灾害损失模型研究[J]. 云南民族大学学报(自然科学版), 2014, 23(1): 62-65.

[18] 沈汉堃, 谌晓东, 喻丰华. 珠江流域防洪规划中有关新技术的应用[J]. 人民珠江, 2007(4): 17-19.

[19] 方晓波, 骆林平, 李松, 等. 钱塘江兰溪段地表水质季节变化特征及源解析[J]. 环境科学学报, 2013, 33(7): 1980-1988.

[20] Logan J R, Jindrich J, Shin H, et al. Mapping America in 1880: The urban transition historical GIS project[J]. Historical Methods, 2011, 44(1): 49-60.

[21] Dou J, Bui D T, Yunus A P, et al. Optimization of causative factors for landslide susceptibility evaluation using remote sensing and GIS data in parts of Niigata, Japan[J/OL]. PloS One, 2015, 10(7). https://doi.org/10.137/journal.pone.0133262.

[22] Null S E, Medellín-Azuara J, Escriva-Bou A, et al. Optimizing the dammed: Water supply losses and fish habitat gains from dam removal in California[J]. Journal of Environmental Management, 2014, 136: 121-131.

[23] Reoyo-Prats B, Aubert D, Menniti C, et al. Multicontamination phenomena occur more often than expected in Mediterranean coastal watercourses: Study case of the Têt River (France)[J]. Science of the Total Environment, 2017, 579: 10-21.

[24] Nienhuis P H, Leuven R. River restoration and flood protection: Controversy or synergism?[J]. Hydrobiologia, 2001, 444(1/3): 85-99.

[25] 周健. 基于数字高程模型的洪水淹没分析[D]. 武汉: 华中科技大学, 2017.

[26] Orlando D, Giglioni M, Magnaldi S. Comparison between flood prone areas' geomorphic features in the Abruzzo region[J]. AIP Conference Proceedings, 2017, 1863(1): 470003.

[27] 沈定涛, 王结臣, 张煜, 等. 一种面向海量数字高程模型数据的洪水淹没区快速生成算法[J]. 测绘学报, 2014, 43(6): 645-652.

[28] Müller M F, Thompson S E, Kelly M N. Bridging the information gap: A webGIS tool for rural electrification in data-scarce regions[J]. Applied Energy, 2016, 171: 277-286.

[29] 徐金霞, 王劲廷, 徐沅鑫, 等. 一次特大暴雨诱发的山洪地质灾害淹没模拟分析[J]. 高原山地气象研究, 2017, 37(1): 54-60.

[30] 王泽臻, 霍亮, 张晓龙, 等. 河道洪水淹没三维仿真方案设计[J]. 测绘与空间地理信息, 2017, 40(5): 47-49.

[31] 王元东. 基于 GIS 的洪水淹没灾害评估方法研究[D]. 广州: 中山大学, 2007.

[32] 张侨, 吴昊. 考虑相关修正的水文比拟法在无资料流域设计洪水计算的应用[J]. 内蒙古水利, 2018(5): 44-46.

[33] 张妞. 干支流洪水遭遇下的黄河宁夏段溃漫堤洪水风险分析[D]. 天津: 天津大学, 2015.

[34] 毕学进. 望江县新农村建设研究[J]. 安徽农学通报, 2011, 17(17): 16-18.

[35] 黄玙盟. 基于 GIS 数据-模型集成的洪水风险评估[D]. 武汉: 华中科技大学, 2015.

[36] 叶爱中, 夏军, 王纲胜, 等. 基于数字高程模型的河网提取及子流域生成[J]. 水利学报, 2005, 36(5): 531-537.

[37] 金哲, 肖旎旎. 基于 GIS 的洪水淹没区分析[J]. 吉林水利, 2014(6): 30-32.

[38] 王思懿. 基于 GIS 的北部湾经济区洪灾风险评价及风险变化研究[D]. 南宁: 广西大学, 2017.

[39] 徐韧, 吉阳光, 赵东儒, 等. 基于遥感与 GIS 技术的洪水淹没状况分析——以安徽省安庆市望江县为例[J]. 水土保持通报, 2018, 38(5): 282-287.

[40] 李志, 陆智宇, 陈郁, 等. 我国洪涝灾害的医学地理分布特点及卫勤保障[J]. 人民军医, 2019, 62(7): 600-604.

第 13 章　基于生态大数据的西南地区极端干旱季节性响应分析

本章导读

干旱作为一种长期困扰人类的自然现象，是我国最主要的自然灾害之一。随着气候变化和人类活动影响的加剧，我国西南地区自 21 世纪以来极端干旱事件频繁发生，对当地的自然环境和社会经济都造成了巨大影响。季节性在该地区干旱发生和恢复中扮演着至关重要的角色，气候的季节性会带来严重的干旱，而干旱发生在不同季节也会带来千差万别的影响。因此，揭示该地区干旱的季节性响应，对于理解极端干旱的发生机制具有重要意义，同时能够为区域性的干旱监测、预警以及水资源管理提供理论支撑。本章基于多源生态大数据，从气象、植被、地表水、人类活动以及干旱指数等多个方面探讨相关变量对干旱的响应状况，并分析各个季节性指标在干旱监测中的表现及其作为干旱预测指标的可行性，以期为西南地区的干旱监测和预警提供科学依据。

13.1　干　旱　概　述

干旱以其强大的破坏性在全世界范围内广泛发生[1]。全球约一半的地表都受到来自干旱的影响，其中包括全球一半的农业用地[2]。在我国，干旱受灾面积达到平均每年 2159.3 万 hm^2，占总气象灾害面积的 60%以上[3]。这些严重影响使得干旱灾害在全球范围内引起了广泛关注。

干旱相关的研究通常在特征识别、发生原因、产生影响以及规律趋势等方面展开。然而，由于干旱的复杂性和广泛影响，很难对其有一个通用的定义，这在某种程度上阻碍了干旱持续时间、强度、范围等干旱特征的识别[4]，成为干旱研究的阻碍[5]。目前干旱的定义主要分为概念性和操作性两类[6]，其中，概念性定义侧重与非干旱时期的状况对比，例如，干旱是一个较干的长时间段。而操作性概念则尝试以干旱起始时间以及严重程度来定义，通过这种定义通常可以分析干旱的频率、严重程度和持续时间等特征[7]。干旱的定义主要取决于描述干旱的变量[8]，基于此，干旱又分为气象干旱、农业干旱、水文干旱和社会经济干旱四大类[4,6,9]。

气象干旱是使用某一地区一段时间内降水的匮乏程度来定义的，因此与降水相关的变量通常用来分析气象干旱[10-12]。气象干旱的相对性决定了以平均降水作为标尺来衡量干旱[13]，其中多数研究以月尺度的降水数据展开，少数使用累计降水分析干旱的持续时长和干旱强度[14,15]。水文干旱与某一时间段内水资源不足以供给来自水资源管理系统中的需求有关，径流是这一类干旱研究中常用的变量[15-17]。此外，对水文干旱和其流域性质的相关性分析发现，地质条件是影响水文干旱的主要因素之一[18,19]。农业干旱是指土壤水分持续降低而带来的农作物歉收现象。土壤水分的降低取决于影响气象和水文干旱的一些因素以及实际蒸散和潜在蒸散之间的差异[8]。而植物的需水量又取决于气象条件、植物特性以及生长阶段和土壤的生物物理特性[20]。考虑到这一系列因素，基于降水、温度和土壤湿度的干旱指数率先在农业干旱中发展起来。社会经济干旱与水资源系统无法满足用水需求有关，当天气原因供水短缺而导致对经济商品的需求超过供应时，就会发生社会经济干旱[21]。除此之外，干旱带来的地表水匮乏使得人们大力开采地下水，进而造成地下水水位下降。目前地下水干旱还处在干旱分类系统之外，但是其影响也逐渐受到学者的关注。地下水干旱通常以地下水水位的降低来定义[22]，而地下水存储、补给[23]和排放也用来量化地下水干旱[24]。

干旱指数被认为是度量干旱的最有效方法，其因能够定量化研究干旱的各个特征而在干旱研究中扮演着重要角色[25,26]。目前，全球共有上百种干旱指数，包括单一变量指数、多变量指数和复合指数。干旱综合管理计划（Integrated Drought Management Program，IDMP）按照其类型和变量可得性分为基于气象、土壤水分、水文、遥感以及复合模型的五类干旱指数[27]。常用的干旱指数有帕尔默干旱指数（Palmer drought severity index，PDSI）、标准化降水蒸散指数（standardized precipitation evapotranspiration index，SPEI）、标准化降水指数（standardized precipitation index，SPI）、土壤水分干旱指数（soil moisture drought index，SMDI）[28]、温度植被干旱指数（temperature vegetation drought index，TVDI）和植被健康指数（vegetation health index，VHI）等[29-33]。

随着气候变化和人类活动影响的加剧，我国干旱事件在时间和空间上都发生了变化，其中最为显著的是西南地区在 21 世纪以来频繁发生的极端干旱。据统计，2006 年夏季川渝干旱、2009～2010 年的"世纪干旱"和 2011～2012 年的持续性干旱累计影响超过 4600 万人口饮水，经济损失超过 400 亿元[34-36]。而在此之前，学界对干旱的关注多在我国北方和东部地区[34]。

13.2 西南地区干旱研究进展

我国西南地区岩溶地貌集中发育，曾在 20 世纪末至 21 世纪初深受石漠化影响，具体表现为在湿润气候以及岩溶发育条件下，水土流失导致地表土壤损失、基岩裸露、土地丧失农业利用价值和生态环境退化[37-39]等问题。同时该地区也是我国人口最为密集的地区之一，约占全国 1/6 的人口，并提供全国 16%的粮食产量。地表水通过岩溶裂隙快速流入地下河的特点和人口增长的压力，加之气候变化的影响使得该地区虽然气候湿润，但水资源利用面临巨大的挑战，成为我国新的干旱频发地。西南地区的极端干旱引起了政府和学界的广泛关注，目前已有一些研究对该地区干旱的发生特征、造成的影响以及产生原因等进行了探索。

对西南地区干旱特征的研究中，一部分关注长期以来气候变化的影响，如使用不同干旱指数均监测到过去 50 年西南地区干旱发生的强度和频率都有所增加[40-42]。而大部分研究则关注特定的干旱事件，主要包括 2006 年夏季干旱、2009 年秋到 2010 年春季的干旱以及 2011 年夏季持续到 2012 年初的干旱。例如，李亿平等用一种新的区域性极端事件客观识别方法对 2009～2010 年西南地区的秋春连旱进行了起始时间、干旱强度、空间范围以及干旱演变过程等特征的识别[43]。干旱频发区域包括云南、四川、重庆以及广西-云南-贵州三省交界处，2010～2011 年的"世纪干旱"是干旱事件中强度最大的[44-46]。此外，基于 CMIP5（coupled model intercomparison project phase 5）框架评估未来中国陆地生态系统干旱潜在变化的研究，发现西南地区的干旱风险几乎是全国其他地区的两倍[47]。

　　长期的降水匮乏被认为是干旱发生的必要条件，而西南地区降水的异常又被证明与洋流活动异常有关。一般来说，持续异常的海表温度（sea surface temperature，SST）和由此产生的大气条件常常导致受影响地区降水不足。因此，大量研究探索了与西南地区降水缺乏有显著影响的海温和天气系统的临界模式[34]。研究发现 2006 年夏季西太平洋副热带高压增强[48]，使得孟加拉湾和南海向西南地区的水汽供应受阻，并在川渝地区形成了一个相关联的辐散中心[49]。此外，中纬度地区以较强的纬向环流为主，阻碍了冷空气南下进入西南地区[50]。同时，2006 年夏季副热带和中纬度环流格局的变化不利于来自南方的暖湿空气和来自北方的冷干空气的辐合，从而导致了川渝地区严重干旱的发生。对 2009～2010 年降水异常的研究发现北极涛动指数（arctic oscillation，AO）与西南地区降水显著正相关，表明 AO 的负相位可能会给该地区带来干旱。相关研究同时指出，在 2009 年冬至2010 年春，AO 达 20 世纪中期以来的最低，这表明较少的北方冷空气进入西南地区，导致降水匮乏。此外，也有研究认为本次的降水极度匮乏与厄尔尼诺（El Nino）现象有关[51,52]，2009 年秋季厄尔尼诺在西北太平洋上空诱发了一次强烈的异常气旋[53]，阻碍了西太平洋和孟加拉湾的水汽向我国西南地区的输送。然而，关于厄尔尼诺的起因仍有争议，蒋兴文和杨辉等都认为 2009～2010 年的干旱不是由厄尔尼诺的影响引起，因为极端降水匮乏年份的海温异常更类似于 La Nina 模式[54,55]。对于 2011 年夏季干旱，有学者认为较弱的水汽供应导致了严重和持续的干旱，这一模式与 2006 年夏季干旱事件中所记录的大气结构非常相似[56,57]。然而，2006 年夏季和 2011 年夏季西风副高在纬向范围上表现出截然不同的特征，西太平洋副高在 2006 年向西延伸，但在 2011 年向东撤退，表明其可能存在非线性行为[58]。

　　干旱带来的影响是西南地区干旱研究中的热点，而植被因能够对水分快速响应的特征以及大范围遥感监测的可达性，遥感技术成为研究干旱效应的核心。干旱周期间植被的监测多利用遥感影像获取的植被指数作为植被生长和受干旱影响的指标。例如，Zhang 等利用归一化植被指数（normalized difference vegetation index，NDVI）、增强型植被指数（enhanced vegetation index，EVI）、地表温度（land surface temperature，LST）和归一化水体指数（normalized difference water index，NDWI）监测 2009～2010 年干旱对植被的影响，结果发现 NDVI 和 EVI 在干旱周期间明显降低而 LST 有所增加，不同类型的植被响应也有所不同，稀树草原、农田和混交林比落叶林和草地更易受旱灾影响，而常绿林具有最强的耐旱性[59]。针对干旱事件植被受影响的时段，Zhao 等利用 NDVI 和 PDSI 将干旱分为干旱初期、持续干旱的中期以及恢复期三个阶段，结果表明不同类型的植被在不同阶段具有显著的响应差异，森林在干旱初期并没有受到影响，而持续的严重干旱抑制了所有类型植被的生长[60]。在恢复阶段，有研究指出陆地植被都在干旱后 6 个月内得到恢复，且 65%的植被在干旱后 3 个月内恢复[61]，同时指出，植被的绿度比起生产力更容易在干旱中受到影响。伴随着高温和相对强的辐射，干旱有时也会对植被生长产生积极作用，研究发现干旱周期间中高纬度地区植被的总初级生产力(gross primary production，GPP)下降，而在热带地区干旱周期间的 GPP 能够增长 10%左右[62]。

干旱在很大程度上对陆地生态系统的碳循环和水文过程带来了干扰，同时对生态系统中的生物多样性产生了严重影响[63]，使其生产力和生物多样性随着光合作用和蒸散能力的降低而降低[64]。但是不同植被对干旱的响应机制不同，干旱对生态系统的影响仍然存在很大的不确定性，尤其是在植被生产力和物候方面[65,66]。植被物候作为生态系统的关键特征，代表了其对干旱的抵御能力，可以用来评估生态系统的稳定性[67]。Ivits 等研究表明，植被物候和生产力对干旱表现出不同的响应，主要取决于生态系统和土地覆盖类型[68]。草原的物候变化被证明对干旱响应最为敏感[69]。干旱对物候的影响因气候、植被和土壤条件而表现不同，在北半球高纬度地区，干旱通过改变水文条件来影响生态系统碳水循环，进而促使植被物候在春季生长季开始时间推迟，而在秋季提前结束[70-72]。当春季干旱时，光合作用过程中没有足够的土壤水用于碳合成，因此植被的生长比正常情况要慢得多[73,74]。而秋季干旱时，为降低蒸腾作用和光合作用速率，叶片会关闭气孔，同时维持较高呼吸速率会加速碳的降解，植被比正常年份更早停止生长[75]。

此外，水文干旱受限于径流数据的获取和模型的发展，少有研究直接关注干旱中的径流变化。但有研究从水分利用效率和陆地水储量等变量间接监测干旱中水资源的变化，在北半球水分利用效率在干旱周期间降低，而在南半球会增加[62]。Tang 等利用重力卫星探测了西南地区在干旱周期间的陆地水储量，发现其可以很好地反映干旱导致的陆地水体变化[76]。

13.3 干旱的季节性研究方法

干旱的季节性响应需要通过相关的季节性指标来反映，本章使用多源数据分析了包括气象、植被、地表水以及干旱指数在内的多个变量对干旱发生及结束的响应状况，重点突出以植被物候和季节性地表水为代表的季节性指标的表现。图 13-1 展示了西南地区的高程变化，其中红色边框内为干旱发生的核心区域，本节基于该区域分析各个变量对干旱的响应。

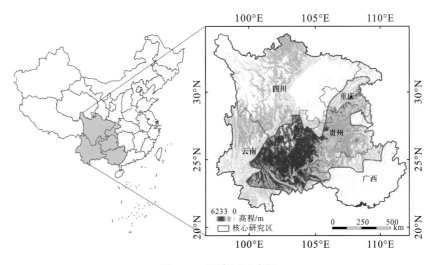

图 13-1 研究区示意图

13.3.1 主要数据说明

本书使用到的数据包括地表水、植被、气象、干旱指数以及人类活动等方面。相关变量包括：季节性地表水面积（seasonal water area，SWA）、永久性地表水面积（permanent water area，PWA）、植被生长季开始时间（start of season，SOS）、生长季结束时间（end of season，EOS）、生长季长度（length of season，LOS）、降水、温度、太阳辐射、蒸散、PDSI、NDVI、EVI、GPP 以及水库数量。数据来源涉及遥感观测、站点观测、模型模拟、数据同化以及统计年鉴等。表 13-1 列举了本书研究使用到的所有数据及其来源、类型、分辨率等特征。

表 13-1 数据及其属性说明

指标	变量	数据源	类型	空间分辨率	时间分辨率	处理平台
地表水	SWA	全球高分辨率地表水数据集	遥感观测	30m	年	GEE
	PWA					
植被物候	SOS	GLASS	遥感观测	0.05°	8 天	TIMESAT 3.3
	EOS					
	LOS					
	NDVI	MOD13Q1 V6	遥感观测	250m	16 天	GEE
	EVI					
	GPP	MOD17A2H V6	遥感观测	500m	8 天	GEE
气象因子	降水	GLDAS 2.1	站点观测遥感观测模拟	0.25°	3 天	GEE
	气温					
	太阳辐射					
	蒸散	MOD16A2.V105	遥感观测	1km	8 天	GEE
干旱指数	PDSI	GLDAS 2.1	站点观测遥感观测模拟	0.04°	月	GEE
人类活动	水利建设数量	统计年鉴	统计	省份	年	EXCEL

1. 地表水数据

本书使用了高分辨率全球地表水变化数据集[77]来分析地表水的变化情况，该数据集是欧盟委员会联合研究中心利用 Landsat 5、7、8 中所有能够获取的影像在 Google Earth Engine(GEE)平台上完成的。其将像元分为永久性地表水像元、季节性地表水像元和无水像元，其定义取决于观测时段内地表水出现频率。某一像元在观测时段(年/月)内一直为水体则是永久性地表水，水体时有时无的像元被归为季节性地表水，而一直无水体出现的则是无水像元。例如，一个湖泊在一年(观测时段)内部分干涸变小，则干涸部分在干旱时没有水，干旱之前有水覆盖，所以为季节性地表水，而湖泊内部一直存在的水体为永久性地表水。

该数据集提供了 1984～2018 年的年尺度和月尺度两套数据，空间分辨率为 30m，因此对池塘等小面积却具有很强季节性的水体研究具有可行性。本书使用了年尺度的地表水数据，在研究区内通过统计其面积的变化来进行分析。

2. 植被数据

植被数据包括从叶面积指数(leaf area index，LAI)数据中提取的植被物候参数(SOS、EOS 和 LOS)、反映植被绿度的 NDVI 和 EVI 以及反映植被生产力的 GPP。LAI 数据来自全球陆表特征参量数据集(global land surface satellite，GLASS)，该产品是由北京师范大学梁顺林教授团队自主研发，基于多源遥感数据和地面实测数据反演得到的长时间序列、高精度的全球地表遥感产品。其中，LAI 产品的时间分辨率为 8 天，空间分辨率为 0.05°。

EVI 和 NDVI 来源于 MODIS 的 MOD13Q1 V6 产品，其中 NDVI 数据参考了美国海洋与大气管理局甚高分辨率辐射计(NOAA-AVHRR)得到的 NDVI 连续性指数，而 EVI 最大限度地减少冠层背景变化的影响，使其能够在茂密的植被条件下保持敏感性。该数据集的空间分辨率为 250m，时间分辨率为 16 天。

为了减少遥感观测系统带来的不一致性，植被生产力 GPP 数据同样使用了 MODIS 的系列产品 MOD17A2H V6，其值为某一像元上 8 天合成的 GPP，空间分辨率为 500m。算法基于光能利用效率模型，可以用来模拟生态系统碳循环。

3. 气象数据

为了反映干旱发生时的气象状况，本书将降水、温度、蒸散发以及太阳辐射用于研究分析。降水数据来自高时空分辨率地面气象要素驱动数据集[78]，该数据集融合了中国气象局提供的站点观测和热带降水测量任务卫星(Tropical Rainfall Measuring Mission，TRMM)观测，其空间分辨率为 0.1°，时间分辨率为 3 小时。气温和太阳辐射数据来自全球陆地数据同化系统(Global Land Data Assimilation System，GLDAS)[78]，该系统集成了多个卫星监测、实地观测、模型模拟的结果，其时间分辨率为 3 小时，空间分辨率为 0.25°。蒸散发数据来自 MODIS 的全球陆地蒸散发产品(MOD16A2 V105)，该产品由蒙大拿大学的数值地形动力学模拟小组与 NASA 地球观测系统联合生产，为 8 天合成数据，空间分辨率为 1km，包括了从地球表面到大气的蒸发和植物蒸腾作用的总和。

4. 干旱指数

为了准确提取干旱的起始时间、持续时长、发生范围等特征，本书选择 PDSI 对历史上发生的干旱进行时段尺度的识别。PDSI 对土壤水分和总水分平衡的综合考虑使其在干旱分析中表现突出，目前已经成功应用于全球多地且成为许多国家在干旱研究中推荐的官方指标。本书使用的 PDSI 数据来自全球陆地表面气候水平衡数据集 Terra Climate，其空间分辨率为 0.04°，时间尺度为一个月。作为地表干湿程度的度量，PDSI 的范围为-10(干)～10(湿)，可以在不同区域间进行比较[79]。

5. 人类活动

干旱作为一种自然灾害，在发生的过程中不仅与自然因素相互作用，也与人类活动息息相关。人类对自然的改造在地表水和土地利用方面表现最为突出，大坝和水库的蓄水改变了地表水存在的形式和时空分布，本书选取研究区内水库建设数量作为指标，来分析水利设施建设对地表水的影响。水库建设数量数据来自中国统计年鉴，其时间尺度为年，以省份为单位进行统计。

13.3.2 研究方法介绍

1. 地表水面积统计方法

本书利用 GEE 上共享的高分辨率全球地表水数据进行地表水面积的统计，统计分季节性地表水和永久性地表水两部分。GEE 由 Google Cloud Infrastructure 支持，对大量全球尺度地球科学资料(尤其是卫星数据)进行在线可视化计算分析处理[80]。统计工作首先分别对代表季节性地表水和永久性地表水的像元进行计数，之后通过统一投影来计算地表水的面积，获取逐年的时间序列季节性地表水面积 SWA 和永久性地表水面积 PWA。

2. 地表水对干旱的响应量化

为了精确地比较各个干旱周期内地表水的响应情况，本书提出了干旱周期内地表水减少和恢复的响应速度，其定义为干旱发生或者恢复时间内地表水变化的面积与该时间段的比值，计算公式如下：

$$K_{reduce} = \frac{SWA_{max1} - SWA_{min}}{T_{reduce}} \tag{13-1}$$

$$K_{recovery} = \frac{SWA_{max2} - SWA_{min}}{T_{recovery}} \tag{13-2}$$

式中，K_{reduce} 表示干旱发生时段地表水的响应速度；$K_{recovery}$ 表示恢复阶段地表水的响应速度。图 13-2 中阴影部分代表一个干旱周期，a 和 c 分别代表起止时间，此时的 SWA 分别记为 SWA_{max1} 和 SWA_{max2}，b 表示干旱中地表水响应最强烈的点，即地表水减少到最小值的时间。T_{reduce} 和 $T_{recovery}$ 分别指 $a\sim b$ 的时段和 $b\sim c$ 的时段。

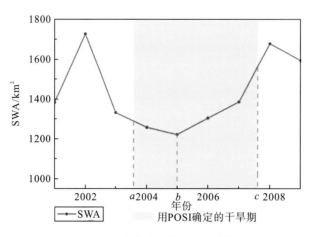

图 13-2　地表水干旱响应示意图

3. 植被物候提取方法

本书从叶面积指数(LAI)中提取三个植被物候参数来分析其对干旱的响应状况。物候最常用的提取方法是阈值法[81,82]，即假定当植被指数大于某一特定值时植被才被认为开始生长[83]，以此来定义生长季开始和结束的时间点。但是固定的阈值在对不同类型的植物进行提取时往往不能兼顾[84]，所以本书选取了动态阈值法在 TIMESAT 3.3 软件中从 LAI 序列影像中提取生长季的参数，该方法消除了背景和植被类型带来的影响，适合不区分植被类型的物候研究[85,86]。动态阈值法通过 LAI 的季节性变化比率来定义关键节点。在图 13-3 中，曲线表示某一像元 LAI 的一年时长序列。一个最小值(在图 13-3 中用"c"标记)和下一个最小值(用"d"标记)之间的时间段定义为一个生长季。峰值(用"p"标记)表示生长季节的峰值。当 LAI 增加到 c 和 p 之差值的一定比率时定义为生季节开始时间(标记为"a")。生长季结束时间(标记为"b")的定义与此类似。季节长度(用"h"标记)表示为生长季开始和结束的时间差[85]。

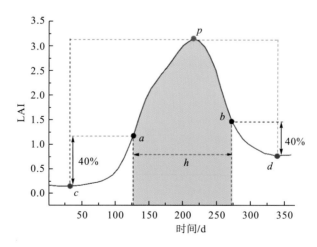

图 13-3　生长季参数提取示意图

　　动态阈值法由 Jönsso 等提出[86]，已经在全球不同区域的植被物候研究中成功应用。主要参数为定义生长季的比率，Beck 等在北半球高纬度地区的植被物候研究中定为 25%[87]，非洲大陆的植被物候提取定为 10%～20%[85,88]。而在我国东北和华北地区的研究中多设置为 20%～30%[89,90]。参考已有研究和对研究区气候的分析，本书将该比率设定为 35%。

13.4　西南地区极端干旱的季节性响应分析

　　2000～2017 年，PDSI 在西南地区识别出两个干旱周期(表 13-2)，一个是 2003 年 8 月至 2007 年 6 月，另一个是 2009 年 9 月至 2014 年 6 月。前者捕捉到了 2006 年夏季的干旱事件，而后者捕捉到了 2009～2010 年和 2011～2012 年发生的两次干旱事件。在每个干旱周期内，PDSI 最小的月份被认为是干旱最严重的时间点，也是干旱开始恢复的时间点，分别是 2006 年 9 月和 2010 年 3 月。

表 13-2　两个干旱周期内 SWA 变化情况

SWA	第一个干旱周期 （2003-08～2007-06）	第二个干旱周期 （2009-09～2014-06）
减少时长/月	16（2003-08～2004-12）	27（2009-09～2011-12）
减少幅度/km²	29.65	304.169
减少速度/(km²/月)	1.85	11.27
恢复时长/月	29（2005-01～2007-06）	29（2012-01～2014-06）
恢复幅度/km²	275.24	376.27
恢复速度/(km²/月)	9.49	12.66

13.4.1　地表水响应

　　2000～2017 年西南地区 SWA 和 PWA 的变化情况如图 13-4 所示。其中，SWA 的平均值为 1344.92km²，最大值为 2002 年的 1652.27km²，最小值为 2012 年的 1061.92km²，距平减少 21.04%。SWA 的变化表现出两个干旱时段，且在正常年份与干旱年份之间存在显著的波动。两个干旱周期内 SWA 的响应情况见表 13-2，第二个干旱周期的 SWA 减少幅度和速度都比第一个时期大得多，表明后一个时期的干旱对季节性地表水产生更为严重的影响。在干旱恢复方面，后一个时期 SWA 恢复的幅度和速度也比第一个时期大。PWA 在整个研究时段内表现出持续的增加趋势，共增加 48.03%(793.58km²)，但是在干旱年份 2002 年、2005 年和 2011 年，PWA 均有小幅波动。此外，如图 13-5 所示，研究区内水库数量与 PWA 的增长呈现紧密的相关性(相关分析 R^2=0.85)，说明水利建设在一定程度上加速了永久性地表水的形成。

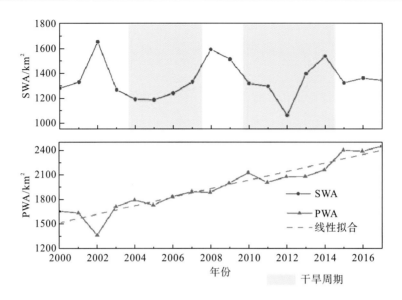

图 13-4 SWA 和 PWA 对干旱的响应分析

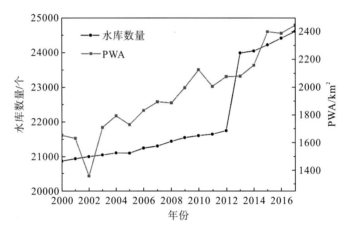

图 13-5 西南地区 PWA 与水库数量的相关分析

13.4.2 植被响应

SOS、EOS 和 LOS 在 2000～2017 年均对干旱有显著的响应(图 13-6)。其中 SOS 为 122～131 天，在 2005 年、2010 年和 2012 年相比平均值分别有 3 天、4 天和 6 天的延迟。EOS 为 324～334 天，在 2011～2013 年提前 4 天。整个研究时段内的平均 LOS 为 202 天，受干旱影响 LOS 也呈现两个干旱周期，2005 年和 2012 年分别缩短了 5 天和 9 天，2004 年和 2011 年略有增加。EOS 的提前、SOS 的延迟和 LOS 的缩短均表明干旱对植被物候有显著影响。需要注意的是，SOS 和 EOS 对干旱的响应并没有完全同步。春季干旱通常会延迟 SOS，而秋季干旱通常会使得 EOS 提前。例如，2009～2010 年的干旱从 2009 年秋季延续到 2010 年春季，这使得 2009 年的 EOS 略微提前，而 2010 年的 SOS 明显延迟(与平均值相比延迟 4 天)。在另一个从 2011 年夏季开始持续到次年春季的极端干旱周期内，EOS 在 2011～2013 年提前，2012 年的 SOS 也推迟了 6 天。总之，植被物候的三个参数对干旱的响应都非常敏感。

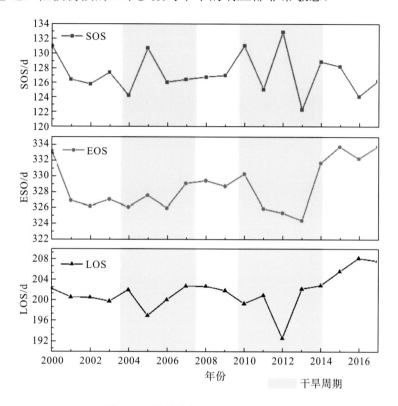

图 13-6　植被物候对干旱的响应分析

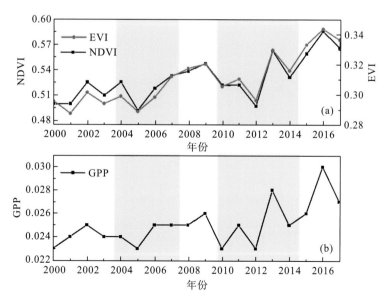

图 13-7　NDVI、EVI 和 GPP 对干旱响应状况

　　植被指数和总初级生产力也反映了干旱对植被的影响(图 13-7)。尽管 2000~2017 年 NDVI、EVI 和 GPP 总体呈上升趋势,但 2005 年和 2012 年等干旱年份 NDVI、EVI 和 GPP 均呈下降波动。NDVI 和 EVI 表现出高度一致性,GPP 与 NDVI 和 EVI 趋势相近,但幅度不同。干旱对植被绿度和生产力的影响不同,恢复情况也不同。最为明显的是,2012 年的干旱使 NDVI 和 EVI 的降低幅度大于 2010 年,而 2010 年干旱对 GPP 的影响甚至与 2012 年一样严重。这与植被绿度和生产力受水分控制的机制不同有关,例如高大乔木在干旱发生过程中绿度还未响应时,光合作用已经受到水分抑制。此外,光合作用受到多个机制的影响,相比于植被冠层的结构和绿度,水分在光合作用中的影响更大[91],研究发现干旱导致亚马孙森林 GPP 下降而植被绿度却轻微上升也证明了这一点[92]。

13.4.3　气象响应

　　降水、气温、蒸散和太阳辐射等气象要素对干旱的响应,与植被和地表水在一个干旱时段内响应不同,能更为迅速和敏感地改变干旱趋势(图 13-8)。干旱年份(2009 年和 2011 年)降水明显减少,蒸散发增加,而另一个干旱年份(2006 年)气温较高,蒸散发量较大,这些变化特征都能够在极短时间内造成干旱。2009 年降水量的急剧下降与 SWA 的下降相一致。尽管 2010 年降水量略有增加,但长期缺水对植被和地表水的影响持续存在(图 13-4、图 13-6)。

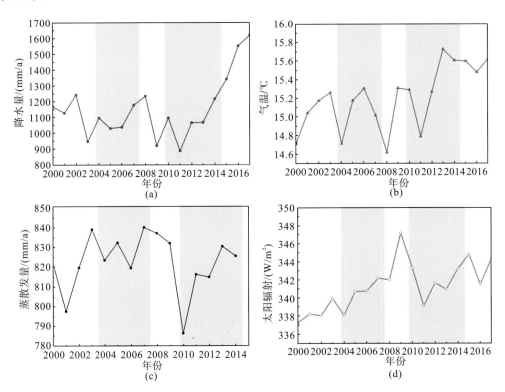

图 13-8　气象变量对干旱的响应分析

　　2009 年，随着降水的急剧减少，异常的高温和蒸散发加剧了干旱。2010 年，降水略有增加，蒸散发显著减少，缓解了干旱。2011 年，尽管气温和太阳辐射有一定程度的下降，但降水量再次下降到已有记录的最低点，蒸散发急剧增加，造成了新的干旱事件。这表明与植被和地表水对干旱的周期性响应相比，气象变量可以在短时间内迅速改变干旱趋势。基于气象变量的 PDSI 在 2000～2017 年显示出两个干旱周期(图 13-9)。SWA、LOS 和 PDSI 提取的干旱周期比较表明，三者对干旱的响应格局相似，较小的差异表现为 PDSI 和 LOS 在 2004 年和 2011 年有轻微的缓解，而 SWA 没有明显的信号。

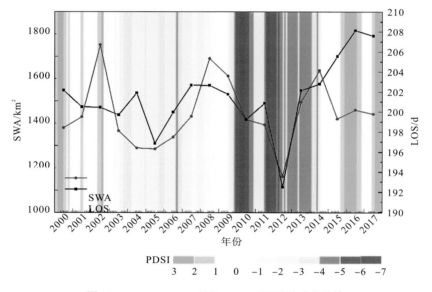

图 13-9　LOS、SWA 以及 PDSI 对干旱的响应比较

13.5　讨　　论

　　研究表明，在 2000～2017 年有两个主要的干旱周期。在第一个干旱周期内，大多数月份都处于严重或中度干旱状态，而在第二个干旱周期，几乎所有月份都处于极度干旱状态，这表明第二个干旱周期内的干旱更为严重。这与使用重力卫星分析西南地区水储量的研究结论一致[76]。SWA 和 LOS 的阶段性波动表明干旱对地表水和植被带来了显著影响。

　　此外，LOS 捕捉到的干旱迹象与 SWA 高度一致。干旱年份 EOS 的提前和 SOS 的延迟以及显著降低的 LOS 均表明干旱对植被物候具有严重的影响。该结论与针对北美西部和中国北方半干旱地区的研究结论一致[35,68,69]。与植被物候变化一样，植被绿度和生产力在干旱年份中也显示出下降趋势。植物的生长受到水分的直接控制，而这些变化可以用干旱来解释[72,73]。严重的降水不足阻碍了光合作用过程，土壤水分匮乏无法为植物的正常生长提供所必需的养分[74,75]。这导致了植被绿度和生产力的下降，因此减缓了植被的生长，SOS 从而延迟。在秋季干旱中，水分缺失和高温促使叶片气孔关闭，从而降低了蒸腾作用和光合作用速率，但呼吸作用仍然保持较高的速率，从而加速了碳的降解[75,76]，使其供应不足，EOS 提前[35]。

值得注意的是，PDSI 和 LOS 在 2011 年干旱后期表现出干旱缓解，SWA 对此影响没有明显信号，而是表现持续的干旱。此外，尽管物候(LOS)、植被绿度和生产力都在 2011 年显示出了恢复趋势，该年份的降水量却少于相邻年份(2010 年和 2012 年)。原因可能是上半年降雨增加，且气温下降，有助于缓解植被受干旱的抑制。之后，夏季又开始了干旱。与春季相比，夏季发生的干旱事件通常对植被的影响较小，因为成熟的植物具有较强的抗旱性。这也是尽管 2010 年和 2012 年的干旱均涉及春季，但 2011 年植被生长较好的原因。2004 年的情况与 2011 年相同，这表明 SWA 可能在指示干旱的阶段性时更稳定，但 PDSI 和 LOS 对气象变化更为敏感，例如降雨增加和气温下降。PDSI 对此敏感的原因可能是 PDSI 基于降雨和温度等气象变量计算。而对于 LOS 而言，落到地面的降水首先被植物拦截并被土壤吸收，当降水超过渗透量时，地表才开始出现径流[81]。前一过程为植被提供水分，后一过程增加了地表水。2011 年和 2004 年的降雨恰好只满足了前一过程，暂时满足了植被的供水需求，但是没有足够的水分来形成地表水，例如池塘和湖泊。

本书研究强调了极端干旱对地表水和植被的季节性影响，发现季节性指标 SWA 和 LOS 能有效揭示西南地区干旱的阶段性发生和结束。PWA 的变化揭示了该地区水利建设改变了地表水存在的形式和时空分布。此外，PDSI、SWA 和 LOS 均可反映出西南地区干旱的发生，但 LOS 和 PDSI 对气象事件非常敏感，如短时间的降水，而 SWA 呈现一个更稳定的反应状态。

13.6　本章小结

本章概述了西南地区干旱的发生特征、原因以及影响，并使用多源数据分析了包括气象、植被、地表水以及干旱指数在内的多个变量对干旱发生及恢复的响应，重点突出以植被物候和季节性地表水为代表的季节性指标。结果表明 SWA 和 LOS 能有效揭示干旱的发生和恢复过程。2000～2017 年有两个干旱周期，在第一个干旱周期内(2003-08～2007-06)，SWA 下降了 11.81%，LOS 缩短了 5 天；第二个干旱周期内(2009-09～2014-06)，SWA 和 LOS 分别减少了 21.04%和 9 天，表明后一干旱周期更为严重。干旱年份内，春季 SOS 延迟 3～6 天，秋季 EOS 提前 1～3 天。此外，PDSI、SWA 和 LOS 均可反映出西南地区干旱的发生，但 LOS 和 PDSI 对气象事件非常敏感，而 SWA 呈现一个更稳定的反应状态。这表明 SWA 可能是更为合适的周期性干旱监测指标，并有望在西南地区的干旱预警中提供有效信息。因此，本章基于多源数据开展研究，加深了对西南地区极端干旱的认识，可为西南生态脆弱地区在干旱监测、预警以及水资源管理等方面提供科学依据。

参 考 文 献

[1] Aghakouchak A，Farahmand A，Melton F S，et al. Remote sensing of drought: progress，challenges and opportunities[J]. Reviews of Geophysics，2015，53(2)：452-480.

[2] World Agricultural Outlook Board. Major world crop areas and climatic profiles[J]. Agricultural Handbook，1994，664(1)：

157-170.

[3] 袁文平, 周广胜. 标准化降水指标与 Z 指数在我国应用的对比分析[J]. 植物生态学报, 2004, 28(4): 523-529.

[4] Hao Z C, Singh V P. Drought characterization from a multivariate perspective: A review[J]. Journal of Hydrology, 2015, 527(1): 668-678.

[5] Yevjevich V M. An objective approach to definitions and investigations of continental hydrologic droughts[J]. Journal of Hydrology, 1951, 7(3): 491-494.

[6] Wilhite D A, Glantz M H. Understanding the drought phenomenon: The role of definitions[J]. Water International, 1985, 10(3): 111-120.

[7] Mishra A K, Singh V P. Analysis of drought severity-area-frequency curves using a general circulation model and scenario uncertainty[J/OL]. Journal of Geophysical Research: Atmospheres, 2009, 114(D6). https://doi.org/10.1029/2008JD010986.

[8] Mishra A K, Singh V P. A review of drought concepts[J]. Journal of Hydrology, 2010, 391(1): 204-216.

[9] Heim R R. A review of twentieth-century drought indices used in the United States[J]. Bulletin of the American Meteorological Society, 2002, 83(8): 1149-1166.

[10] Santos M A. Regional droughts: A stochastic characterization[J]. Journal of Hydrology, 1983, 66(1): 183-211.

[11] Chang T J. Investigation of precipitation droughts by use of Kriging method[J]. Journal of Irrigation and Drainage Engineering, 1991, 117(6): 935-943.

[12] Eltahir E A B. Drought frequency analysis of annual rainfall series in central and western Sudan[J]. Hydrological Sciences Journal, 1992, 37(3): 185-199.

[13] Gibbs W J. Drought its definition, delineation and effects in drought[R]. Geneva: World Meteorological Organization, 1975.

[14] Chang T J, Kleopa X A. A proposed method for drought monitoring[J]. Jawra Journal of the American Water Resources Association, 1991, 27(2): 275-281.

[15] Estrela M J, Peñarrocha D, Millán M. Multi-annual drought episodes in the Mediterranean (Valencia region) from 1950-1996. A spatio-temporal analysis[J]. International Journal of Climatology, 2000, 20(13): 1599-1618.

[16] Frick D M, Bode D, Salas J D. Effect of drought on urban water supplies. I: Drought analysis[J]. Journal of Hydraulic Engineering, 1990, 116(6): 733-753.

[17] Pearson B C P. Regional frequency analysis of annual maximum streamflow drought[J]. Journal of Hydrology, 1995, 173(1): 111-130.

[18] Zecharias Y B, Brutsaert W. The influence of basin morphology on groundwater outflow[J]. Water Resources Research, 1988, 24(10): 1645-1650.

[19] Vogel R M, Kroll C N. Regional geohydrologic-geomorphic relationships for the estimation of low-flow statistics[J]. Water Resources Research, 1992, 28(9): 2451-2458.

[20] Masupha T E, Moeletsi M E. The use of water requirement satisfaction index for assessing agricultural drought on rain-fed maize, in the Luvuvhu River catchment, South Africa[J]. Agricultural Water Management, 2020, 237(1): 106-142.

[21] Orville H D. AMS statement on meteorological drought[J]. Bulletin of the American Meteorological Society, 1990, 71(7): 1021-1025.

[22] Eltahir E A B, Yeh P J F. On the asymmetric response of aquifer water level to floods and droughts in Illinois[J]. Water Resources Research, 1999, 35(4): 1199-1217.

[23] Marsh T J, Monkhouse R A, Arnell N W, et al. The 1988-92 drought[M]. Wallingford: Bourne Press, 1994.

[24] Peters E, Bier G, Van Lanen H A J, et al. Propagation and spatial distribution of drought in a groundwater catchment[J]. Journal of Hydrology, 2006, 321(1/4): 257-275.

[25] Huang Y H, Xu C, Yang H J, et al. Temporal and spatial variability of droughts in southwest China from 1961 to 2012[J]. Sustainability, 2015, 7(10): 13597-13609.

[26] Vicente-Serrano S M, Begueria S, Lopez-Moreno J I, et al. A New global 0.5 degrees gridded dataset(1901-2006)of a multiscalar drought index: Comparison with current drought index datasets based on the Palmer drought severity index[J]. Journal Of Hydrometeorology, 2010, 11(4): 1033-1043.

[27] Svoboda M, Fuchs B. Handbook of drought indicators and indices[M]. Geneva: Integrated Drought Management Tools and Guidelines Series, 1997.

[28] Hollinger S E, Isard S A, Welford M R. A new soil moisture drought index for predicting crop yields[C]//American Meteorological Society. Preprints, Eighth Conference on Applied Climatology. Anaheim: American Meteorological Society, 1993.

[29] Zhao W, Li A N. A review on land surface processes modelling over complex terrain[J]. Advances in Meteorology, 2015, 2015(3): 1-17.

[30] Vicente-Serrano S, Beguería S, López-Moreno J I. A multiscalar drought index sensitive to global warming: The standardized precipitation evapotranspiration index[J]. Journal of Climate, 2010, 23(1): 1696-1718.

[31] Zhai J Q, Su B D, Krysanova V, et al. Spatial variation and trends in PDSI and SPI indices and their relation to streamflow in 10 large regions of China[J]. Journal of Climate, 2010, 23(3): 649-663.

[32] Zhao S H, Cong D M, He K X, et al. Spatial-temporal variation of drought in China from 1982 to 2010 based on a modified temperature vegetation drought index (mTVDI)[J]. Scientific Reports, 2017, 7(1): 1-12.

[33] Alley W M. The Palmer drought severity index: Limitations and assumptions[J]. Journal of Applied Meteorology, 1984, 23(23): 1100-1109.

[34] Wang L, Chen W, Zhou W, et al. Drought in Southwest China: A review[J]. Atmospheric and Oceanic Science Letters, 2015, 8(6): 339-344.

[35] Yang H. Shale-gas plans threaten China's water resources[J]. Science, 2013, 340(6138): 1288-1288.

[36] Yan G, Wu Z, Li D. Comprehensive analysis of the persistent drought events in Southwest China[J]. Disaster Advances, 2013, 6(3): 306-315.

[37] Yuan D X. Rock desertification in the subtropical karst of South China[J]. Zeitschrift Fur Geomorphologie, 1997, 108(1): 81-90.

[38] 杨成波, 王震洪. 中国西南地区石漠化及其综合治理研究[J]. 农业环境与发展, 2007(5): 9-13.

[39] 夏卫生, 雷廷武, 潘英华, 等. 南方坡地石漠化现状及防治的初步研究[J]. 水土保持通报, 2001(4): 47-49.

[40] Li Y J, Ren F M, Li Y P, et al. Characteristics of the regional meteorological drought events in Southwest China during 1960-2010[J]. Journal of Meteorological Research, 2014, 28(3): 381-392.

[41] 贺晋云, 张明军, 王鹏, 等. 近50年西南地区极端干旱气候变化特征[J]. 地理学报, 2011, 66(9): 1179-1190.

[42] Zhang M J, He J Y, Wang B L, et al. Extreme drought changes in Southwest China from 1960 to 2009[J]. Journal of Geographical Sciences, 2013, 23(1): 3-16.

[43] 李忆平, 王劲松, 李耀辉. 2009/2010年中国西南区域性大旱的特征分析[J]. 干旱气象, 2015, 33(4): 537-545.

[44] Wang L, Chen W. Characteristics of multi-timescale variabilities of the drought over last 100 years in Southwest China[J]. Advances in Meteorological Science and Technology, 2012, 2(4): 21-26.

[45] Sun L，Ren F M，Wang Z Y，et al. Analysis of climate anomaly and causation in August 2011[J]. Meteorology，2012，38(5)：615-622.

[46] Li Y H，Xu H M，Liu D. Features of the extremely severe drought in the east of Southwest China and anomalies of atmospheric circulation in summer 2006[J]. Acta Meteorologica Sinica，2011，25(2)：176-187.

[47] Soon W W H，Connolly R，Connolly M，et al. Comparing the current and early 20th century warm periods in China[J]. Earth Science Reviews，2018，185(1)：80-101.

[48] 刘银峰，徐海明，雷正翠. 2006 年川渝地区夏季干旱的成因分析[J]. 大气科学学报，2009，32(5)：686-694.

[49] 刘晓冉，杨茜，程炳岩. 2006 年川渝伏旱同期环流场和水汽场异常特征分析[J]. 气象，2009，35(8)：27-34.

[50] 邹旭恺，高辉. 2006 年夏季川渝高温干旱分析[J]. 气候变化研究进展，2007，3(3)：149-153.

[51] 黄荣辉，刘永，王林，等. 2009 年秋至 2010 年春我国西南地区严重干旱的成因分析[J]. 大气科学，2012，36(3)：443-457.

[52] Yang J，Gong D Y，Wang W S，et al. Extreme drought event of 2009/2010 over southwestern China[J]. Meteorology and Atmospheric Physics，2012，115(3)：173-184.

[53] Zhang W J，Jin F F，Zhao J X，et al. The possible influence of a nonconventional El Niño on the severe autumn drought of 2009 in Southwest China[J]. Journal of Climate，2013，26(21)：8392-8405.

[54] 蒋兴文，李跃清. 西南地区冬季气候异常的时空变化特征及其影响因子[J]. 地理学报，2010，65(11)：1325-1335.

[55] 杨辉，宋洁，晏红明，等. 2009/2010 冬季云南严重干旱的原因分析[J]. 气候与环境研究，2012，17(3)：315-326.

[56] 王林，陈文. 近百年西南地区干旱的多时间尺度演变特征[J]. 气象科技进展，2012，2(4)：21-26.

[57] 孙冷，任福民，王遵娅，等. 2011 年 8 月气候异常及成因分析[J]. 气象，2012，38(5)：615-622.

[58] 李泽明，陈皎，董新宁. 重庆 2011 年和 2006 年夏季严重干旱及环流特征的对比分析[J]. 西南大学学报(自然科学版)，2014，36(8)：113-122.

[59] Zhang X Q，Yamaguchi Y，Li F，et al. Assessing the impacts of the 2009/2010 drought on vegetation indices，normalized difference water index，and land surface temperature in Southwestern China[J]. Advances in Meteorology，2017. https：//doi.org/10.1155/2017/6837493.

[60] Zhao X，Wei H，Liang S L，et al. Responses of natural vegetation to different stages of extreme drought during 2009-2010 in Southwestern China[J]. Remote Sensing，2015，7(10)：14039-14054.

[61] Li X Y，Li Y，Chen A P，et al. The impact of the 2009/2010 drought on vegetation growth and terrestrial carbon balance in Southwest China[J]. Agricultural and Forest Meteorology，2019，269(1)：239-248.

[62] Hu Z M，Yu G R，Fan J W，et al. Effects of drought on ecosystem carbon and water processes：a review at different scales[J]. Advances in Earth Science，2006，25(6)：12-20.

[63] Kang W P，Tao W，Liu S L. The response of vegetation phenology and productivity to drought in semi-arid regions of Northern China[J]. Remote Sensing，2018，10(5)：727.

[64] Ni J. Plant functional types and climate along a precipitation gradient in temperate grasslands，north-east China and south-east Mongolia[J]. Journal of Arid Environments，2003，53(4)：501-516.

[65] Zhang M J，He J Y，Wang B L，et al. Extreme drought changes in Southwest China from 1960 to 2009[J]. Journal of Geographical Sciences，2013，23(1)：3-16.

[66] Zhao M S，Running S W. Drought-induced reduction in global terrestrial net primary production from 2000 through 2009[J]. Science，2010，329(1)：940-943.

[67] Poulter B，Frank D，Ciais P，et al. Contribution of semi-arid ecosystems to interannual variability of the global carbon cycle[J].

Nature，2014，509(1)：600-603.

[68] Ivits E，Horion S，Fensholt R，et al. Drought footprint on European ecosystems between 1999 and 2010 assessed by remotely sensed vegetation phenology and productivity[J]. Global Change Biology，2014，20(2)：581-593.

[69] Cui T F, Martz L, Guo X L. Grassland phenology response to drought in the Canadian prairies[J]. Remote Sensing, 2017, 9(12)：1258.

[70] van der Molen M K，Dolman A J，Ciais P，et al. Drought and ecosystem carbon cycling[J]. Agricultural and Forest Meteorology，2011，151(7)：765-773.

[71] Hu Z M，Yu G R，Fan J W，et al. Effects of drought on ecosystem carbon and water processes：A review at different scales[J]. Progress in Geography，2006，25：12-20.

[72] Chen Y Y，Yang K，He J，et al. Improving land surface temperature modeling for dry land of China[J/OL]. Journal of Geophysical Research：Atmospheres，2011，116(20). https://doi.org/10.1029/2011JD015921.

[73] Chapin III F S，Matson P A，Vitousek P. Principles of terrestrial ecosystem ecology[M]. New York：Springer-Verlag，2011.

[74] Hinckley T M，Dougherty P M，Lassoie J P，et al. A severe drought：Impact on tree growth，phenology，net photosynthetic rate and water relations[J]. American Midland Naturalist，1979，102(2)：307-316.

[75] Xu Z Z, Zhou G S, Shimizu H. Plant responses to drought and rewatering[J]. Plant Signaling and Behavior, 2010, 5(6)：649-654.

[76] Tang J S，Cheng H W，Liu L. Assessing the recent droughts in Southwestern China using satellite gravimetry[J]. Water Resources Research，2014，50(4)：3030-3038.

[77] Pekel J F，Cottam A，Gorelick N，et al. High-resolution mapping of global surface water and its long-term changes[J]. Nature，2016，540(7633)：418-422.

[78] 李强，张翀，任志远. 近 15 年黄土高原植被物候时空变化特征分析[J]. 中国农业科学，2016，49(22)：4352-4365.

[79] Dai A G，Trenberth K E，Qian T T. A global dataset of Palmer Drought Severity Index for 1870-2002：Relationship with soil moisture and effects of surface warming[J]. Journal of Hydrometeorology，2004，5(6)：1117-1130.

[80] Gorelick N，Hancher M，Dixon M，et al. Google Earth Engine：Planetary-scale geospatial analysis for everyone[J]. Remote Sensing of Environment，2017，202(1)：18-27.

[81] Yu F，Price K P，Ellis J，et al. Satellite observations of the seasonal vegetation growth in central Asia：1982-1990[J]. Photogrammetric Engineering and Remote Sensing，2004，70(4)：461-469.

[82] Piao S L，Fang J Y，Zhou L M，et al. Variations in satellite-derived phenology in China's temperate vegetation[J]. Global Change Biology，2006，12(4)：672-685.

[83] 王宏，李晓兵，李霞，等. 基于 NOAA NDVI 和 MSAVI 研究中国北方植被生长季变化[J]. 生态学报，2007，27(2)：504-515.

[84] 吴文斌，杨鹏，唐华俊，等. 过去 20 年中国耕地生长季起始期的时空变化[J]. 生态学报，2009，29(4)：1777-1786.

[85] Jönsson P，Eklundh L. TIMESAT—A program for analyzing time-series of satellite sensor data[J]. Computers and Geosciences，2004，30(8)：833-845.

[86] Jonsson P，Eklundh L. Seasonality extraction by function fitting to time-series of satellite sensor data[J]. IEEE Transactions on Geoscience and Remote Sensing，2002，40(8)：1824-1832.

[87] Beck P S A，Atzberger C，Høgda K A，et al. Improved monitoring of vegetation dynamics at very high latitudes：A new method using MODIS NDVI[J]. Remote Sensing of Environment，2006，99(3)：321-334.

[88] Heumann B W，Seaquist J W，Eklundh L，et al. AVHRR derived phenological change in the Sahel and Soudan，Africa，1982-2005[J]. Remote Sensing of Environment，2007，108(4)：385-392.

[89] 吴文斌，杨鹏，唐华俊，等. 基于 NDVI 数据的华北地区耕地物候空间格局[J]. 中国农业科学，2009，42（2）：552-560.

[90] 于信芳，庄大方. 基于 MODIS NDVI 数据的东北森林物候期监测[J]. 资源科学，2006，28（4）：111-117.

[91] Lee J E，Frankenberg C，van der Tol C，et al. Forest productivity and water stress in Amazonia：Observations from GOSAT chlorophyll fluorescence[J]. Proceedings of the Royal Society B：Biological Sciences，2013，280（1761）：1-9.

[92] Yang J，Tian H Q，Pan S F，et al. Amazon drought and forest response：Largely reduced forest photosynthesis but slightly increased canopy greenness during the extreme drought of 2015/2016[J]. Global Change Biology，2018，24（5）：1919-1934.